溧阳市生态安全研究

陈德超等　著

东南大学出版社
SOUTHEAST UNIVERSITY PRESS
·南京·

内 容 简 介

本书是以苏州科技大学生态环境研究团队为主的科研人员，多年来在溧阳进行生态考察研究的成果集成。全书共分八章，即生态安全概述、溧阳市生态环境特点、溧阳市生态重要性评价指标及评估方法、溧阳市生态重要性评价、溧阳市生态安全格局构建、溧阳市生物多样性保护规划、溧阳市重点流域水环境安全策略研究、溧阳市生态安全保障对策与建议，针对溧阳市生态系统评估、生态安全格局构建、生物多样性保护规划、重点流域水环境安全策略等关键问题进行了探讨。本书紧扣溧阳山水林田湖草生态系统特质，充分运用卫星遥感影像和地理信息系统(GIS)技术，是对太湖流域县域城市探索高质量发展背景下生态创新之路的有益尝试。

本书可供环境规划与管理、环境科学、生态学、环境地学等领域的科研人员、管理人员参考，也可供高等院校相关师生参阅。

图书在版编目(CIP)数据

溧阳市生态安全研究 / 陈德超等著. —南京：东南大学出版社，2019.12

ISBN 978-7-5641-8745-3

Ⅰ. ①溧…　Ⅱ. ①陈…　Ⅲ. ①生态安全-研究-溧阳　Ⅳ. ①X959

中国版本图书馆 CIP 数据核字(2019)第 287068 号

溧阳市生态安全研究

著　　者　陈德超等
出版发行　东南大学出版社
出 版 人　江建中
责任编辑　唐　允
社　　址　南京市四牌楼 2 号
邮　　编　210096
网　　址　http://www.seupress.com
经　　销　各地新华书店
印　　刷　江苏凤凰数码印务有限公司
开　　本　787 mm×1092 mm　1/16
印　　张　13.5
字　　数　322 千字
版　　次　2019 年 12 月第 1 版
印　　次　2019 年 12 月第 1 次印刷
书　　号　ISBN 978-7-5641-8745-3
定　　价　58.00 元

* 本社图书若有印装质量问题，请直接与营销部联系，电话：025-83791830

FOREWORD 序言

人类历史的发展，经历了从早期的被动顺应自然、到逐步开始利用自然、再到企图征服自然几个阶段。如今，在经历了各种生态危机之后，觉醒的人类开始步入与自然协调发展的阶段。而生态系统的安全，则是人与自然协调发展的保证，是生态文明建设的基础。人只有与这个生态系统构成一个相互协调、相互适应的命运共同体，社会才能健康持续发展。2019年第3期《求是》发表文章《推动我国生态文明建设迈上新台阶》，这是习近平总书记2018年5月18日在全国生态环境保护大会上的讲话，他在文章中和讲话中都强调指出要构建以生态系统良性循环和环境风险有效防控为重点的生态安全体系，这是我国生态文明体系建设中的底线。

生态立市，是溧阳人多年以来的追求。2018年溧阳市创建成为国家生态文明建设示范市。溧阳以生态景观优美而广为人知，这是溧阳社会经济健康持久发展的底气所在。溧阳的南山竹海、天目湖水景、瓦屋山森林、南渡水稻、别桥白芹等均是靓丽的名片，它们都是溧阳丰富多彩生态系统的组成部分。要使这些名片美名长期保持，重要的就是保证这一地区生态系统的安全，保证生态环境不受损伤、不受污染，这就需建立一个完整、可靠的生态系统安全保障体系。不仅为了溧阳自身的发展，还因为溧阳在太湖流域生态环境改善、太湖水质保护方面承担着重要责任，肩负着流域生态系统安全卫士的光荣使命。而如今正在积极推进的宁杭生态经济带的宏伟蓝图，又交给溧阳一个生态安全保护的重任。

溧阳的山水林田湖草是一个完整生态系统。由山水林田湖和人及其他动物组成的生态系统关系错综复杂，各生态因素相互牵制，要想理顺人地关系，首先就得摸清生态家底。陈德超先生率领的研究团队，这些年来为此做了大量的工作，这本著作就是他们多年研究的结晶。本书以生态学、地理学、环境学为基础，在对溧阳市生态系统进行多年调查研究的基础上，利用遥感和地理信息系统技术对生态系统进行整体定量分析，对溧阳生态系统的基本特点、类型、结构、重要性评价等方面进行了阐述，在此基础上提出了生态系统安全体系的构建以及安全保障的对策建议，为溧阳市的生态文明建设提供了可靠的科学依据。

近年来，为了均衡生态资源开发利用，为社会提供更多优质旅游资源，溧阳建设了三百多公里的“彩虹公路”，沿公路开展了特色田园乡村建设，全面推进农村人居环境整治；为践

行“绿水青山就是金山银山”的“两山理论”，溧阳对残余采石宕口进行了绿化恢复，制定了生态红线和水源地保护措施，将整个溧阳作为一个大的景区来建设，制定了全域旅游的生态创新目标；溧阳还建立了覆盖全市所有河湖的市、镇、村三级管理体系，对全市范围的地表水质改善产生了显著的作用，这些工作都是溧阳生态安全提升的重要组成部分。

人类从原始社会到农业文明、工业文明再步入到生态文明觉醒与建设阶段，生态学一方面为地方的生态资源合理开发、生态系统的长久安全利用提供科学依据。而另一方面，生态学与人类其他学科结合所形成的社会生态学、经济生态学、伦理生态学、生态美学等均成为进入生态文明时代的思想新理念和理论创新点。所以对溧阳市这一国家生态文明建设示范市进行生态系统安全案例研究，既为该市生态系统安全的持久稳定提升提供科学基础，同时也可为同类地区提供参考。我相信，有高校的专业机构为我们的生态问题出谋划策，溧阳百年腾飞的曙光就在眼前，美丽溧阳、美丽中国的目标必将早日实现！

南京大学环境学院教授

2019 年 11 月 11 日

PREFACE 前言

一个地方，跟一个人、一个国家一样，生存和发展，都会面临安全问题。以前我们所说的安全，往往关切生命、生死攸关的人身安全和国家存亡，这也难怪，在浩瀚的宇宙中，连银河系都是一个十分渺小的星系，而地球又在银河系中无足轻重，个人又是地球上一个小小的存在，怎么能不时刻充满着生死存亡的安全忧虑呢？

随着历史的发展，安全的内涵正变得越来越丰富，比如粮食安全、食品安全、信息安全、军事安全，等等。说安全、讨论安全，正是因为不够安全，种种的威胁因素就环伺在我们身旁，让我们吃不好饭，睡不香觉，焦虑终日，辗转难眠……

近些年来，生态安全又被提到了空前的高度。生态安全是指生态系统的完整性和健康的整体水平，尤其是指生存与发展的不良风险最小以及不受威胁的状态。具体说来，如果一个国家或地区各种生物种群系统多样稳定、资源与能源充足、空气新鲜、水体洁净、近海无污染、土地肥沃、食品无公害，那么该国家或地区的生态环境就是安全的。否则，这里的生态环境就不安全，人的生存和发展也就受到了威胁。目前我国的生态安全形势已经十分严峻，土地退化、生态失衡、植被破坏、生物多样性锐减——生态安全早已向我们敲起了警钟。

其实，要说人类对生态安全的认识，也已经有半个多世纪了。1962 年，著名女作家蕾切尔·卡逊(Rachel Carson)以一本《寂静的春天》横空出世，让地球人吃了一惊。那时的我国，正是三年困难时期，并且闭关锁国，听不到外部的声音。直到 20 世纪 80 年代，我们才隐约对此有所耳闻。而生态安全的概念，早在 20 世纪 70 年代就已被提出，但是由于其内涵的丰富和复杂性，以及人类对生态安全的研究尚不够深入，因而一直也未能形成统一的并被普遍接受的定义。这几十年来随着人口的增长和社会经济的发展，人类活动对环境的压力不断增大，人地矛盾加剧，由环境退化和生态破坏所引发的环境灾害和生态灾难日趋严重，全球变暖、海平面上升、臭氧层空洞的出现与迅速扩大，及生物多样性的锐减等关系到全人类安全的生态问题愈演愈烈，人类才开始幡然醒悟。保持全球及区域性的生态安全、环境安全，使社会经济能可持续地发展，已成为国际社会和人类的普遍共识。

人类从鸿蒙走来，一路风雨，一路泥泞，一路坎坷，一路奋争，安全问题一直须臾不离身旁。西方社会在工业革命之后，出现了越来越狂妄的自我膨胀之心，认为人类的力量无穷无尽，完全可以征服自然、驾驭整个世界。好在后来自然给了他们许多惨痛的教训，这才消弭了他们的万丈雄心，在自然面前变得谦恭起来。从人类中心主义走向人与自然的和谐，这长鸣的警钟从此一直在地球上回响。

中国的情况则有所不同，面对自身生存的自然与社会环境，我们的祖先留下了大量的遗训，"无敌国外患者国恒亡""生于忧患，死于安乐""人生不满百，常怀千岁忧"，几乎时时是在"居安思危"、"枕戈待旦"中度过，因此自古以来中华民族便有极强的忧患意识。如今，在西方文化的影响下，我们更是意识到，人类对自己赖以生存的美丽大自然的延续，还负有不可推卸的伦理责任。

生态安全的本质有两个方面，一个是生态风险，另一个是生态脆弱性。生态风险表征了环境压力造成危害的概率和后果，相对来说它更多地考虑了突发事件的危害，对危害管理的主动性和积极性较弱；而生态脆弱性应该说是生态安全的核心。

通过脆弱性分析和评价，可以知道生态安全的威胁因子有哪些，它们是怎样起作用的，以及人类可以采取怎样的应对和适应战略。回答了这些问题，就能够积极有效地保障生态安全。因此，生态安全的科学本质是通过对脆弱性的分析与评价，利用各种手段不断改善脆弱性，降低风险。

溧阳，是江苏省常州市下属的一个县级市，多年来一直是全国的百强县之一，许多工作都走在了全国的前列。这里位居苏浙皖三省交界处和宁杭生态经济带，坐拥天目湖、南山竹海等优质生态资源，目前正在积极践行"幸福经济"和"生态创新"，通过区域联动，探索绿水青山通向金山银山的实现路径。对于生态安全问题，当地领导很早便有了清醒的认识。在经济发展的过程中，生态的破坏也引起了他们的高度重视。因此，近年来，承蒙他们的信任，我们帮助溧阳做了生物物种资源普查、生物多样性保护规划、环境保护"十二五”规划、重点流域断面水环境达标策略研究等方面的工作，如今这部著作，正是这些成果的有机结晶。

生态问题，说到底，其实就是人地关系问题，就是人与自然如何和谐相处的问题。人类不能离开自然而生存，生态需要我们的呵护与关照，子孙后代的安危存亡与生死祸福，都与我们今天的所作所为直接相关。溧阳是一只“麻雀”，我们解剖它，把它作为中国两千多个县（市）的缩影，我们希望各地都能以溧阳为鉴，做好自己的生态安全事业，如若如此，我们的辛苦与汗水将会被无边的快乐所淹没，那，其实正是我们所愿意看到的。

本书的内容虽然是在相关专题研究的基础上凝练而成，但由于笔者水平有限，书中不当之处，恳请各位专家和读者批评指正。

著　者

2019 年 12 月 30 日

CONTENT 目录

第一章　生态安全概述

第一节　生态安全的含义

一、 生态安全概念提出的背景

“生态安全”这一概念是在全球生态环境日益遭受破坏的背景下被提出的。自20世纪50年代以来，随着人口规模不断扩大以及工业化的快速发展，全球生态环境状况发生了重大变化，有限的资源难以满足日益增长的消费需求，生态环境基础及其安全保障面临着越来越大的压力，到20世纪60年代产生了极为严重的消极后果。如自然资源的过度消耗、生物物种的加速灭绝、温室效应的加剧、臭氧层的耗损、水土流失、环境污染等，这些生态环境问题直接威胁到整个人类自身的生存、安全和发展，成为一个全球性的问题。由于全球环境的恶化威胁着地球上人类未来的生存和发展，当代人类面临着的环境危机及问题，涉及几乎所有国家的利益，生态安全日益成为重大的国际政治问题。20世纪60年代初，美国著名学者卡逊《寂静的春天》的出版，向人类敲响了生态危机的警钟。20世纪70年代，罗马俱乐部的活动及其主持发表的一系列研究报告，特别是1972年出版的《增长的极限》，在世界各地引起了巨大的反响。1972年，在瑞典斯德哥尔摩召开了联合国人类环境会议，会议通过的《人类环境宣言》向全球呼吁：在我们人类决定世界各地的行动时，必须更加审慎地考虑环境后果。20世纪80年代，联合国世界环境与发展委员会提交的《我们共同的未来》报告中指出：在过去的经济发展模式中，人们关心的是经济发展对生态环境带来的影响，而现在，人类还迫切感受到生态压力对经济发展所带来的重大影响与存在安全性问题。

进入20世纪90年代后，全球气候变暖、环境污染与越境转移问题，已经使我们这个地球进入到一个人类与环境如何协调发展，共同走向未来的可持续发展的时代。1992年在巴西里约热内卢召开的联合国人类环境会议是生态环境安全问题的一个里程碑，第一次把环境与发展安全紧密联系起来。会议通过了《里约热内卢宣言》和《21世纪议程》，前者是为了保护地球生态系统永恒的活力，开展全球环境与发展领域合作的框架性文件，建立一种新的、公平的全球关系的“关于国家和公众行为基本准则”；后者是围绕环境与发展主题的全球范围内可持续的行动计划。以这次大会为标志，生态安全、环境安全与可持续发展成为国际社会中国际政治的一部分。2002 年 9 月，南非约翰内斯堡的环境与发展高峰会议，进一步商讨生态安全大计，当前，生态安全问题已成为国际社会的广泛共识。

二、 生态安全的概念

国内外生态安全的相关研究至此已历经数十年，但有关生态安全的定义目前仍处于争论和探索过程中，迄今为止学术界尚未有一个公认的说法。

当前，关于生态安全的概念基本上存在着广义和狭义两种理解：前者以国际应用系统分析研究所（international institute of applied system analysis，IASA）于 1989 年提出的定义为代表，认为生态安全指在人的生活、健康、安乐、基本权利、生活保障来源、必要资源、社会秩序和人类适应环境变化的能力等方面不受威胁的状态，包括自然生态安全、经济生态安全和社会生态安全；狭义的生态安全则专指人类赖以生存的生态环境的安全。目前国内外学者对生态安全的理解大多集中在其狭义概念上，主要从生态系统或生态环境方面对其进行阐述。程漱兰认为国家生态安全是保持土地、天然林、地下矿产、动植物种质资源、大气等“自然资本”的保值增值，使之适应“人力资本”和“创造资本”持续增长的配比要求。原国家环保总局局长曲格平教授从生态不安全的后果角度出发，认为生态安全包括两层基本含义：一是防止由于生态环境的退化对经济基础构成威胁，主要是削弱经济可持续发展的支撑能力；二是防止由于环境破坏和自然资源短缺引发人民群众的不满而产生大量的环境难民。肖笃宁等认为，生态安全是维护一个地区或国家乃至全球的生态环境不受威胁的状态，能为整个生态经济系统的安全和持续发展提供生态保障。施晓清等认为生态安全是指支持人类社会和经济发展，以及人类生活的自然生态环境条件处于人类期望值之内的一种生态系统状况。蒋明君等认为生态安全即生存的安全，指地球上各类生命系统依存的环境（包括空气、土壤、森林、海洋、水等）不被破坏与威胁的动态全过程。国家《生态保护红线划定指南》（环办生态〔2017〕48 号）认为，生态安全是指在国家或区域尺度上，生态系统结构合理、功能完善、格局稳定，并能够为人类生存和经济社会发展持续提供生态服务的状态，是国家安全的重要组成部分。

从国内外学者对生态安全的内涵与外延认识来看，生态安全可以定义为人类的生存发展、对自然资源的开发利用等过程不对自然生态系统的结构、功能造成威胁，同时反过来生态系统又能够提供足够的生态系统服务来维持人类社会、经济的发展，从而维护人与自然和谐共生的状态。

笔者认为，生态安全是指生态系统的健康和完整情况，是人类在生产、生活和健康等方面不受生态破坏与环境污染等影响的保障程度，包括饮用水与食物安全、空气质量与绿色环

境等基本要素。健康的生态系统是稳定的和可持续的，在时间上能够维持它的组织结构和自治，以及保持对胁迫的恢复力。反之，不健康的生态系统，是功能不完全或不正常的生态系统，其安全状况则处于受威胁之中。生态安全是国家安全和社会稳定的一个重要组成部分。越来越多的事实表明，生态破坏将使人们丧失大量适于生存的空间，并由此产生大量生态灾民而冲击周边社会的稳定。保障生态安全，是生态与环境保护的首要任务。影响我国生态环境安全的代表性问题主要有国土安全问题、水安全问题、能源环境安全问题、环境与健康问题和生物安全问题等。

显然，从不同的角度都可以对生态安全做出不同的解释和定义。但无论如何，生态安全从区域和国家的水平来讲，它包括了国土安全、水资源安全、环境安全和生物安全等在内的系统化的安全体系。生态安全的显性特征是生态系统所提供的服务的质量和数量的状态。当一个生态系统所提供的服务的质量和数量出现异常时，则表明该系统的生态安全受到了威胁，即处于“生态不安全”的状态。因此“生态安全”包含了两重含义：一是生态系统自身是否安全，即其自身结构是否受到破坏；二是生态系统对于人类是否安全，及生态系统所提供的服务是否满足人类的生存需要。

安全其实是针对风险而言的。近些年来，人类对于生态的破坏越来越严重，水土流失、干旱洪涝、沙尘暴、泥石流、水污染、大气污染和垃圾问题等都在威胁着人类的健康和发展。由于人口持续增长，人类对自然资源的开发不断加快、能源消耗飙升，导致生态环境日趋恶化，直接威胁到人类的生存。如果连基本的生存都受到威胁，那是应该考虑生态安全的问题了。

生态安全的本质是围绕人类社会的可持续发展的目的，是促进经济、社会和生态三者之间和谐统一，由国土安全、水资源安全、环境安全和生物安全这几个方面组成的安全体系（图 1-1）。

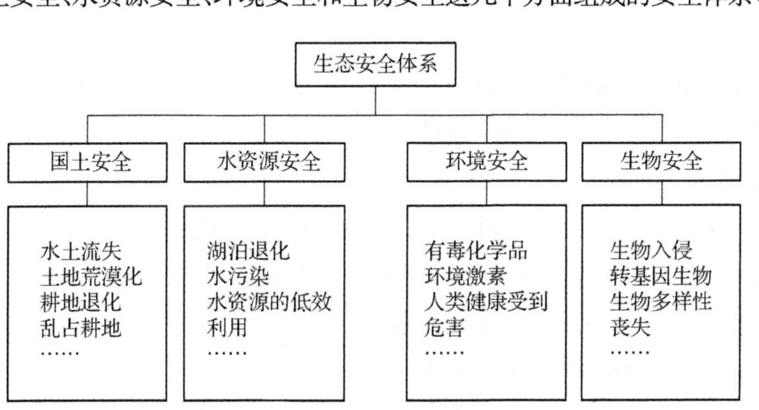

图 1-1 生态安全体系构成

（一）国土安全

国土资源是人类活动的基础，是国家的立国之本。自改革开放以来，我国社会发展水平不断提高，人民生活质量不断改善，但是这种发展也付出了一定的代价。比如对国土资源的大量消耗。尤其是近年来工业化、城市化进程的加快，导致工业污染的问题越来越严重，传统的农耕土地和林地资源大量的缩减，土地荒漠化问题日趋严重，水土流失问题不断加剧。

土地利用、覆盖变化的驱动力及其动态分析是国土安全建设规划实施中关键工程筛选的基础，是开展人地系统动力学和地球各种生态系统研究的核心内容。大量案例研究表明，土地利用及覆盖变化是在自然的生物物理条件与人类社会因素共同作用下，在不同时空尺度上所表现出来的一系列景观变化现象，其中土地使用制度的变化、经济体制的变化、技术进步的变化、人类社会行为的变化是引起土地利用及其覆盖变化的主要因素。如单位农业用地生产能力的提高就能缓解产量对耕地扩张的需求，反之，则会破坏自然生态系统，开荒扩大耕地面积以保证食物需求。城市人口的控制及土地容积率的提高，亦可抑制城市化过程导致非农用地比例的增加。

（二）水资源安全

水资源安全是指国家或区域利益不因湖泊退化、水质污染、水资源低效利用和水环境破坏等造成严重损失，水资源的自然循环过程和系统不受破坏或严重威胁，在某一具体历史发展阶段，水资源能够满足区域国民经济和社会可持续发展的需要。水资源安全是城市水资源管理的核心内容与终极目标，直接关系到群众生活和经济社会发展的需要。为保障城市供水系统正常运行，从水资源的自身属性考虑，水资源安全的内涵应包括水量安全、水质安全和供水系统应急保障能力三个方面。

（三）环境安全

环境安全可以看做与人类生存、生产活动相关的生态环境自然资源基础（特别是可更新资源）处于良好的状况或不遭受不可恢复的破坏。环境安全问题的出现本质上是自工业革命以来到现在人类征服自然活动的非理性扩张的结果。

（四）生物安全

环境安全的危机必然影响到生物安全以及我们人类自身，因此生物安全及其状况也是我们必须要关注的重要方面，生物安全可以看做是生物生长发育及其与环境协调一致的一个动态安全过程，无论是基因、细胞、个体，还是种群与群落水平上，均处于一种不受威胁的良好状态。因此，生物安全是一个多层次的系统安全，它包括了生物多样性的保护、生物入侵和转基因生物、食品安全等内容，这些安全相互之间是密切相关的。

如果考虑经济和社会因素对上述自然系统安全的影响，显然经济的安全则构成了生态安全的动力和出发点。而生物安全和环境安全则构成了生态安全的基石，国土安全和水资源安全构成了生态安全的核心。没有生态安全，系统就不可能实现可持续发展。生态安全具有战略性、整体性、区域性、层次性和动态性的特点。它既是区域可持续发展所需要追求的目标，同时又是一个不断发展的过程体系。

正因为生态安全对于国家、地区的经济发展和未来的资源合理利用起着至关重要的作用，所以认识和了解生态安全的状况及其动态变化具有非常现实的意义。如何进行评价和分析既是生态安全研究的主要内容，也为生态环境和建设提供重要的依据。目前，国际和国

内在环境的评价上做了大量的工作和实证分析，是人们在进行某项资源利用和经济开发建设活动之前，对该项活动可能给环境带来的影响进行预测，并提出减少不利影响或改善环境质量的对策、措施。从而避免引起严重的环境与经济发展问题，保护我们的地球与区域环境。生态安全评价的目的与意义便在于此，在本书的其他章节将对此问题和采取的方法手段进行深入的分析与探讨。

总之，生态安全是人类生存与可持续发展的基本条件、经济安全的基本保障、政治安全和社会稳定的坚固基石、国土安全的重要屏障、资源安全的重要基础。然而，随着经济快速发展，城市化进程加快、人口迅速集中等因素对生态环境产生深远影响，部分区域生态安全面临着严重威胁，并逐渐成为制约其可持续发展的桎梏。

第二节　生态安全的研究现状

一、国外研究现状

20 世纪 40 年代，Leopold 在对土地功能状况进行综合评估时，引入“土地健康（Land health）”的概念，他认为健康的土地是指虽被人类占领但其功能没有受到破坏的状况。此后关于生态安全问题的研究逐渐开展起来。Lester R. Brown 是最早将环境变化引入生态安全概念的学者，并在其 1984 年出版的著作《建设一个持续发展的社会》中指出：“目前对安全的威胁，来自国与国的关系较少，来自人与自然间关系的可能较多。”1989 年国际应用系统分析研究所（IASA）首次完整正式地提出“生态安全”这一概念。在此之后，相关学者在“生态安全”概念和范围上仍处于不断探索的过程中。1992 年联合国环境与发展大会（UNCED）通过《21 世纪议程》这一战略性纲领，被称为国际上生态安全问题的里程碑。自此之后，世界各国和研究学者更加重视生态环境安全问题，并开展大量的经验性研究实践。基于生态风险和生态脆弱性研究演化而来的生态安全评价逐渐成为研究的重点。William 首次提出生态足迹（Ecological footprint）的概念，该方法是在对土地面积进行量化计算的基础上，通过比较人们的资源消耗来评估人们对自然资本的使用强度。随后 Wackernagel 等改进生态足迹模型并将其实际应用于瑞典和次区域对自然资本利用的评估。Alcamo 等基于 1905—1995 年全球范围内旱灾、洪灾以及空气污染等环境变换的相关数据，创立了人类安全与环境变化的定量模型 GLASS。此外，学者们逐渐开始从空间格局角度对生态安全状况进行评价，并把景观格局分析法引入生态安全评价体系。如 Dan 等针对石漠化峰丛洼地进行景观格局与土地利用模式的探索性分析，Yang 等提出了一种基于景观格局指数、马尔可夫链和元胞自动机的土地利用变化模拟模型，并将其成功地应用于北京市昌平区的土地利用变化模拟中。

二、国内研究现状

国内生态安全的研究起步较晚，大概始于20世纪80年代。我国生态安全研究大致可以分为两个阶段。1999年之前，我国生态安全研究处于萌芽阶段，研究面相对较窄并且成果较少，主要集中在植物保护和生态工程安全等方面。21世纪之后我国生态安全研究进入快速发展阶段，研究领域不断拓宽并且成果丰硕。在这一过程中，基于框架模型设计综合评价指标体系的方法得到研究学者们的广泛运用，主要体现在两方面：在传统概念模型方面，应用较广的是经济合作与发展组织（OECD）和联合国环境规划署（UNEP）于20世纪八九十年代共同发展起来的PSR（Pressure - State - Response，压力-状态-响应）框架模型，及联合国环境规划署于1993年提出的DPSIR（Drive - Press - State - Influence - Respond，驱动力-压力-状态-影响-响应）框架模型。

除此之外，有若干学者对上述两种传统概念模型进行了扩展。如左伟等为着重强调人类需求与生态环境压力之间的接触暴露关系，基于前人研究成果引入暴露指标，构建了DPSER模型，旨在从通过维护与保护生态环境系统服务功能来保护人类需求这一角度评价生态环境系统安全，就是要评价生态环境系统服务功能对人类需要的满足程度，或者说是为满足人类需求生态环境系统服务功能的实现情况。

还有学者在PSR模型的基础上引申出符合自己研究实际的模型，例如张远等以水生态压力、水生态状况、水生态功能和水生态风险为出发点，建立了多指标的流域水生态安全评估PSFR（压力-状态-功能-风险）模型。徐美等尝试将PSR模型与旅游地经济、社会和环境等多要素结合起来，从威胁、质量、调控三方面构建了张家界市旅游生态安全评价的“TQR”指标体系，并运用灰色关联投影法及障碍度模型对其旅游生态安全状况及主要障碍因子进行了分析。

综合来看，在选择构建指标体系的概念模型依据时，PSR模型的使用最为常见且被认为是评价生态安全较为成熟的模型之一，当然也有学者基于自己的研究目的对PSR模型进行了扩展或引申，但在扩展或引申的过程中具有一定的主观性。

随着国内学者对于生态安全研究的逐渐深入，其相关评价方法也得到了进一步的发展，从最初的定性研究逐渐过渡到了定量，甚至是定量和定性相结合，目前，生态安全评价方法可归结为生态足迹模型法、综合指数法、景观格局分析法、数字地面模型法等。

生态足迹模型是在量化计算土地面积的基础上，通过比较人们的资源消耗来评估人们对自然资本的使用程度，即通过比较生态足迹与自然系统承载力的相对大小来判断区域的生态安全状况和可持续发展状态。生态足迹的基本模型包括三个方面：首先是生态足迹的计算；其次是生态承载力的计算；最后是生态足迹与生态承载力的比较。就全球尺度而言，当生态足迹大于生态承载力时，意味着人类对自然资源的过度利用，产生了生态透支，是一种不可持续的资源消费，反之，则表明对自然资源的利用程度没有超出其更新速率，处于生态盈余中。

综合指数法是在依据指标数据信息量的多少确定指标权重的基础上，运用加权算法计算得到综合指数的一种线性加权方法，具有较强的综合性和整体性，简单易实施，已广泛应用于当前的生态安全评价实践中。在模型应用中，指标权重的确定直接影响到评价结果的正确性和可靠性，在生态安全评价中有重要作用。在确定指标权重时，学者们采用的方法不一，主要有主观赋权法、客观赋权法和组合赋权法三种。其中，主观赋权法是一种通过专家打分的方式确定指标权重的方法，能够借助专家的知识背景、偏好经验等考虑到指标间的关联性，但问题也在于专家的知识背景、偏好经验等因素具有较强的主观性；客观赋权法是一种基于指标数据传达的信息量多少或变异程度来赋予指标权重的方法，这种方法虽尊重数据自身客观性，但难以顾及决策者的主观能动性。影响指标权重科学性的关键是需要兼顾到主客观性之间的平衡，即既要尊重数据的客观性，又要充分考虑到决策者的主观能动性。组合赋权法可以利用数学规划模型在主客观权值之间寻找最佳的平衡权值，能集合两者优点，弥补不足。

景观格局分析方法以研究空间格局及演变为视角，在充分利用地理信息系统(GIS)技术和遥感影像数据的基础上，从景观斑块特征、景观形态及景观的空间分布出发，对区域的景观格局进行分析，综合评判各种潜在的生态影响类型，主要着眼于相对宏观的要求，将生态安全评价、预测和预警三个内容整合到一个综合生态安全理论体系中。近年来随着 GIS 和遥感等技术的不断完善，该方法得到了学者的广泛应用。

数字地面模型即数字生态安全法，应用遥感和 GIS 技术，能够极大地丰富信息源，并可跳出行政单元的限制，采用栅格为最小评价单元，使得评价结果更加精细化，能最大限度地体现出行政单元内部生态安全程度的空间差异。

综合来看，学者们采用的评价方法因评价对象、研究目的、基础数据等不同而不同，呈现出类型多样且较为零散的特点，尚未形成健全的评价方法体系。

三、研究评述

通过梳理大量的国内外文献资料，目前关于生态安全研究的热点主要包括生态安全评价、生态安全预警和生态安全模式等方面，主要研究内容为生态安全评价。

国外生态安全评价研究主要探讨生态安全与国家可持续发展等宏观层面的相互关系，研究内容主要集中在生态系统风险和生态系统健康层面，对特定区域和尺度生态安全评价研究相对较少。如美国对生态安全的研究，虽然也关注本国的问题，但重点却放在了全球生态环境安全问题上。他们认为，“世界范围的环境退化，威胁到美国的国家繁荣”“环境压力加剧所造成的地区性冲突或者国家内部冲突，都可能使美国卷入代价高昂且危险的军事干预”。

国内目前生态安全评价研究主要包括生态安全评价方法、指标体系等方面，探讨以城市和流域等特定区域生态安全评价的研究成果相对丰富，对复杂生态区和国家层面的研究相对较少。由于生态环境问题的复杂性和区域性，导致在对其认识上存在局限性，生态安全评价的基础指标体系和研究方法也尚未统一。

本研究借鉴国内外同行生态安全评价方法，选择数字地面模型结合数学模型，运用遥感和 GIS 对溧阳市生态空间重要性进行识别，将评价指标转换为 30 m×30 m 的栅格数据图层，能够使评价值落到空间上的任意一点（栅格）上，从而在较细的粒度上反映区域生态安全的空间差异，为生态保护网络构建和保护规划提供依据，从而提升区域生态安全级别。

第三节　溧阳市生态安全研究思路

研究立足溧阳市生态环境特点，基于生态安全格局的理念，运用遥感影像分析和 GIS 技术，参照国家《生态保护红线划定指南》，对溧阳市的生态系统服务功能重要性和生态敏感性进行评价，识别重要生态斑块和廊道，进而构建生态安全格局，提出针对性的生态保护方案。为溧阳市城市可持续发展提供理论依据和支撑，同时为其他城市生态系统建设提供参考。总体思路如图 1－2 所示。

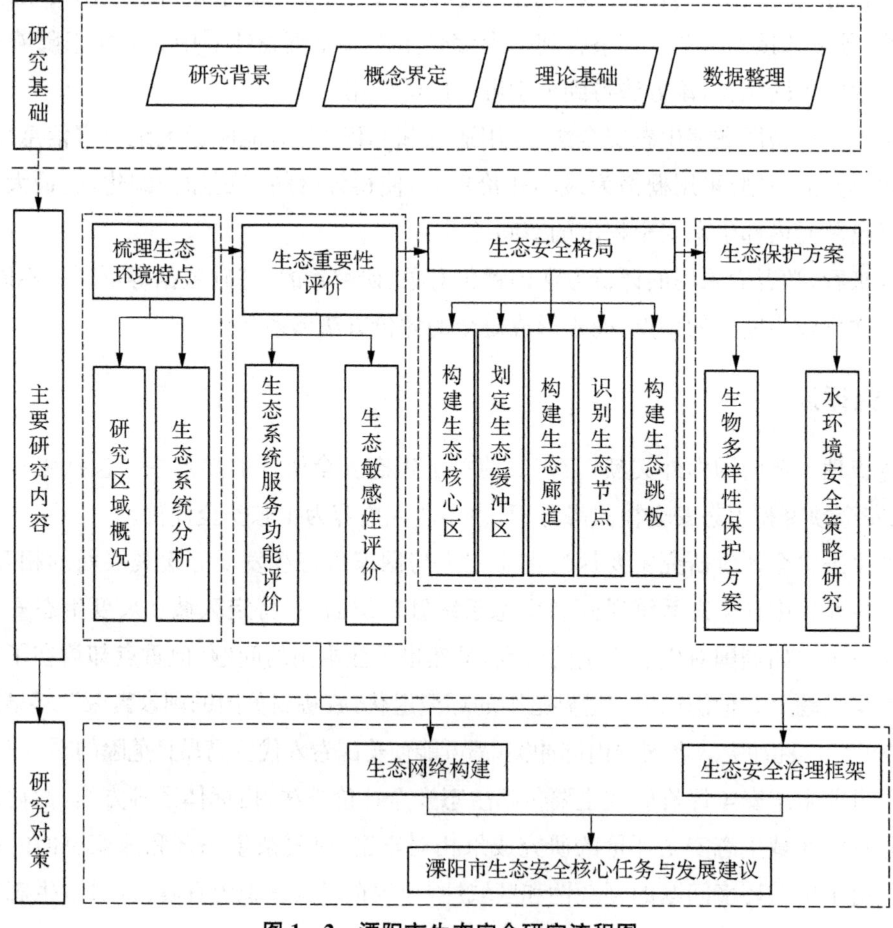

图 1－2　溧阳市生态安全研究流程图

首先，从生态系统角度出发，结合近年来的经济和人口发展，梳理溧阳市生态环境特点，为溧阳市生态安全评价与保护方案提供背景信息。

其次，借助卫星影像技术，进行生态系统服务功能重要性和生态敏感性评价，识别最具保护价值的生态重要性区域，为生态安全格局构建提供依据。

再次，基于前文的生态重要性评价结果，构建生态核心区、缓冲区、节点等生态保护网络，实施全域整体性保护战略。

然后，针对溧阳最具代表性的生态安全领域——生物多样性、水环境安全，给出详细治理方案。

最后，结合全书研究，提出溧阳市生态安全建设的保障措施与对策建议。

参考文献

[1] Alcamo J, Endejan M B, Kaspar F, et al. The GLASS model: A strategy for quantifying global environmental security[J]. Environmental Science & Policy, 2001, 4(1): 1 - 12.

[2] Leopold A. Wilderness as a land laboratory[J]. Living Wilderness, 1941(6): 3 - 4.

[3] Lester R Brown. Building a society of sustainable development[M]. Beijing: Scientific and Techology Literature Press, 1984.

[4] Wackernagel M, Lewan L, Hansson C B. Evaluating the use of natural capital with the ecological footprint[J]. Ambio, 1999, 28(7): 604 - 612.

[5] Dan W H, Zhang C, Song J, et al. An exploratory analysis of both landscape pattern and land use model in peak cluster—depressions rocky desertification areas[J]. Geographical Research, 2009, 9(6): 1615 - 1624.

[6] Yang X, Zheng X Q, Chen R. A land use change model: Integrating landscape pattern indexes and Markov—CA[J]. Ecological Modelling, 2014, 283: 1 - 7.

[7] 程漱兰，陈焱. 高度重视国家生态安全战略[J]. 生态经济，1999(5)：9 - 11.

[8] 邓玲，边燕燕. 基于 PSR 模型的四川省生态安全综合评价[J]. 统计与决策，2015(12)：107 - 109.

[9] 方淑波，肖笃宁，安树青. 基于土地利用分析的兰州市城市区域生态安全格局研究[J]. 应用生态学报，2005(12)：2284 - 2290.

[10] 葛京凤，梁彦庆，冯忠江. 山区生态安全评价、预警与调控研究：以河北山区为例[M]. 北京：科学出版社，2011.

[11] 郭美楠. 矿区景观格局分析、生态系统服务价值评估与景观生态风险研究[D]. 呼和浩特：内蒙古大学，2014.

[12] 郭荣中，申海建，杨敏华. 基于改进生态足迹因子的长株潭地区可持续发展[J]. 水土保持研究，2019，26(05)：174 - 180.

[13] 郭诗怡. 基于生态网络构建的海淀区绿地景观格局优化[D]. 北京：北京林业大学，2016.

[14] 环境保护部，国家发展和改革委员会. 生态保护红线划定指南[EB/OL]. http://www.mee.gov.cn/gkml/hbb/bgt/201707/t20170728_418679.htm

[15] 胡志仁,龚建周,李天翔,等.珠江三角洲城市群生态安全评价及态势分析[J].生态环境学报,2018,27(2):304-312.

[16] 蒋明君.全球生态安全及其保障机制[C]//中华人民共和国环境保护部、联合国环境规划署.第五届环境与发展中国(国际)论坛论文集.北京:中华环保联合会,2009.

[17] 雷维.生态文明视觉下的鄱阳湖湿地生态安全识别与评价研究[D].南昌:东华理工大学,2018.

[18] 李悦,袁若愚,刘洋,等.基于综合权重法的青岛市湿地生态安全评价[J].生态学杂志,2019,38(3):847-855.

[19] 刘祖涵.城市生态安全模糊综合评价研究——以萍乡市为例[J].甘肃科技,2019,35(8):11-14.

[20] 刘丽娜.山口湖流域生态安全评估及营养物基准阈值研究[D].哈尔滨:东北农业大学,2019.

[21] 庞雅颂,王琳.区域生态安全评价方法综述[J].中国人口·资源与环境,2014,24(S1):340-344.

[22] 曲格平.关注生态安全之一:生态环境问题已经成为国家安全的热门话题[J].环境保护,2002(5):3-5.

[23] 施晓清,赵景柱,欧阳志云.城市生态安全及其动态评价方法[J].生态学报,2005(12):3237-3243.

[24] 唐欢欢.江苏省生态红线区域生态安全评价研究[D].南京:南京信息工程大学,2016.

[25] 吴利,柳德江.基于GA-BP神经网络的玉溪市耕地生态安全评价[J].云南农业大学学报(自然科学),2019,34(5):874-883.

[26] 肖笃宁,陈文波,郭福良.论生态安全的基本概念和研究内容[J].应用生态学报,2002(03):354-358.

[27] 向秀容,潘韬,吴绍洪,等.基于生态足迹的天山北坡经济带生态承载力评价与预测[J].地理研究,2016,35(5):875-884.

[28] 徐美,刘春腊.张家界市旅游生态安全评价及障碍因子分析[J].长江流域资源与环境,2018,27(3):605-614.

[29] 杨倩.湖北汉江流域土地利用时空演变与生态安全研究[D].武汉:武汉大学,2017.

[30] 张远,高欣,林佳宁,等.流域水生态安全评估方法[J].环境科学研究,2016,29(10):1393-1399.

[31] 张利,陈影,王树涛,等.滨海快速城市化地区土地生态安全评价与预警——以曹妃甸新区为例[J].应用生态学报,2015,26(8):2445-2454.

[32] 赵文力,刘湘辉,鲍丙飞,等.长株潭城市群县域生态安全评估研究[J].经济地理,2019,39(8):200-206.

[33] 郑德凤,刘晓星,王燕燕,等.基于三维生态足迹的中国自然资本利用时空演变及驱动力分析[J].地理科学进展,2018,37(10):1328-1339.

[34] 郑晓燕,何东进,游巍斌,等.闽东地区生态安全格局及空间发展模式特征[J].重庆师范大学学报(自然科学版),2013,30(2):108-114+135.

[35] 周涛,王云鹏,龚健周,等.生态足迹的模型修正与方法改进[J].生态学报,2015,35(14):4592-4603.

[36] 朱玉林,顾荣华,杨灿.湖南省生态赤字核算与评价——基于能值生态足迹改进模型[J].长江流域资源与环境,2017,26(12):2049-2056.

[37] 左伟,周慧珍,王桥.区域生态安全评价指标体系选取的概念框架研究[J].土壤,2003(1):2-7.

第二章　溧阳市生态环境特点

第一节　区域概况

一、自然环境

（一）位置面积

溧阳市位于长江三角洲西南部的苏、浙、皖三省交界处，素有“鸡鸣醒三省”之说，隶属于江苏省常州市，东邻宜兴，西接溧水、高淳，南与安徽郎溪、广德接壤，北与金坛、句容毗连，地理位置在北纬 31°09′11″～31°41′08″、东经 119°08′04″～119°36′40″，距上海、杭州均约 200 km，距南京、苏州、张家港、江阴均在 100 km 左右。宁杭高铁、宁杭高速、扬溧高速、常溧高速、104 国道、239 省道、241 省道、芜太运河穿境而过，距南京禄口国际机场仅 68 km，区位条件极为优越，水陆交通十分便利。筹建中的沪苏湖高铁、淮扬镇宜铁路将促进溧阳更好地融入长三角“一小时经济圈”。市域南北长 59.06 km，东西宽 45.14 km，总面积 1 535 km^2（见附图 1）。

（二）地质地貌

溧阳市位于江南古陆的北东缘，处于华北、华南板块的交接过渡地带属高淳—宜兴东西向构造带北部。境内地层，自古生代到新生代均有出露，但各代之中，有的系没有发育或被第四系所覆盖。自中生代以来，发生了强烈的地质构造变动和频繁的岩浆侵入和喷溢，地质构造较为复杂，不同时期、方向、性质、规模的褶皱、断裂、隆起、凹陷等构造形迹发育充分，岩性分布最广的是火成岩，以侏罗纪火山岩占绝对优势。此外，还分布着燕山期和喜山期的中深侵入岩和次火山岩以及各种岩脉，沉积岩次之，主要分布于西北部的茅山山脉，南部个别山头也有出露，变质岩在境内尚未发现露头。

溧阳市属于太湖湖西的半山半圩地区，市域地形复杂，丘陵、平原、圩区兼有。从全市各类地貌面积分布看，丘陵占 49%，平原占 13%，圩区占 38%。南、西、北三面环山，南部以南河为界，属天目山余脉，层峦叠嶂，绝对高程在 250 m(吴淞高程，下同)以上；西部及北部以北河为界，系茅山余脉，冈峦起伏，丘陵连绵；腹部由西向东，地势平坦低洼，平均海拔 3 m 左右，河港纵横交错，湖荡嵌布其中，为广阔的平原圩区(见附图 2)。

(三) 气候水文

溧阳市属亚热带季风气候，四季分明，雨量充沛，无霜期长，全年平均气温 17.5 ℃，其中，1 月份 3.2 ℃，7 月份 31.1 ℃。日照时间，1 月 137.6 小时，7 月 229 小时。年均降水量 1 149.7 mm，其中，1 月份 42.2 mm，7 月 154.1 mm，汛期出现在 5～9 月。境内降水由东南向西北递减。常年主导风向为东风。

溧阳市地处太湖西部，属太湖流域的主要支流南溪水系(见附图 3)，南溪水系发源于苏、浙、皖三省交界处的界岭，在宜溧山地和茅山山脉的包围下，溧阳成为南溪水系的主要集水区和太湖流域主要产流区。溧阳市主要河流为南河、中河、北河和丹金溧漕河，汇全市山丘之水和高淳、金坛部分客水，最后汇入太湖。丘陵地区主要依靠水库等蓄水灌溉。全市有水库 64 座，总库容量 2.88 亿 m^3，其中库容量在 1 亿 m^3 以上的有沙河水库和大溪水库。溧阳市地表径流量为 5.449 亿 m^3，过境客水常年为 3.644 亿 m^3，地下水约 100 万 m^3。

(四) 土壤植被

溧阳市丘陵山地主要为黄棕壤和棕红壤两大类，分别占总面积的 76.8%和 23.0%。溧阳黄棕壤绝大部分已经垦为农田，土壤肥力较好，保水保肥能力中等，但因地形起伏，地块小而不平，易受侵蚀威胁。

溧阳市是江苏水热资源最为优越的地区，也是江苏省植物种类最丰富、植被类型最复杂的地区。地带性植被为常绿阔叶林，毛竹林分布广泛。丘陵地区植被主要有常绿阔叶林、常绿落叶阔叶混交林、落叶阔叶林、针叶林、竹林和灌丛 6 种类型。平原地区以农田、经济林为主。湿地植被主要有芦苇群落、香蒲群落、薹草群落等。据《中国植物志》和《江苏植物志》记载，溧阳分布有 9 个中国特有属：金钱松属、杉木属、青檀属、大血藤属、牛鼻栓属、枳属、喜树属、明党参属、盾果草属等。有国家一级珍稀濒危保护植物水杉、银杏，国家二级珍稀濒危保护植物金钱松、樟树、榉树及江苏省珍稀植物紫楠、降龙草、粗榧、红果榆、华东楠、溧阳鲜化蕨、溧阳复叶耳蕨、香果树等。

二、人文社会

(一) 人口区划

溧阳自秦时建县，至今已有 2 200 多年的历史。1990 年撤县设市，现辖 10 个镇(区)和昆仑街道，10 个镇(区)分别是：溧城镇、天目湖旅游度假区(天目湖镇)、埭头镇、上黄镇、戴埠镇、别桥镇、竹箦镇、上兴镇、南渡镇、社渚镇(见附图 1)。1 个省级经济开发区——溧阳市

经济开发区，1个国家级旅游度假区——天目湖旅游度假区，获批筹建1个省级高新技术开发区(江苏中关村科技产业园)。全市共有175个行政村，59个居委会。全市户籍人口79.04万人(2018年)，其中城镇人口46.11万人，城镇化率58.34%。

各镇(街道)概况如下：

昆仑街道，行政区域面积79.7 km^2，总人口9.13万人，辖7个居委会、16个行政村，江苏中关村科技产业园是由常州市人民政府和中关村科技园区管委会合作设立的省级高新技术产业园区。

溧城镇，行政区域面积75.51 km^2，总人口20.85万人，辖35个居委会、14个行政村，是溧阳市委、市政府所在地，是溧阳市政治、经济、文化和商贸中心。

天目湖镇，行政区域面积239 km^2，总人口10.52万人，辖5个居委会、14个行政村，先后获得全国环境优美镇、江苏省首批生态旅游示范区、江苏省卫生镇、常州市新型小城镇等称号，为国家5A级旅游景区、国家生态旅游示范区。

埭头镇，行政区域面积43.7 km^2，总人口2.74万人，辖1个居委会、7个行政村，该镇是溧阳市的工业重镇。

上黄镇，行政区域面积47.6 km^2，总人口2.6万人，辖1个居委会、8个行政村，上黄镇拥山水之灵秀，“南山、北湿地，中水母山”“两山一湖”的浑然天成，使上黄拥有溧阳最具优势的旅游资源，中华曙猿湿地公园、地质公园、南山后长寿村等旅游项目快速推进，旅游业在上黄蓬勃发展。深厚的历史底蕴、优美的生态田园、新型的休闲旅游，使上黄镇先后获得“环境优美乡镇”“江苏省卫生镇”等荣誉称号。

戴埠镇，行政区域面积162.99 km^2，总人口6.07万人，辖4个居委会、17个行政村。该镇是江苏省百家名镇，也是全国千家名镇之一，且是江苏省首批对外开放卫星镇、江苏省小城镇建设试点镇、国家卫生镇、全国环境优美乡镇、江苏省安全文明乡镇。

别桥镇，行政区划面积128.5 km^2，总人口8.06万人，辖原湖边、古渎、绸缪、后周、别桥5个集镇、2个居委会、18个行政村，是全国五百家小城镇试点镇、江苏省重点中心镇之一、国家生态镇、江苏省卫生镇、常州市新型小城镇。

竹箦镇，行政区域面积183.6 km^2，总人口6.41万人，辖2个居委会、18个行政村，素有“丝府茶香”“鱼米之乡”的美誉，先后被评为“工业经济强镇”“开放型经济先进单位”“江苏省卫生镇”“江苏省新型示范小城镇”和“全国环境优美乡镇”。

上兴镇，行政区域面积245.6 km^2，总人口8.1万人，辖上兴、上沛、汤桥、永和4个集镇，3个居委会、23个行政村，是江苏省区域面积最大的乡镇，位于溧阳西北部，地处南京与苏锡常等大中城市腹地中心，是一个有着千余年历史的文明古镇，是近年来迅速崛起的现代新型小城镇。北接句容市，西邻溧水、高淳两县，地势西高东低，镇北部瓦屋山山巅建有历史底蕴深厚的宝藏禅寺，山麓有明静秀美的神女湖，是建设中4A级旅游风景点；西部曹山、狮子山、枕头山、芝山、芳山等海拔均200～300 m，群峦起伏，松柏葱郁。正在建

设中的曹山慢城依托其秀丽的山水自然条件，越来越成为人们向往的生态乐园，并与高淳国际慢城渐渐融合接轨。境内有上兴河纵贯南北，上沛河蜿蜒东西，堪称“黄金水道”汇集于北河。

南渡镇，行政区域面积 124.53 km²，总人口 7.86 万人，辖 1 个居委会、18 个行政村，是溧阳市唯一一家由中央六部委确定的全国重点镇和首家江苏省卫生镇，是规划中的溧阳市域副中心和常州市 8 个重点试点中心镇之一，先后被评为全国小城镇经济综合开发示范镇、全国村镇建设先进镇、全国环境优美镇和江苏省新型示范小城镇、江苏省文明镇。

社渚镇，始建于北宋徽宗宣和七年（公元 1125 年），至今有近千年的历史，历史源远流长，享有“千年古镇”之美誉。全镇总面积 126.3 km²，总人口 7.4 万人，下辖 2 个居委会、22 个行政村。社渚镇地处溧阳市西南边缘，是溧阳、高淳、郎溪三市（县）的重要交通枢纽，自古为溧阳西南地区的水陆要冲，是江苏省百家重点中心镇之一、省新型示范小城镇和省卫生镇。

（二）产业经济

溧阳市的传统工业产业主要包括机械、冶金、建材、纺织轻工等，新兴特色产业主要有智能电网、汽车及零部件、农牧与饲料机械、动力电池四大产业。

溧阳市经济发展稳中向好。聚力发展先进制造、高端休闲、现代健康、新型智慧“四大经济”，以“环境更友好、发展可持续、群众得实惠、政府有收益”为基本特征的“幸福经济”正在成为溧阳的产业底色。2018 年，全市国内生产总值（GDP）达 935.51 亿元，人均 GDP 达到 12.26 万元（按常住人口）。产业结构进一步优化，三次产业增加值比例调整为 5.5：48.5：46.0。完成公共财政预算收入 66.3 亿元；城乡居民人均可支配收入达 39 424.5 元。

以上上电缆、华朋集团、安靠智电、科华控股为代表的智能电网、汽车及零部件、农牧和饲料机械特色产业不断发展壮大。其中：智能电网、汽车零部件产业集群双双入选江苏省特色产业集群。上汽集团、宁德时代、璞泰来等 40 余个动力电池项目相继落户，同时集聚了中科院物理所长三角研究中心、中英电动汽车联合创新中心等一批高端创新资源，实现了先进储能产业从生产端向创新端的完整产业链布局，世界级绿色能源基地正在加速形成。2018 年，全市“四大经济”全产业累计完成增加值 458.12 亿元（合计数已剔除融合部分，下同），占全市 GDP 的比重为 49%。

（三）风景名胜

溧阳的名胜古迹众多，有水母山、伍员山、青峰山、瓦屋山、沙涨村等，其中在水母山发现了中华曙猿遗骸化石，现水母山已列为省级地质遗迹保护区。2018 年，全市拥有国家 A 级景区 5 家，其中 5A 级 1 家（包括天目湖山水园、南山竹海、御水温泉），4A 级 1 家（新四军江南指挥部纪念馆）。拥有 1 家国家森林公园（含天目湖、南山竹海、龙潭林场），是全国唯一拥有两个国家湿地公园（天目湖、长荡湖）的县（市）。江苏省星级乡村旅游区（点）19 家，其中

五星级1家(溧阳南山花园旅游发展有限公司)。星级饭店15家(其中五星级3家、四星级4家)。2018年全市旅游总收入236.04亿元,旅游总接待人数1 930.03万人次,旅游增加值110.87亿元,占GDP比重为11.9%。

溧阳的瓦屋山群山起伏,山峰奇特,云雾缥缈,山上奇花异草遍地,山涧清冽泉水潺潺,山下一马平川,水库池塘如镜。

天目湖位于溧阳市南8 km处,有沙河、大溪两座国家级大型水库,景区内古树名木,奇花异草,姿态万千,也是野生动物重要栖息地。

南山竹海景区内峰、峦、岭连绵起伏,高耸秀拔;数万亩竹海倚山抱石,姿态万千。山水相映,风光旖旎。仙山头、金牛岭、锅底山、石葫芦、龙泉、黄金沟、千人坑等留下了一个个脍炙人口的传说,深蕴着青山绿水的诗意和神韵,有“天堂南山,梦幻竹海”之美誉。

(四) 社会声誉

溧阳先后获得的国家级荣誉称号:

国家生态市
国家卫生城市
国家环保模范城市
国家生态文明建设示范市
中国优秀旅游城市
中国最美休闲度假旅游城市
中国长寿之乡
全国文明城市
全国新时代文明实践中心试点地区
第二批国家生态文明建设示范市县
2018年全国综合实力百强县市第41名

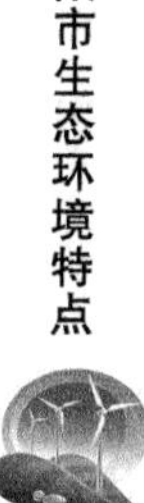

第二节 生态系统分析

一、生态系统分区分类

溧阳地处亚热带气候带,生态系统属亚热带生态系统,但实际上溧阳生态系统类型比较多样,这种多样性与自然地理特别是地形的多样性有关(图2-1),也与人类对原生生态系统的改造利用有关。从地形和地物特点看,本区由高到低可划分出低山丘陵、低丘坡地、平原,以及湖、库、塘水体与河流网络。结合植被情况,本区生态系统因此可分为低山丘陵生态系统、低丘坡地生态系统、平原生态系统、河湖生态系统四大类(表2-1和图2-2)。植被基本类型可由遥感影像提取的反映植被茂盛程度的植被指数(NDVI)值(图 2-3)表征,结果表明溧阳南北两处山地为植被茂盛区,植被指数最高,以乔木为主。低丘坡地处于中等值,为乔灌木和农作物混杂区,中部低洼平原是植被指数较低的区域,植被以水稻为主,而基本无植被的水体,指数为负值,遥感影像分析结果佐证受地形因素控制,本区形成四大类生态系统。

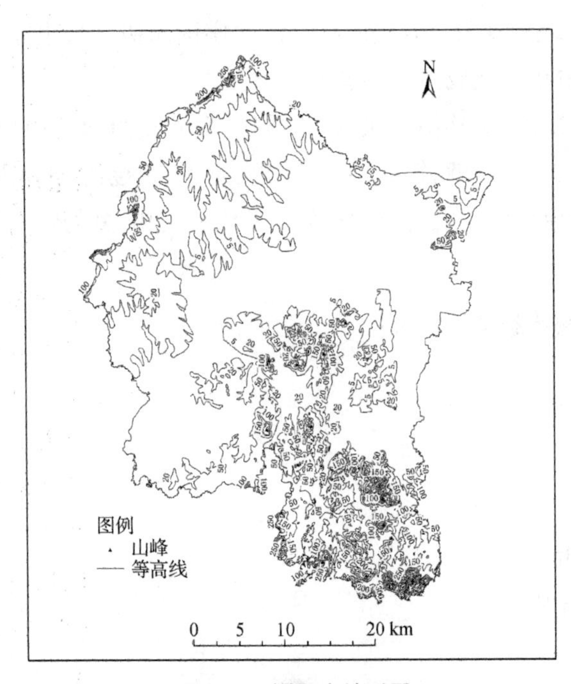

图 2-1 溧阳市地形图

表 2-1 溧阳生态系统依地形因素分区分类

生态系统类型	地形特点	土地覆盖与利用特点	生态系统特点	平均海拔(m)	面积占比(%)	NDVI均值
低山丘陵生态系统	海拔 50 m 以上	森林、灌木主要分布区	乔灌木生态系统	114	13	0.71
低丘坡地生态系统	海拔 10~50 m	旱地、园地主要分布区	旱地、水田混合农业生态系统	25	32	0.57
平原生态系统	海拔 10 m 以下	水田主要分布区	水田为主的农业生态系统、城镇生态系统	6	49	0.47
河湖生态系统	以上地形都有分布	水生物主要分布区	湿地生态系统	—	6	负值

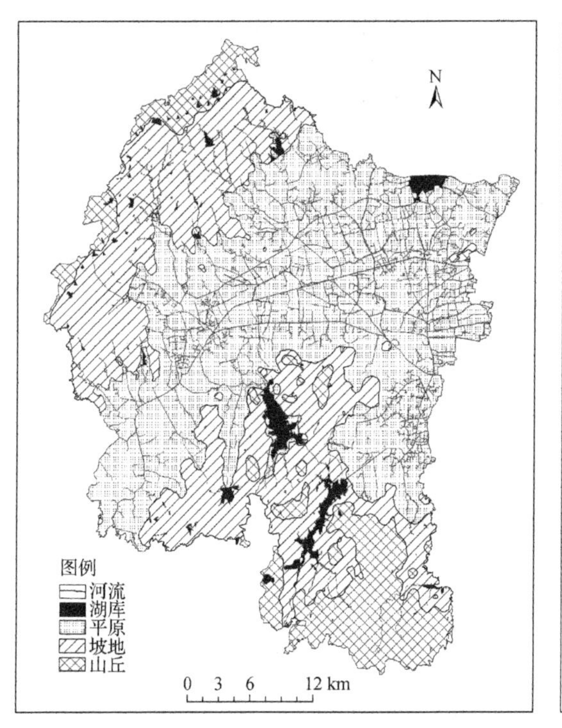

图 2-2 溧阳按地形分类的生态系统图

图 2-3 溧阳市 NDVI 图

植被指数表明，低山丘陵是本区生物蕴藏量最高的地区，也是本区主要的生物资源区和优美景观区，面积占比为 13%，丰富的森林资源是本区的特色。

另一农业产区是位置比平原区稍高，且存在一定坡度的坡地低丘生态系统区，这两个区域的农业生产活动为溧阳地区的人类繁衍，社会发展以及城镇化和交通道路建设提供了有利条件。受地形与陆路、水路交通条件的限制，低丘坡地区人类集中居住区主要为小型村庄。

处于碟状洼地的平原生态系统面积占比最大，约占溧阳国土面积的一半，由于地势低平且水资源丰富，特别适合农业生产活动，长期以来是溧阳地区的水稻主产区。平原生态系统不仅包含以水田为主的农业生态系统，还包括城镇生态系统，本区主要城镇均分布在平原区。

天然和人工挖掘而成的河、湖、库、塘水生态系统占地最少，占溧阳总面积的 6%。水体所具有的地表物质与能量的流动性、活跃性以及对生命体的重要性，深刻影响着本区的农业与自然生态系统，本区广布的河渠网络以及众多湖库水体构成本区重要的地表水生态系统。河湖生态系统按水体流动特点，又可划分出以静水为主的湖库水生生态系统和以流动水体为主的河流网络水生生态系统。

由本区农业人口居住的村庄分布（图 2-4）可以知道，人类活动空间几乎覆盖全区绝大部分地面，除了湿地湖泊、陡峭峻岭以外都是村落，只是密度有所差异，这反映生态系统的承载力。

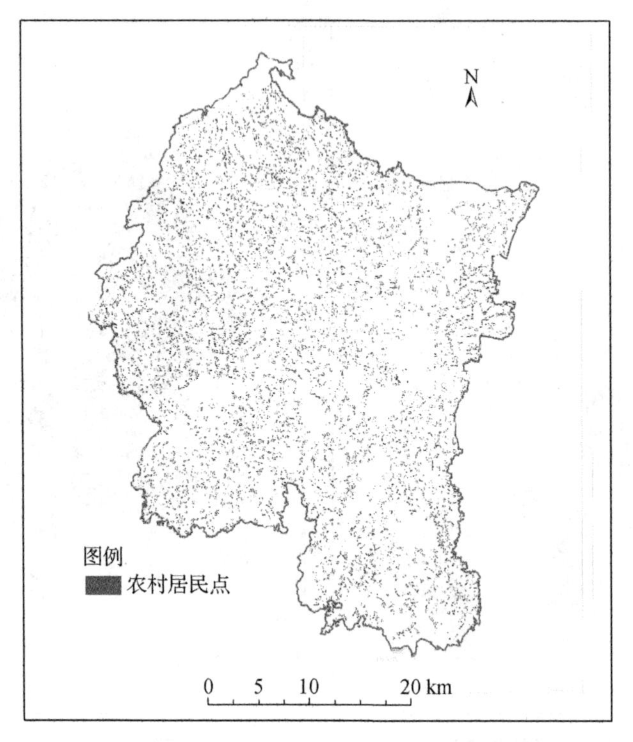

图 2-4 溧阳市村庄分布图

按生态系统受人类活动影响程度，本区生态系统还可划分为表 2-2 所示五种类型。海拔越低的生态系统受人类活动的影响越深刻，生态系统单调、脆弱。随着海拔的增加，人类利用土地的困难程度增大，生态系统所受人工影响减弱，自然特点突出，自然孕育的动植物增多，生态系统强壮、健康、稳定。有山有水的生态系统特点为溧阳生活环境优美健康、食品来源多样性、生物多样性、旅游资源多样性、地方文化的多样性与丰富性创造了良好条件。

表 2-2 溧阳生态系统按主要影响因素分区

类型	区域	类型特点
1	城镇区	平原城镇人工深刻影响生态区
2	平原区	平原农田半自然影响生态区
3	坡地低丘区	坡地低丘农田半自然影响生态区
4	低山丘陵区	低山丘陵人工影响微弱生态区
5	水域区	河湖库塘半自然生态区

二、生态系统空间特征

溧阳市生态系统空间分布大致为东南和西北方向各有一个地势高耸区，分别为溧阳南山和瓦屋山，中间长碟状低洼平原西南、东北向延伸。南山属于宜溧山地的一部分，是天目山的余脉，本区最高峰海拔 532 m，也是常州市的最高峰，竹林是本区分布较广的著名景观植物。西北部的瓦屋山属于茅山山脉的一部分，本区最高峰超过 400 m，以历史悠久的佛道教人文资源闻名。平原是宜溧山地和茅山山脉之间的凹陷洼地。溧阳市城区以及上黄、埭头、别桥、南渡以及上兴和社渚镇大部分都位于洼地部位，是本区水稻主要种植区和人口密集区。因溧阳洼地处于两类地质构造区的接触部位，地下有大断裂存在，所以偶尔也会出现地震现象，由于地质构造复杂，储藏有多种矿产。

崎岖高耸的山地丘陵为本区亚热带阔叶林生长创造了特殊气候、土壤等条件，但越来越多的地方被人类经济作物所覆盖，受人类活动影响日益明显。低丘坡地宜于人类土地利用，缓坡地形排水条件好，生态系统几乎被人类完全改造，已成为竹林、果树等经济林以及茶、菜、旱作的生长空间。本区是人类开展农业活动较早的区域，农作物多样性较丰富。平原地势开阔、坡度很小，宜于人类生产生活，地势较低，水资源丰富，特别适合水稻种植，所以成为水田和城镇主要分布区，这里同样也是河、湖水生态主要分布区。气候带和地貌类型的空间分布决定了本区生态系统的空间格局，地势起伏和崎岖程度影响人类对土地资源的利用方式与强度，从而造成本区生态景观的空间差异。

从更大空间观察，本区两山一碟地形均属于太湖流域，地表径流均折向东汇入太湖。所以本区生态环境对太湖水质和太湖流域生态系统的安全有重要影响。溧阳的生态系统安全不仅是溧阳人长久生产生活的需要，也是太湖流域生态安全的基础。

三、 生态系统与人类活动

本区生态系统之所以存在空间差异，一是源于自然环境的基底，其二是受人类活动的影响。若无人类影响，本区都应属于亚热带常绿阔叶林为主的生态系统，在人类千百年来的不断改造下，平原地区被改造成水稻为主的农业生态区，随着人工作用的加强，人类居住所占用的城镇、村庄也不断扩展，继自然生态系统转变为农业生态系统后，居住区被人工生态系统彻底替代。为交通便利而铺建的密如织网的各类道路又使农业生态系统不断被分割，为泄洪与灌溉开挖的河渠塑造了平原区受人工影响深刻的水生生态系统，几乎所有河道都是被人工改造所开挖的，河岸硬化比较普遍，水生和湿生生物生长受到抑制，主要水体除长荡湖外都是人工库塘，水生生态系统具有深刻的人工烙印。农业生产所使用的化肥、农药残留迁移转化进入土壤和水体，逐渐改变着平原区生态系统的化学组成。而人口密集的城镇、村落所产生的污水、废渣、废气除部分被处理外，仍有部分污染物进入水体、土壤或植物体，也影响本区以农业生态为主的平原生态系统，并有部分随水流流入下游太湖水域，影响其他区域的水生或陆生生态系统。农业面源、城镇点源、交通线源以及工业区、养殖区污染物成为本区生态系统安全的主要威胁，而城镇化、经济作物用地的扩张以及交通网络、旅游景区的建设发展对本区生态系统造成的挑战正在凸显，生态系统健康正在默默地受到人类活动主动扩张的侵袭。

坡地低丘区 平均高度高出平原区 19 m，该区域的特点是地势比平原稍高，且存在一定坡度，所以不易积水成涝，地面水流通畅，是溧阳有史以来人类居住和进行农业生产的首选地区。溧阳地区的历史考古在这一区有许多重要发现，5000 多年前就有人类在此活动，受人类活动影响和改造历史久远。本区主要为农业生态系统，由于存在一定坡度，所以长期以来以旱地小麦、蔬菜、园地等为主要农业利用形式，后期通过平整土地也形成许多水稻田，本区也是溧阳人工库塘主要分布区，居民点多为村镇级别。消除了水患而开发略晚的平原地区，生活、建筑、交通以及粮食种植的方便性逐渐超过了坡地区，后来成为溧阳居民密集分布区。

农业用地以旱地小麦与蔬菜、园地为主是坡地低丘区农业生态系统的特点，库塘水产养殖以及湿地生态是本区水生态的另一特点。由于本区园地植物例如蔬菜、茶园、果园、苗圃等经济作物叶面遮蔽度高，生物量高，且占地规模大的居住区不多，所以植被指数(NDVI)稍高于平原地区，也是溧阳地区鸟类、爬行类、昆虫类及水生动物的主要分布区。由于本区具有坡缓、景美、人少、地价低等特殊地理优势，如今在坡地区开发建设了一系列具观光、健身、游憩、休闲特色的旅游景区。

低山丘陵区 平均高度高出平原区 108 m，高出坡地低丘区 89 m，是本区位置最高的一个生态区。该区的地形特点是海拔较高、地势崎岖、地面坡度较大、土壤相对瘠薄，人类活动因此较少，主要为自然林、灌木。但人类生产活动的触角也逐渐伸入，例如竹园、果园和茶园种植、旅游景点与道路开发等。该区和坡地低丘区一样，一度开山采石的活动比较盛行，而且规模较大，对生态系统破坏较严重，但如今已基本被禁止。在生态文明建设和“青山绿水就是金山银山”理念的指引下，目前山地植被受到较好保护，人类对自然资源的开发利用受到严格限制，是溧阳植被覆盖条件最好的区域，生物多样性程度较高，也是太湖流域上游质量较好的水源保护区。

本区水生生态系统受人类活动影响深刻，但生态保护措施也逐渐得到重视，本区的两个较大水域即天目湖流域的沙河水库与大溪水库，水质良好，由于水库禁渔，库区周边环境受到严格保护，水源地和生态保护区的管理措施严格有效，只要注意旅游开发的适度，水生态质量可以长期保持。另一大型水面为北部的长荡湖(又名洮湖)，由于近期实施退渔还湖和周边湿地生态保护措施，水生态质量越来越好。其他小型水库也均统一设定了保护条例和措施，水生态质量普遍较好。但本区河网由于河岸硬化、通航、闸坝设施影响以及面源污染和点源入河尚未根本解决等原因，河网水质的提升是本区目前水生态保护方面面临的一个严峻挑战。

本区生态系统从原始自然生态系统逐渐到今天的生态系统格局，主要是人类不断开发利用自然资源和对生态系统不断干预的结果。生态系统的变化甚至退化是人类社会经济发展和人口增长的代价，如何使生态系统的退化速度缓慢一些，并在局部有所好转，从而能长期服务于人类，这是进行溧阳市生态安全保护工作的基本目的。

观察溧阳生态系统的演变过程，需对人类利用本区生态资源的动机、手段以及生态系统响应等方面进行分析。溧阳各生态区与当地人类活动、社会经济、人口发展的相互作用主要表现为如下几种类型。

地势低平区 因水资源丰富，宜于水稻种植，稳产、高产的水稻可为溧阳居民提供丰富粮食。水稻种植先在坡地低丘地区开展，随着人类水利设施建设能力的增强，防洪排涝与浇灌条件改善，碟状湖荡洼地被改造为水稻种植区，一系列农业圩区出现，水稻种植面积随之大增，满足了本区人口增长的粮食需求，促进了社会经济发展，也拓展了溧阳可利用土地面积。在这一区域人类的作用积极主动，地表水文条件和自然湿地生态系统被基本改造。目前人口增加、城市化与工业及交通建设使本区成为深受人工影响的生态区。

坡地低丘区 排水条件好、不易积水、土壤透气性好、不易受洪涝灾害威胁。一系列考古证据显示，本区是溧阳古代先民首选的生产生活区，对土地的开发利用早于碟状洼地区，古溧阳县府所在地南渡镇旧县村、天目湖镇古县村都位于坡地低丘区。

坡地地形与土壤适宜种植瓜果、蔬菜以及小麦、油、棉等作物，能够为本区居民提供丰富而多样的农产品，后期通过平整土地也陆续开发了许多水田，丰富的农产品极大满足了溧阳居民生活的食品需求。在丘陵沟谷低洼处挖塘筑堤修建了一些池塘水库，利用一定坡度地形灌溉下游农田，保证了农业旱涝保收和居民生活稳定水资源供给，池塘水产品使居民食品来源更加丰富。在这一区域人类的作用积极主动，地形和地表水文条件改造使本区成为农作物多样性的一个区域，原始自然生态系统被基本改造。受地形和交通条件制约，城镇化河网工业化发展受限，但近期旅游资源开发迅速。

低山丘陵区 人类在这一地形崎岖区域难以开垦农田和居住，这里因此成为天然动植物的保护地，茂盛的植被又成为溧阳居民薪柴与建筑木材及木器材料来源，也成为地方居民获取丰富野果山珍、野味肉食及草药的来源地，增加了居民的蛋白质营养来源。在山地较低部位种植了经济竹林、果园，开辟了茶园。山地丘陵区长期的采石、采矿以及树木砍伐活动，在为当地居民提供各种资源和经济收入的同时，也对本区的生态系统产生了一定程度的破坏。这一区域人类的作用相对薄弱，在近期重视生态文明理念和政策支持下，生态系统保护力度加大，生态安全程度增加，如今人类主要以茶园等经济乔灌木种植和旅游业开发形式介入本区生态系统。

溧阳目前主要的天然水体为长荡湖，位于本区北部低洼部位，至今仍是溧阳重要的水生态区域，而在碟状洼地的一系列天然湖荡已被逐渐改造为圩区稻田或鱼塘，为本区的鱼、米生产发挥了重要作用。其他大型水体如天目湖两水库等，都为人工开挖筑堤而成，成为防止洪涝和农业灌溉为主要目的的水体。这些分布于不同高度的约一百座人工水库也是本区重要的水生态区，水中的浮游动植物、岸边的喜湿植物或两栖动物以及大量鸟类、蛇类、昆虫类等都是溧阳水生态系统的组成部分。

分布于碟状洼地的河网也是水生态系统的重要组成，主要功能为农田水灌排和航运，同时具有生态和景观功能，是本区重要的生态廊道。近几十年由于各种污染，河流水质功能有所退化，河岸硬化普遍，生态承载力有所下降等，河流网络的水生态质量和生物多样性有所衰退，成为溧阳如今生态安全的一个风险因素。坡地低丘和低山丘陵区的河流由于水体流动性强，污染源少，基本没有航运船只，所以水质较好。河流被较多水坝拦截是这两个区域水生态系统存在的主要问题。

四、近年来本区生态系统变化特点

溧阳两山一碟地形在亚热带季风气候下形成的自然生态系统，在数千年人类农业活动由弱至强的作用下不断被改造，形成以人工生态系统为主的城镇区、半自然生态系统的农业区与水生态区，以及以自然生态系统为主的山地丘陵区。时至如今，人类活动向自然生态系统介入过程还在持续，甚至有增强趋势，例如道路网络的拓展、旅游景点与线路的开发、水污染的持续等。所以，当前的重要工作是认清近期这种人工介入的形式、压力、趋势以及生态系统所发生的变化，从而为评价本区当前生态安全程度和未来状态，探寻生态系统安全保护措施奠定基础。

施加于本地生态系统的压力因子较多，其中一个重要因子是人口，每增加一个人就需要从生态系统获取一份食物、生活物资、水资源、能源、空间资源等，就会向本区生态系统增加一份压力，所以人口数量的多少和增加数量是导致本区生态系统变化的重要因子。人口资料可从地方统计年鉴中获得(表 2 - 3)。

表 2 - 3 溧阳市近年户籍人口

年份	2010	2015	2017
人口(万人)	78.15	79.60	79.10

统计人口显示本区户籍人口近年稳定在 79 万人，人口密度为 515 人/km²，略低于常州市的人口密度。耕地面积与水产养殖面积也比较稳定，农业化肥与农药使用量稳中有降，但全年 GDP 增加明显(表 2 - 4)。在人口增加不明显以及农业、渔业规模变化不大的情况下经济有如此迅速的增长，应该是二、三产业出现了较快发展。

表 2 - 4 溧阳市近年 GDP 统计数据

年份	2010	2015	2017
GDP(亿元)	425	738	858
一、二、三产比例	7.1∶57.5∶35.4	6.3∶49.7∶44.0	5.9∶48.6∶45.5

由三产比例可知，溧阳市近年的经济发展主要是由二、三产业齐头拉进，以第三产业发展最快，一产占比较小，且逐年下降。表 2 - 5 显示二产在溧阳近年不仅有明显经济贡献，而且吸纳就业人员的比例最高。据此数据，2010 年以来溧阳市经济发展对本区生态系统变化的影响可从以下几方面进行分析。

表 2-5　溧阳市近年各类产业从业人口数据

年份	2010			2015			2017		
各产业从业人数	一	二	三	一	二	三	一	二	三
（万人）	9	29	15	12	25	12	12	25	14

溧阳市工业发展是本区城镇化的一部分，城镇和工业园区的扩张会占据一部分农田（图 2-5），使农业生态系统空间受到压缩。但溧阳市近年通过村镇合并，所腾出的空间可以弥补农田的面积减少。所以在面积上对原有生态系统影响不大，但随着工业园区和城镇规模的扩大，平原区的生态环境质量会受到影响，生态廊道会因此被阻断。

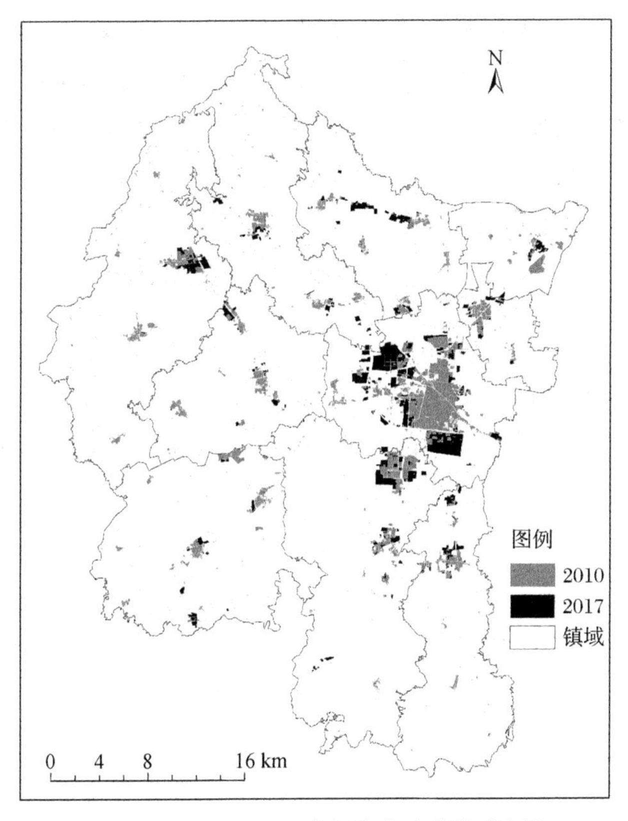

图 2-5　2010—2017 年溧阳市建成区对比图

工业化与城镇化会增加能源与物质的消耗，近年溧阳社会用电量增加迅速（图 2-6），GDP 增加与耗电量上升密切相关。耗能还包括化石能源的消耗，这将导致排入大气的粉尘、挥发性气体以及热量的增加，导致温室气体、大气污染物浓度的上升，从而影响本区的生态系统服务功能。本区两山一碟的地形特点，使气流流动不畅，西南部开口狭窄，工业和生活区排放的热量、废气甚至雾霾等易在蝶形谷中积累滞留，而这里又是人口密集区，从而造成对人体和生态系统的危害。

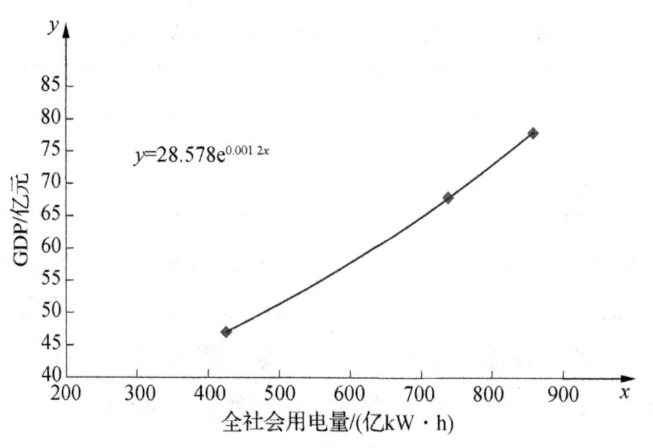

图 2-6　近年溧阳 GDP 与用电量回归曲线

工业与城镇区的扩张也会导致固体废物、废水排放量增加(垃圾填埋场照片)。即便是经过处理达标排放仍会增加大自然的环境负荷,影响本区水生态、农业生态、森林生态以及土壤微生物生态系统。目前最明显的是水污染导致的溧阳河流生态系统处于亚健康状态。

近年溧阳公路建设比较迅速,目前已有公路 2 524 km,公路密度为 1.6 km/km^2(图 2-7)。公路以及铁路建设方便了人们的出行,促进了旅游业的发展,但密集交通会使生态系统的空间连续性被打断,片状生态系统被分割,鸟类、昆虫类、爬行类等野生动物易受到机动车噪音、尾气的影响,从而导致生态系统健康的退化。航运的发展所造成的船只燃油污染、噪声污染、货运码头污染、螺旋桨对河道底泥的搅动以及生活垃圾任意丢弃等都会对水生态健康造成影响。如何减轻交通业发展对生态系统的影响,是溧阳生态系统安全方面的一项重要研究内容。

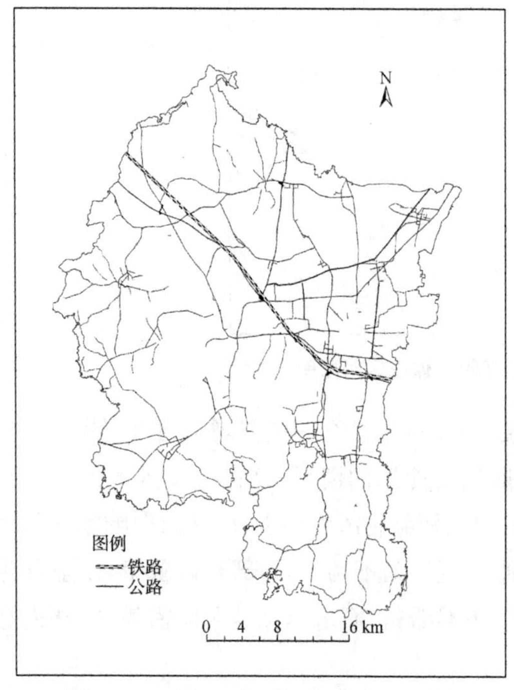

图 2-7　溧阳市主要交通线路分布图

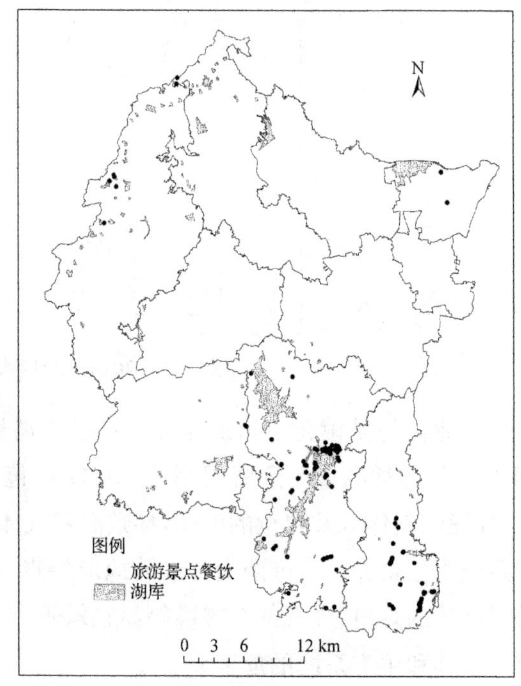

图 2-8　溧阳市主要旅游景点餐馆分布图

溧阳旅游业近年发展迅速，旅游人数从 2010 年的 723 万人次，猛增到 2015 年的 1 462 万人次，2017 年达 1 757 万人次。旅游也对溧阳三产 GDP 有巨大贡献。但也会在生态系统安全方面带来一些问题，例如一系列位于竹林、森林、湿地的景点和旅游线路会对森林、湿地及农业生态系统产生扰动，导致水土流失、植被砍伐、径流改变、环境污染以及野生动物惊扰等现象，旅游交通线路和停车场导致大片地面硬化现象。旅游资源开发前和运营中的生态安全影响评价与监测尚待加强。

与旅游活动相关的餐饮服务业增加迅速，而这些随景点分布的餐饮店经营中的污水与油烟排放难以监管和控制，个别经营野味的餐馆会促使野生动物的猎杀。由于许多景区位于生态系统质量较高的林区、岸边，所以这些餐馆(图 2-8)的固、气、液相污染物长期排放会对生态重点区的生态环境质量造成影响。

统计数据显示，近年来溧阳的茶叶产量增加迅速，产量由 2010 年的 3 006 t 增加至 2015 年的 4 312 t 以及 2017 年的 4 486 t，呈逐年上升势头。这意味着溧阳市的茶园面积在逐年扩大，由于茶树主要适合生长于山地丘陵环境，所以主要分布于低山丘陵生态系统和低丘坡地生态系统。茶园一般是在森林灌木林中开辟出来的(图 2-9)，造成本区生态系统质量精华区乔灌木林中穿插大量茶园，在茶园开辟初期，地表裸露，易产生水土流失。后期茶灌木成熟后水土流失问题有所减轻，但茶园不断使用化肥与农药，会导致土壤和地表径流被残余农药化肥污染，对森林生态系统、野生动物以及山间河流水生态产生危害。

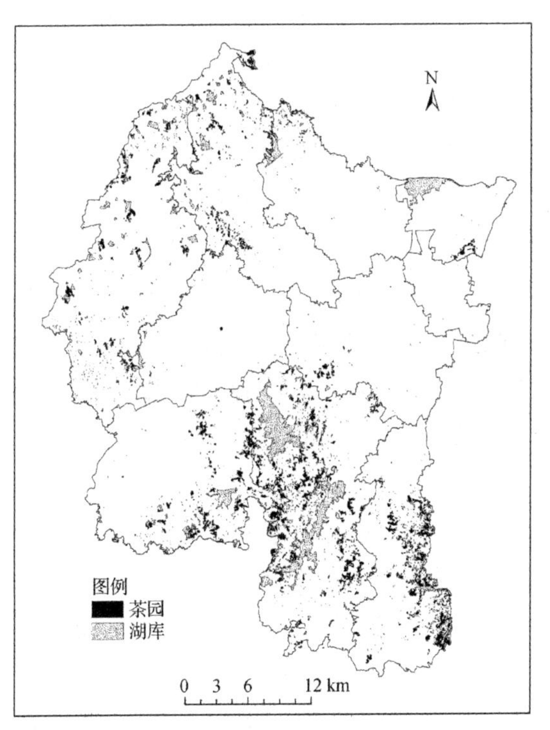

图 2-9 溧阳市茶园分布图

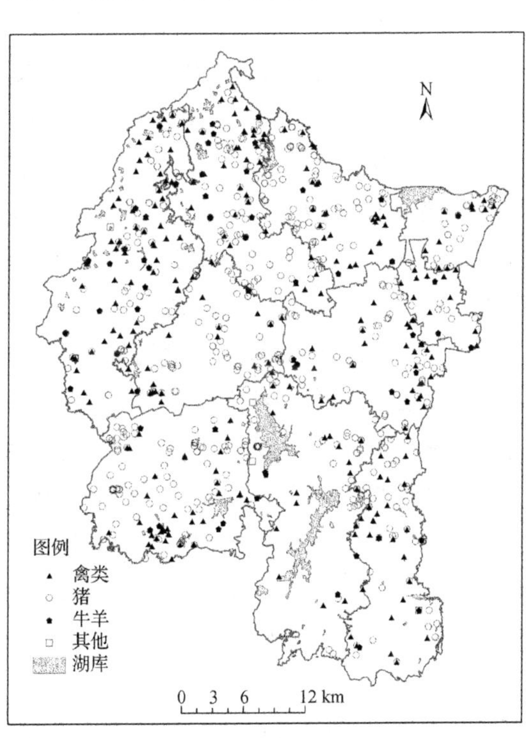

图 2-10 溧阳市养殖场分布图

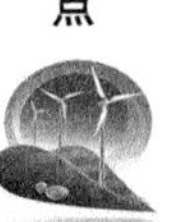

养殖业的影响。由于城镇化和经济收入的提高，人们对肉蛋奶的需求促进了本区养殖业的发展，养殖业可大致分为水产养殖和畜禽养殖。2010 年来本区水产养殖基本保持在 100 多 km^2，占区域总面积的 8.5%。畜禽类统计数据如表 2-6 所示。其他养殖类还有兔和羊，但数量较少。这些养殖场广泛分布于全区，数量众多的养殖场所产出的动物粪便、尿液若处理不当就会加重水污染。而水产与畜禽养殖所使用的抗生素、生长激素等药物的残留也是土壤、地表水、地下水的重要污染源，这些由养殖业产生的污染物会进入当地生态系统，进入人类的食物链，也可能进入太湖水体，形成比较广泛的生态安全问题。但这种安全隐患主要存在于农业生态区，对人类活动较少的低山丘陵区，影响不严重。

表 2-6　近年溧阳市畜禽类养殖数量统计

类型	2010	2015	2017
生猪(万头)	24.5	24.2	22.2
家禽(万只)	811	601	813
乳牛(头)	52	200	300

外来物种入侵是如今造成生态系统退化的严重问题，其形式主要包括人类大规模主动引入和偶然引入两种形式。前者例如人类种植外来农业品种如茶叶、果树、山地蔬菜；引入外地水产品种如鱼、蟹等对本地植物与水生生物产生威胁；以外地植物为主的花卉苗圃和旅游景区观赏植物也对本地野生动植物生存产生影响。外来强势物种一枝黄花、水葫芦侵入已经比较普遍。偶然引入往往是个别人的放生行为，且以鱼类、龟类为多。

以上反映近期生态系统所受到的主要人为压力，这些压力若不注意控制，定会造成生态系统安全问题。近年来在生态文明建设的促进下，溧阳在减轻这些生态压力，制止和扭转生态系统健康水平下滑方面也做了很多工作，包括：初步划定了生态保护红线，对重要生态功能区实施管控；设置了一系列水质监测断面(图 2-11)，定期进行监测评价，保障水生态系统的安全；在天目湖实施了库区禁渔，在水库周边划定了水源保护区，并开始严格管理，在长荡湖拆除了水产围网；对丹金溧漕河等主要河流两侧进行污染源调查，并开展了生态河岸建设；在山地丘陵关停了绝大多数采石点(图 2-12)，并开始了采石场地的植被恢复；停运了许多烧石灰厂与碎石厂；关停了多家不达标的化工厂等等，这一系列的措施有效减轻了本地生态系统所面临的城镇化、工业化所带来的压力。

由以上分析可知，随着溧阳经济快速发展、GDP 上升，生态环境保护方面也做了大量工作，成绩斐然，但地方生态系统总体所受的压力仍在持续。在平原区，城镇化、工业化使农业生态系统面积受到压缩，各种污染压力仍在持续加大，局部人工绿化成效明显。坡地低丘区域，农作物多样化，草莓、蓝莓、花卉等经济收入高的作物品种百花齐放，健康体旅游项目发展受到鼓励，村镇合并得到推广，养殖业发展繁荣，水产养殖比较普遍，大农业的污染物排放上升是本区生态系统所受到的主要压力。低山丘陵区，生态系统比较稳定和健康，保护受到重视，快速增加的茶园和道路是本区生态系统安全面临的问题。全区生态系统斑块的碎片化也是近期的一个明显特点。

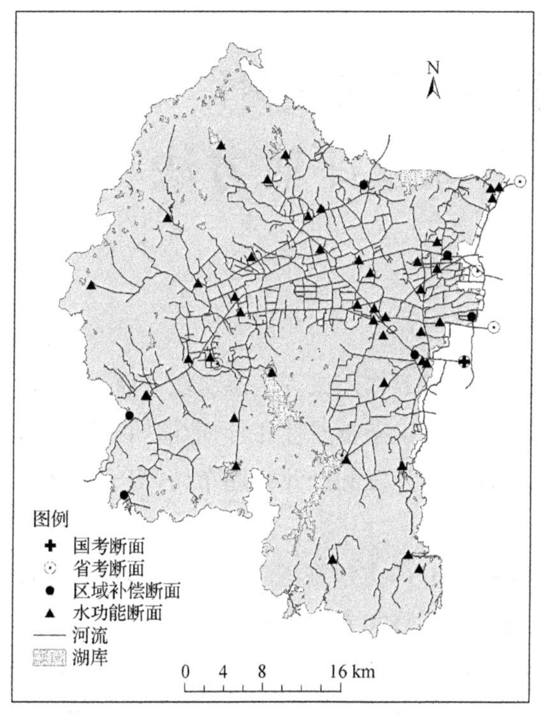

图 2-11 溧阳市不同级别水质监测断面分布图

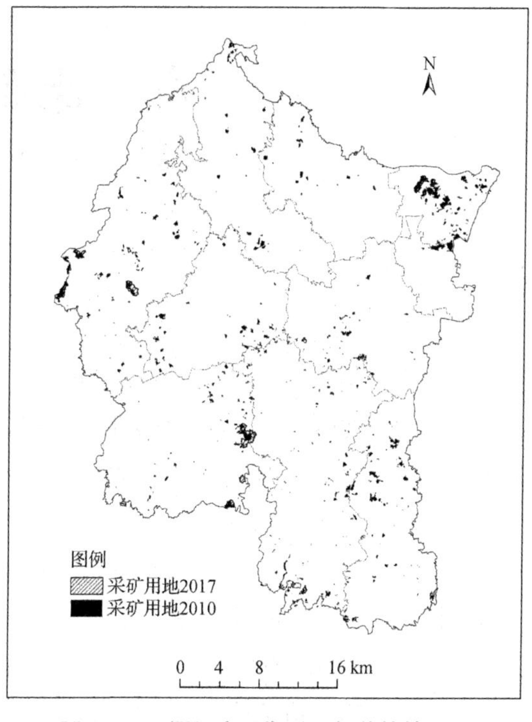

图 2-12 溧阳市近期采石场关停情况图

第三章 溧阳市生态重要性评价指标及评估方法

生态重要性是指区域生态系统在调节生态环境方面的作用或其生态功能价值，是表征区域生态系统结构和功能重要性程度的综合指标。通过生态重要性评价，能够明确研究区域生态安全格局，从而推进生态文明建设、自然资源有序开发和产业合理布局，促进经济与生态保护的协调、健康发展。

国外学者对于生态重要性评价多使用保护地体系，这一方法在国内并不适用，可借鉴性不大。国内学术界目前对生态重要性进行评价的主要思路和方法可分为三类：第一类为定性判断，主要通过研究区域生态系统在物种生存、生物多样性保护等方面的作用，基于区域生态系统的结构和功能对生态重要性进行定性评价；第二类为定量分析，将研究区域的生态系统服务功能作为生态重要性评价的评判标准，利用定量分析的方法核算生态系统服务功能，识别研究区域生态系统重要性；第三类为综合评价，整合功能和区位重要性的评价方法，通过构建相关指标体系来识别重要生态空间。

随着《全国主体功能区规划》(国务院，2015)和《生态保护红线划定指南》(环保部，2017)的相继颁布，越来越多的科研人员和政府机构以生态系统服务功能和生态敏感性为基础开展生态保护重要性评价研究与实践。但由于自然地理现象的区域差异性极其明显，很难用相同的指标去评价不同区域的生态保护重要性，故目前学术界尚未有一套统一的、标准的生态重要性指标体系。

鉴于此，本文以生态系统服务功能重要性和生态敏感性为基础，选取与溧阳市生态环境息息相关的评价指标来构建评价体系，对溧阳市的生态保护重要性进行评价，根据最终的评价成果，采用综合指数法划分溧阳市生态保护重要性等级。

第一节 评价指标选择

生态保护重要性评估由生态系统服务功能评价和生态敏感性评价两部分组成，是二者综

合叠加分析的结果。基于生态系统服务功能和生态敏感性的生态系统保护和决策管理，能够协调生态系统与土地利用间的冲突，利于恢复或维持区域生态系统整体性和可持续性。本研究在了解溧阳市生态环境现状的基础上，针对其主要生态问题和典型生态系统服务功能构建评价指标体系，进而在GIS平台上进行生态保护重要性评估，确定溧阳市生态保护重要性格局。

一、 生态系统服务功能评价指标

生态系统服务功能维系并支持着地球生命系统和环境的动态平衡，为人类生存和社会发展提供了基本保障。生态系统的各类服务功能并非是独立的个体，而是属于相互交织的非线性关系，具有非排他性和非竞争性，故而很难对其进行量化。同时，生态系统服务功能的多样性导致了多种类型的生态系统服务均有各自独特的属性与特征。只有依照不同的评价目标选取适当的评价依据和指标体系，才能使所有生态功能评价均归结到特定的生态系统服务体系中。针对溧阳市的实际的自然地理情况，参考环保部和发改委于2017年发布的《生态保护红线划定指南》中所推荐的生态系统服务功能评价指标，选择其中符合溧阳实际情况的三类指标进行评价。分别为水源涵养功能、土壤保持功能和生物多样性维护功能。

（一）水源涵养功能

水源涵养功能是森林、草地等生态系统重要的生态服务功能和生态功能价值评估的重要指标。水源涵养功能包含了缓和地表径流和河流流量的季节波动、补充地下水水源水位、保证水源水位等多方面的供给服务和调节服务。它主要由森林、草地和湿地等生态系统通过其特有的结构与水之间产生的相互作用和相互影响，通过对降水进行截留、渗透、积蓄，并通过蒸发、散发等过程实现对水循环的调节和控制。

（二）土壤保持功能

土壤保持是生态系统(如森林、草地等)通过其结构与过程，减少由于水蚀所导致的土壤侵蚀的作用，是生态系统提供的重要调节服务功能之一。土壤保持功能主要与研究区域的气候、土壤、地形和植被等因素有关。土壤保持重要性评价主要是分析土壤侵蚀可能对当地水资源以及下游河流造成的危害程度。越容易发生土壤侵蚀的地区，土壤保持功能的重要性的等级越高。

（三）生物多样性维护功能

生物多样性通常是区位、气候、土壤和动植物特征的综合反映，体现了动植物的地带性分异特点。城市生物多样性的分布格局受自然生态环境和城市化过程的共同影响，其中，城市化过程深刻改变了城市的生物多样性分布格局，直接或间接地导致了本地生物多样性的减少，外来物种的增加和物种的同质化等问题。生物多样性保护是生态系统发挥着其维持基因、物种、生态系统多样性的功能，是其为生态系统提供的最主要功能之一。

二、 生态敏感性评价指标

生态敏感性指生态系统对人类活动干扰和自然环境变化的反应程度，它能够客观体现区域生态环境问题发生的难易程度和可能性。生态敏感性评价通过选定研究对象，选取合适的生态环境因子，通过评定权重，从而计算得到生态环境质量等一系列步骤来建立生态敏感性指标体系。其中，选取能够充分体现研究区域特征的生态环境因子则是生态敏感性评价的关键。

通过查阅相关文献，并根据溧阳市自然生态环境实际情况及其可代表性，本研究选取了地形、水文、植被覆盖度、人类活动和政策限制五大类型指标来综合表征研究区的生态敏感程度。

（一）地形

溧阳地处宜溧山区，境内有低山、丘陵、平原圩区等多种地貌类型，地势南、西、北三面较高，中部与东部较平。南部为低山区，属天目山脉延伸，山势较为陡峭，绝对高程在 250 m 以上，比高（吴淞基面）在 200 m 以上，山势较为陡峭；西北部为丘陵区，属茅山余脉，岗峦起伏连绵；腹部自西向东地势平坦，为平原圩区，平均海拔 3 m。不同海拔内的生态系统相去甚远。从高程来看，高山丘陵地区一般生物多样性较为丰富，开发难度较大，生态保护需求较高。从坡度来看，根据国家要求，坡度大于 25°的山区必须退耕还林，所以坡度越大地区一般越难以涵养水土，所以敏感性越大。且坡度较高的地区的人为活动一般频度较低，植被受干扰程度小，生物物种丰富，不宜进行开发建设。而地形起伏度较大的地区会导致坡面土壤营养成分难以积累，导致土地贫瘠，不利于植被生长，并且易发生水土流失等灾害。

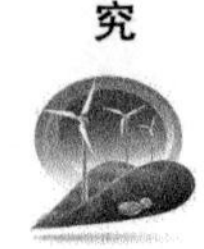

（二）水文

水是生态系统中不可或缺的因素，水对植被的生长、人类的生产生活至关重要，一般来说越靠近水源，其生态服务功能越好，生态敏感性越高。溧阳属于太湖水系，位于太湖湖西水网区，河网纵横，库塘星罗棋布，境内之水及高淳、郎溪部分客水主要经南河、中河、北河注入太湖。溧阳水域面积共计 284 km^2。干河主要有南河、中河、北河、丹金溧漕河、溧戴河、竹箦河、赵村河。库容量在 1 亿 m^3 以上的大型水库有 2 座，分别是沙河水库和大溪水库。

（三）植被覆盖度

植被作为物质和能量交换的重要媒介，连接着地球上陆地、水体以及大气，在整个陆地能量交换、水分循环和生物地球化学循环过程中起着至关重要的作用。自然情况下，植被的空间分布及生长状况主要受区域水热条件影响，区域气候的变化主导着植被的动态变化，植被的分布及其变化也调节着区域的气候。人类活动同样对植被的空间分布和结构有直接而显著的影响，相对于气候对于植被的变化而言，人类活动带来的影响往往更为快速和剧烈。因此植被覆盖度是能够反映溧阳市相关生态气候、水文生态变化以及人类活动对生态的影响程度的参数，是描述生态系统的重要基础数据，是衡量地表植被状况的一项重要指标，也是区域生态系统环境变化的重要指示，在很大程度上能够表征溧阳市的水土流失以及土地退化强度。该指标是正向指标，其值越大即表明评价区域生态系统恢复能力越强。

本书选取应用较为广泛且得到认可的归一化植被指数（NDVI）衡量植被的覆盖程度。并基于 GIS 平台，利用获取的遥感影像数据测算得到溧阳市归一化植被覆盖指数。

（四）人类活动

人类活动是对生态安全影响较大的一个因素，其中比较典型的指标有道路交通和土地利用类型。道路交通作为城镇化的先驱，承担着社会经济发展的首要输送和关联任务，同时也对生态过程产生直接和间接的干扰。道路建设过程中，将会破坏原有土壤和植被，使区域内地表裸露增加，风力、水力作用的敏感性增强，较易发生生态环境恶化，一般来说，距离道路越近，其生态环境安全程度越低。参考《城镇土地定级规程》中道路通达度的计算方法以及城镇的影响范围，采用 Arc GIS10.5 空间分析功能在范围内建立缓冲区对溧阳市境内道路影响度进行量化处理。土地利用类型可以反映人类对生态系统的干扰程度，不同土地利用类型对于区域生态环境状况具有不同的作用。在我国土地分类系统中，对生态环境状况起正向作用的包括："农用地"中的耕地、林地、园地、牧草地。土地利用结构变化影响生态系统所提供的服务大小和种类，由此，本书将溧阳市不同土地利用类型进行等级划分与赋值，定量化地体现出土地利用类型对生态环境的效应。

（五）政策限制

针对某些特别重要的地区，政府为了加以保护，将其划分为各类保护区域。这类区域的生态功能势必极为重要，并易受到人类活动的影响，过多的人类活动必定会导致其环境受到破坏，生态功能丧失。

第二节　数据来源

本书使用的植被净初级生产力数据为美国航空航天局（NASA）2015 年 MODIS17A3 的 NPP 产品，空间分辨率为 0.008 3 ℃，该产品由美国蒙大拿大数字地球动态模拟研究发布（http://www.ntsg.umt.edu/project/mod17/mod17A3），利用 MRT 软件转化投影坐标为 Albers Equal Area。气象数据来源于中国气象科学数据共享服务网（http://data.cma.cn/）中的中国地面气候资料数据集（包括降雨量、气温等），时间为 1981—2010 年。溧阳市土地利用数据通过在地理空间数据云（http://www.gscloud.cn/）获取的 landsat8 遥感影像（成像时间），利用 Envi5.3 软件运用 SVM 分类方式进行监督分类获得。植被覆盖数据来源于国家综合地球观测数据共享平台（http://www.chinageoss.org/）。DEM 数据来源于地理空间数据云中 GDEMDEM 数据（http://www.gscloud.cn/），数据分辨率为 30 m。土壤数据来源于寒区旱区科学数据中心（http://westdc.westgis.ac.cn/）的全球土壤属性数据库中的中国土壤数据集（Harmonized World Soil Database v1.2），为第二次全国土地调查南京土壤研究所提供的 1∶100 万土壤数据。水系以及道路数据来源于全国地理信息资源目录服务系统（http://www.webmap.cn/）。本书使用的所有空间数据都通过 ArcGIS10.5 软件进行重采样到 30 m×30 m 的栅格上，并统一地理坐标系和投影坐标系。

第三节　评估方法

如图 3－1 所示，本书研究技术路线主要分为两步：(1) 根据溧阳市生态系统的实际情况，选取主导的生态系统服务功能和生态敏感性特征，针对所选取的特征指标，对溧阳市生态系统服务功能重要性和生态环境敏感性进行科学评估，将生态系统服务功能重要性划分为不重要、一般重要、中等重要、重要和极重要 5 个等级，将生态敏感性划分为不敏感、较敏感、中度敏感、高度敏感和极敏感 5 个等级。(2) 利用 ArcGIS 软件的重分类功能，提取生态系统服务功能综合重要性极重要和生态敏感综合性极敏感区域，经过空间叠加，划定溧阳市生态保护重要性格局。

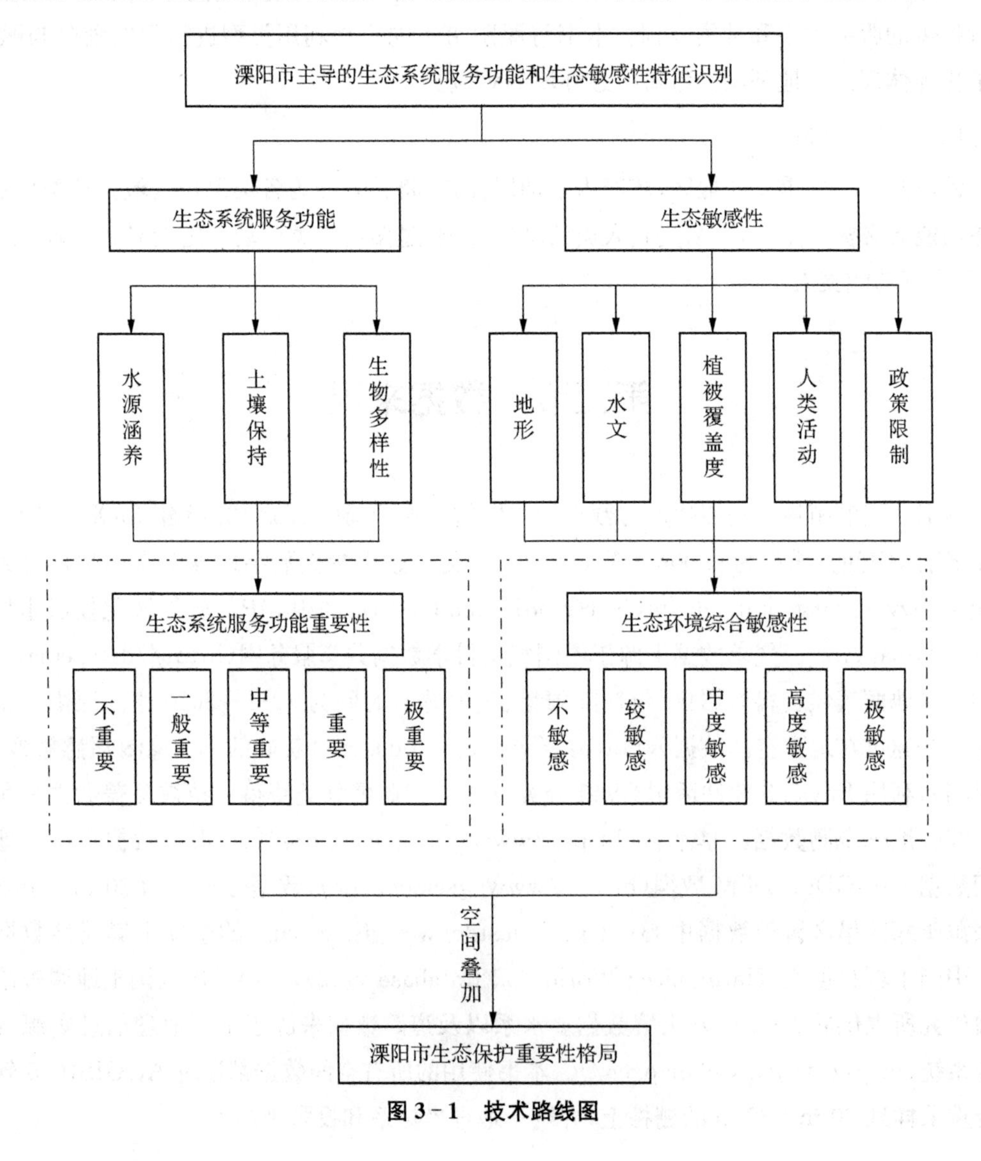

图 3－1　技术路线图

一、生态系统服务功能评价方法

依据生态保护红线划定指南中所推荐的评估模型，对选取的三项指标进行评估。通过ArcGIS软件，利用栅格计算器，输入计算公式“Int([某一功能的栅格数据]/[某一功能栅格数据的最大值] * 100)”，得到归一化后的各类生态系统服务功能栅格图。据此，利用析取算法得到溧阳市生态系统服务功能图。利用ArcGIS软件的重分类工具，使用自然断点法(Jenks)将生态系统服务功能重要性分为5级，分别为不重要、一般重要、中等重要、重要和极重要。

（一）水源涵养功能重要性评价

通常以生态系统水源涵养服务能力指数作为评价指标，具体计算公式如下：

$$WR = NPP_{mean} \times F_{sic} \times F_{pre} \times (1 - F_{slo}) \tag{3-1}$$

公式(3-1)中，WR 为生态系统水源涵养功能服务能力指数；NPP_{mean} 为多年植被净初级生产力平均值，由NASA提供的2000—2015年MODIS17 A3影像数据，通过MRT软件转换投影，并利用ArcGIS通过栅格计算得到；F_{sic} 为土壤渗透因子；F_{pre} 为多年平均降水量因子，由该评价区域多年来(10～30年)平均年降水量数据通过ArcGIS插值获得，并将其归一化到0～1之间；F_{slo} 为坡度因子，由DEM数据通过ArcGIS空间分析处理得到，并将其归一化到0～1之间。

（二）土壤保持功能重要性评价

以生态系统土壤保持服务能力指数作为评价指标，计算公式如下：

$$S_{pro} = NPP_{mean} \times (1 - K) \times (1 - F_{slo}) \tag{3-2}$$

公式(3-2)中，S_{pro} 为生态系统土壤保持服务能力指数；NPP_{mean} 为多年植被净初级生产力平均值，计算方法同上；K 为土壤可侵蚀因子，计算方法如公式(3-3)和(3-4)所示；F_{slo} 为坡度因子，计算方法同上。

K 作为土壤可侵蚀因子，是指土壤颗粒被水力分离和搬运的难易程度，主要与土壤质地、有机质含量、渗透性、土体结构等土壤理化性质有关。计算公式如下：

$$K = (-0.01383 + 0.51575 K_{EPIC}) \times 0.1317 \tag{3-3}$$

$$\begin{aligned} K_{EPIC} = & \{0.2 + 0.3\exp[-0.0256\, m_s(1 - m_{silt}/100)]\} \times [m_{silt}/(m_c + m_{silt})]^{0.3} \times \\ & \{1 - 0.25orgC/[orgC + \exp(3.72 - 2.95orgC)]\} \times \\ & \left\{1 - 0.7(1 - m_s/100)/\left\{\left(1 - \frac{m_s}{100}\right) + \exp[-5.5 + 22.9(1 - m_s/100)]\right\}\right\} \end{aligned} \tag{3-4}$$

公式(3-3)和(3-4)中，K_{EPIC} 代表修正前的土壤可侵蚀性因子，K 表示修正后的土壤可侵蚀性因子，m_c，m_{silt}，m_s 和orgC分别为黏粒(<0.002 mm)、粉粒(0.002～0.05 mm)、砂粒(0.05～2 mm)和有机碳的百分比含量。

（三）生物多样性重要性评价

生物多样性保护功能重要性评价常采用基于物种的评价方法和基于生境多样性的评价方法。结合相关数据的可获取性，本文采用基于生境多样性的评价方法，其具体计算公式如下：

$$S_{bio}=NPP_{mean}\times F_{pre}\times F_{tem}\times(1-F_{alt}) \quad (3-5)$$

公式(3-5)中，S_{bio}为生态系统生物多样性保护服务能力指数；NPP_{mean}为评价区域多年生态系统净初级生产力平均值，计算方法同上；F_{pre}为评价区域多年（10～30年）平均年降水量，计算方法同上；F_{tem}为评价区域气温参数，由多年平均年降水量数据进行空间插值获得，并将插值得到的结果归一化到0～1之间；F_{alt}为海拔高度，由该评价区域的海拔归一化获得。

由于湖泊和河流不存在NPP数据，但是湿地生态系统是生物多样性维护功能的重要一环，故在对水源涵养功能重要性进行评价时，同时根据水体的面积，提取水域面积大于1 km^2的水体作为主要水体，直接将其归纳到生物多样性维护功能的极重要区。

（四）生态系统服务功能重要性综合评价

根据水源涵养、土壤保持、生物多样性功能重要性评价分级结果，采用析取运算进行生态系统综合服务功能重要性评价，计算公式为：

$$ESI=\text{Max}\{ESI_1,ESI_2,ESI_3\} \quad (3-6)$$

式中，ESI代表生态系统综合服务功能重要性评价结果，ESI_1代表水源涵养功能重要性评价结果，ESI_2代表土壤保持功能重要性评价结果，ESI_3代表生物多样性维护功能重要性评价结果。

二、生态敏感性评价方法

本研究以溧阳市作为研究对象，通过构建指标评价体系，结合研究区实际情况和相关研究成果，采用专家咨询法等方法确定各项指标的等级划分标准，对于一般性约束性指标，采用层次分析法确定各项因子的权重，而对于可能存在的强限制性因子，则直接将具有此类属性的区域划入相应等级的敏感区域，不将其置于加权叠加分析当中，从而减少单纯多因子叠加分析对强约束性因子影响的削弱作用和单纯最大值法对一般约束性因子影响的增强作用，使最终得到的结果更加客观，能够明确表征不同敏感因子的相对重要性程度。

层次分析法（AHP）具体是通过将众多因素中任意两个因子，相互之间进行比较，最后确定不同指标之间的相对重要程度，即标度，其含义见表3-1。AHP法可分为以下几个步骤：

表3-1 标度的含义

代码	含义
1	表示两个元素相比，具有同样重要性
3	表示两个元素相比，一个元素比另一个元素稍微重要

续表

代码	含义
5	表示两个元素相比，一个元素比另一个元素明显重要
7	表示两个元素相比，一个元素比另一个元素强烈重要
9	表示两个元素相比，一个元素比另一个元素极端重要
2、4、6、8	为上述相邻判断中的中值

第一步，分析所选取的各个元素之间的相互关系，将所选取的元素分别进行一对一比较，建立元素之间的判断矩阵；

第二步，通过构建的矩阵分析确定对某一个选取的因素进行相互比较，然后确定不同因素的权重，使得符合标准；

第三步，核算不同元素的综合权重，按照权重大小排列顺序；

第四步，计算一致性比例 CR，计算公式如下：

$$CR = CI/RI \tag{3-7}$$

当 $CR<0.1$ 时，一般认为判断矩阵的一致性是可以接受的。

最后，根据层次分析法确定的各类因素的指标权重，构建生态敏感性空间评价指标权重表。结果见表 3-2。

表 3-2　生态敏感性评价因子及分级标准

项目		分级标准	生态敏感度	评价值	指标权重
地形	高程	≥200 m 或<8 m	极敏感	9	0.319 98
		100～200 m	高度敏感	7	
		50～100 m	中度敏感	5	
		8～50 m	较敏感	3	
	坡度	≥50%	极敏感	9	0.232 00
		25%～50%	高度敏感	7	
		10%～25%	中度敏感	5	
		3%～10%	较敏感	3	
		0～3%	不敏感	1	
	地形起伏度	≥75 m	极敏感	9	0.168 00
		45～75 m	高度敏感	7	
		25～45 m	中度敏感	5	
		15～25 m	较敏感	3	
		0～15 m	不敏感	1	

续表

项目		分级标准	生态敏感度	评价值	指标权重
水文	主要河流和湖泊岸线距离	＜100 m	高度敏感	7	0.085 94
		100～200 m	中度敏感	5	
		200～500 m	较敏感	3	
		≥500 m	不敏感	1	
植被	植被覆盖度	≥0.8	极敏感	9	0.080 99
		0.6～0.8	高度敏感	7	
		0.3～0.6	中度敏感	5	
		0.1～0.3	较敏感	3	
		＜0.1	不敏感	1	
人类活动	土地利用类型	林地、草地、零散水体	高度敏感	7	0.057 31
		耕地	中度敏感	5	
		未利用地	较敏感	3	
		建设用地	不敏感	1	
		主要水体	极敏感	不参与加权叠加	
	铁路	50 m	极敏感	9	0.055 76
		50～100 m	高度敏感	7	
		100～200 m	中度敏感	5	
		200～500 m	较敏感	3	
		≥500 m	不敏感	1	
	主要道路	30 m	极敏感	9	
		30～50 m	高度敏感	7	
		50～100 m	中度敏感	5	
		100～200 m	较敏感	3	
		≥200 m	不敏感	1	
政策限制		水源地保护区、太湖二级保护区等	极敏感	不参与加权叠加	

根据指标权重，利用 GIS 对溧阳市进行生态敏感性评价，通过空间叠加分析得到研究区综合生态敏感性评价结果，采用自然断点法将其划分为不敏感、较敏感、中度敏感、高度敏感和极敏感 5 个等级。

三、 生态保护重要性等级评价方法

生态保护重要性是表征区域生态系统结构和功能重要性程度的综合指标，涵盖生态敏感性和生态系统服务功能两部分。通过生态保护重要性评价，识别重要生态功能空间，有针对性地进行保护，成为协调开发与保护关系的重要手段。

本研究利用 ArcGIS 软件空间叠加分析功能，将生态敏感性和生态服务功能重要性结合起来评价溧阳市生态保护重要性，最后评价结果分为不重要、一般重要、中等重要、重要和极重要 5 个等级。计算公式为：

$$EI = \mathrm{Max}\{ESL, ESE_i\} \tag{3-8}$$

式中，EI 代表生态重要性等级；ESL 代表区域生态系统综合服务功能重要性指数；ESE_i 代表评价区域 i 空间单元生态敏感性指数。

参考文献

[1] Leverington F, Costa K L, Pavese H, et al. A global analysis of protected area management effectiveness [J]. Environmental Management, 2010(46): 685 - 698.

[2] 杜悦悦，胡熠娜，杨旸，等. 基于生态重要性和敏感性的西南山地生态安全格局构建——以云南省大理白族自治州为例[J]. 生态学报，2017，37(24)：8241 - 8253.

[3] 范玉龙，胡楠，丁圣彦，等. 陆地生态系统服务与生物多样性研究进展[J]. 生态学报，2016，36(15)：4583 - 4593.

[4] 龚诗涵，肖洋，郑华，等. 中国生态系统水源涵养空间特征及其影响因素[J]. 生态学报，2017，37(7)：2455 - 2462.

[5] 国务院. 全国主体功能区规划[M]. 北京：人民出版社，2015.

[6] 韩琪瑶. 基于生态安全格局的哈尔滨市阿城区生态保护红线规划研究[D]. 哈尔滨：哈尔滨工业大学，2016.

[7] 胡胜，曹明明，刘琪，等. 不同视角下 InVEST 模型的土壤保持功能对比[J]. 地理研究，2014，33(12)：2393 - 2406.

[8] 环境保护部，国家发展和改革委员会. 生态保护红线划定指南[EB/OL]. 2017http://www.mee.gov.cn/gkml/hbb/bgt/201707/t20170728_418679.htm

[9] 贾芳芳. 基于 InVEST 模型的赣江流域生态系统服务功能评估[D]. 北京：中国地质大学(北京)，2014.

[10] 李广娣，冯长春，曹敏政. 基于土地生态敏感性评价的城市空间增长策略研究——以铜陵市为例[J]. 城市发展研究，2013，20(11)：69 - 74.

[11] 李平星. 广西西江经济带生态重要性分区及其与建设用地的空间叠置关系[J]. 生态学杂志，2012，31(10)：2651 - 2656.

[12] 李轶冰，杨改河，王得祥. 江河源区的生态环境地位初探[J]. 西北农林科技大学学报(自然科学版)，2006(9)：109 - 114.

[13] 李志江，胡召玲，马晓冬，等. 基于 GIS 的新沂市生态敏感性分析[J]. 江苏师范大学学报(自然科学版)，2006，24(3)：72 - 75.

[14] 刘玉斌,李宝泉,王玉珏,等.基于生态系统服务价值的莱州湾——黄河三角洲海岸带区域生态连通性评价[J].生态学报,2019,39(20):7514-7524.

[15] 钱婵英.常州市生态敏感区保护与利用规划研究[D].南京:东南大学,2017.

[16] 宋明晓.基于3S技术的辽河流域(吉林省段)景观格局演变及关键性生态空间辨识研究[D].长春:吉林大学,2017.

[17] 孙才志,杨磊,胡冬玲.基于GIS的下辽河平原地下水生态敏感性评价[J].生态学报,2011,31(24):7428-7440.

[18] 汤峰,张蓬涛,张贵军,等.基于生态敏感性和生态系统服务价值的昌黎县生态廊道构建[J].应用生态学报,2018,29(8):2675-2684.

[19] 吴爱林.长江三角洲地区土地生态敏感性时空分析[D].上海:东华大学,2017.

[20] 王静,周伟奇,许开鹏,等.京津冀地区城市化对植被覆盖度及景观格局的影响[J].生态学报,2017,37(21):7019-7029.

[21] 王晓利,姜德娟,马大喜.基于MODIS NDVI时间序列的植被覆盖空间自相关分析——以山东半岛与辽东半岛区域比较研究[J].干旱区资源与环境,2013,27(10):142-147.

[22] 肖敬坤.基于生态影响评价的吉林市东山片区道路优化研究[D].沈阳:沈阳建筑大学,2015.

[23] 许丁雪,吴芳,何立环,等.土地利用变化对生态系统服务的影响研究——以张家口—承德地区为例[J].生态学报,2019,39(20):7493-7501.

[24] 许家瑞.基于GIS的辽宁省生态重要性评价研究[D].大连:辽宁师范大学,2014.

[25] 徐健,周寅康,金晓斌,等.基于生态保护对土地利用分类系统未利用地的探讨[J].资源科学,2007(02):139-143.

[26] 燕守广,张慧,李海东,等.江苏省陆地和生态红线区域生态系统服务价值[J].生态学报,2017,37(13):4511-4518.

[27] 杨姗姗,邹长新,沈渭寿,等.基于生态红线划分的生态安全格局构建——以江西省为例[J].生态学杂志,2016,35(1):250-258.

[28] 杨世凡,安裕伦,王培彬,等.贵州赤水河流域生态红线区划分研究[J].长江流域资源与环境,2015,24(8):1405-1411.

[29] 尤南山,蒙吉军.基于生态敏感性和生态系统服务的黑河中游生态功能区划与生态系统管理[J].中国沙漠,2017,37(1):186-197.

[30] 詹国平.溧阳市生态红线区域生态补偿机制研究[D].苏州:苏州大学,2015.

[31] 张艳军,官冬杰,翟俊,等.重庆市生态系统服务功能价值时空变化研究[J].环境科学学报,2017,37(3):1169-1177.

[32] 赵萌萌.基于GIS的区域生态敏感性综合评价实例分析[D].开封:河南大学,2017.

[33] 郑华,欧阳志云.生态红线的实践与思考[J].中国科学院院刊,2014,29(4):457-461.

[34] 朱查松,罗震东,胡继元.基于生态敏感性分析的城市非建设用地划分研究[J].城市发展研究,2008,15(4):40-45.

[35] 朱贤婷.生态敏感地区环境保护的途径与方法研究[D].苏州:苏州科技大学,2014.

第四章　溧阳市生态重要性评价

本章内容主要是依据上一章构建的溧阳市生态重要性评价指标体系对溧阳市生态重要性进行综合评价,并对评价结果进行分析。

第一节　生态系统服务功能评价

对生态系统服务功能进行评估的一种主要方法是使用植被净初级生产力(Net Primary Production,NPP)作为替代指标。净初级生产力是许多生态系统功能和过程的基础,并且NPP在空间和时间上相对容易通过遥感进行测量,可以大大简化量化评估。本章依据上一章所述生态系统服务功能重要性评价法——NPP定量指标评估法,对溧阳市水源涵养功能、土壤保持功能和生物多样性维护等因子分别进行评价,利用GIS中自然断点法将评价结果分为五个等级,分别为不重要、一般重要、中等重要、重要和极重要。根据划分结果,利用GIS进行空间叠加分析,得到溧阳市生态系统服务功能重要性综合评价结果,通过分析判断各级生态价值,进而实施重点保护。评价结果如表4-1(见附图4)所示。

表4-1　溧阳市生态系统服务功能重要性评价结果

评价因子	重要性等级	面积(km^2)	百分比(%)	累积百分比(%)
水源涵养功能	极重要	81.06	5.28	5.28
	重要	200.55	13.07	18.35
	中等重要	340.33	22.17	40.52
	一般重要	611.77	39.85	80.37
	不重要	301.29	19.63	100

续表

评价因子	重要性等级	面积(km^2)	百分比(%)	累积百分比(%)
土壤保持功能	极重要	66.3	4.32	4.32
	重要	566.26	36.89	41.21
	中等重要	595.34	38.78	79.99
	一般重要	194.62	12.68	92.67
	不重要	112.48	7.33	100
生物多样性维护功能	极重要	113.66	7.40	7.40
	重要	504.87	32.89	40.29
	中等重要	596.27	38.84	79.13
	一般重要	216.43	14.10	93.23
	不重要	103.77	6.76	100
生态系统综合服务功能	极重要	116.67	7.60	7.60
	重要	577.95	37.65	45.25
	中等重要	593.94	38.69	83.94
	一般重要	184.83	12.04	95.98
	不重要	61.61	4.01	100

一、 水源涵养

溧阳市水源涵养能力重要性以一般重要性为主，面积约为 611.77 km^2，占溧阳市国土面积的 39.85%。溧阳市土地利用类型主要以耕地为主，土壤质地以粉砂壤土为主，水源涵养能力总体来说较为一般。水源涵养功能极重要区和重要区占比均较低，面积分别为 81.06 km^2 和 200.55 km^2，分别占溧阳市国土面积的 5.28%和 13.07%。主要分布在天目湖镇东南部地区、戴埠镇龙潭森林公园到南山竹海风景区沿线以及竹箦镇瓦屋山一带，这些区域林地资源丰富，并且土壤质地以壤质砂土和砂土为主，土壤渗透性较强，对维护当地水资源安全和提升水源涵养功能具有重要意义，能够起到减缓地表径流、补给地下水位、降低河流水量的季节性波动、保证水源水质等作用。

二、 土壤保持

土壤保持是生态系统通过结构与过程作用来减少由于水蚀所导致的土壤侵蚀的功能。评价结果表明(表 4－1)，溧阳市土壤保持功能重要性类型以中等重要为主，面积约为 595.34 km^2，占溧阳市国土面积的 38.78%。主要分布在南渡镇中部、社渚镇西北部、溧城镇部分地区以及昆仑街道等区域。其次为重要区，其面积略低于中等重要区，约为

566.26 km²,占溧阳市国土面积约 36.89%。主要分布在竹箦镇、上兴镇、天目湖镇以及戴埠镇等区域。占地面积最少的是极重要区,约为 66.3 km²,约占溧阳市国土面积的 4.32%,主要分布在瓦屋山一带以及龙潭森林公园周边地区。这些地区大部分属于壤土和砂土,土质松弛加之海拔较高,地形起伏较大,极易发生由于强降水、河湖水流速度大等带来的土壤侵蚀问题。

三、 生物多样性维护

生物多样性通常是区位、气候、土壤和动植物特征的综合反映,体现了动植物的地带性分布特点。城市生物多样性的分布格局受自然生态环境和城市化过程的共同影响,其中,城市化过程深刻改变了城市的生物多样性分布格局,直接或间接地导致了本地生物多样性的减少,外来物种的增加和物种的同质化等问题。评价结果表明(表 4-1),溧阳市生物多样性维护功能以中等重要为主,面积约为 596.27 km²,占溧阳市国土面积的 38.84%。生物多样性维护功能极重要区占比较低,仅占溧阳市国土面积的 7.4%,面积约为 113.66 km²,主要分布在天目湖镇大溪水库到沙河水库一带,上黄镇长荡湖地区,竹箦镇瓦屋山一带以及戴埠镇龙潭森林公园和南山竹海一线。溧阳市生物多样性维护功能重要区占比相对较高,仅次于中等重要区,面积约为 504.87 km²,占溧阳市国土面积约为 32.89%,主要分布在极重要区外围地带,是本地生物物种核心栖息地的缓冲区和隔离带。

四、 生态系统综合服务功能

研究表明(表 4-1),溧阳市主要的生态系统服务功能为生物多样性维护功能和土壤保持功能,二者极重要区和重要区分别占研究区国土面积的 41.21%和 40.29%,其次为水源涵养功能。将水源涵养功能、水土保持功能、生物多样性维护功能进行空间叠加综合评价。溧阳市生态系统综合服务功能重要性类型以中等重要为主,面积约为 593.94 km²,约占溧阳市国土面积的 38.69%,主要分布在研究区的中北部地区,区域内地势较为平缓,用地类型主要以耕地为主。重要区域面积约为 577.95 km²,约占溧阳市国土面积的 37.65%,主要分布在溧阳市西北部以及东南部地区。极重要区域面积约为 116.67 km²,约占溧阳市国土面积的 7.6%,主要分布在溧阳市的南部地区,该区域内海拔较高,山地众多,林、灌、草植被生态系统较为丰富,对维护溧阳市生态安全具有重要的屏障作用,同时也是溧阳市重要物种贮存库。

第二节　生态敏感性评价

一、生态敏感性评价因子数据库

在前期资料收集和数据获取的基础上，对评价因子进行空间分析和处理，并建立溧阳市生态敏感性评价因子数据库。根据本研究前期获取和后期遥感处理、提取的情况，评价因子图形数据库主要包括溧阳市地形图、土地利用类型图、植被覆盖度图、水体分布状况图、距河流水系距离图和交通线影响强度图。

在溧阳市生态敏感性评价因子空间图形数据库中每个评价因子都形成一个独立的图层。每个独立的图层根据表 4－2 中制定的分级范围，划分出等级分区。在属性数据录入之前，根据评价的要求，首先确定初步的评价单元。由于各识别因子分析图中图斑大小差距较大，故利用 ArcGIS 软件对各评价因子栅格图进行重采样，统一转化成 30 m×30 m 的栅格作为基础评价单元，并且确定数据库。首先根据所获取数据和评价需要，建立属性数据库结构，然后进行空间属性数据的录入，最后将空间属性数据与空间图形数据相关联，得到溧阳市生态敏感性因子数据库。在依据上一章已经建立的生态系统敏感性评价方法，利用 ArcGIS10.5 软件，开展溧阳市生态系统敏感性评价，其敏感性评价结果见表 4－2(见附图 5)。

表 4－2　溧阳市生态敏感性评价结果

生态敏感性类型	面积(km^2)	占比(%)
极敏感区	176.59	11.50
高度敏感区	357.15	23.27
中度敏感区	257.62	16.78
较敏感区	331.99	21.63
不敏感区	411.65	26.82
合计	1 535	100

二、评价结果与分析

生态敏感性评价结果可以为区域内土地资源的开发利用合理配置提供科学依据，从而明确生态保护以及开发利用强度。研究表明(表 4－2)，溧阳市生态敏感性等级分布较为均衡。

溧阳市生态极敏感区面积约为 176.59 km^2，约占溧阳市国土面积的 11.5%。该区域主要以林地和湿地生态系统为主，主要分布在瓦屋山及其周边山体、天目湖到龙潭森林公园周

边地区、南山竹海片区以及长荡湖一带，这些地区生态环境质量好，生物物种丰富，植被覆盖度较高，林地、草地以及湿地生态资源丰富，如果遭到破坏，修复成本较高，故而生态敏感性极强。

高度敏感区面积约为 357.15 km^2，占溧阳市国土面积的 23.27%。耕地、草地和湿地是其主要的敏感类型，主要分布在溧阳中部平原地区。生态敏感性极敏感和高度敏感区域是重点保护区域，这些地区一旦开发利用不合理，很有可能会带来各种各样的生态问题。因此，对生态敏感性较高的区域必须提高关注度，需要制订合理的方案，减少或者禁止城市建设开发，降低或者规避开发利用对其造成的影响，使这一区域的生态环境能够得到有效的保护，进而提高区域生态环境质量，保护人类赖以生存的环境。

中度敏感区面积约为 257.62 km^2，占溧阳市国土面积的16.78%。主要分布在极敏感和高度敏感区域外围地区，作为缓冲地带。虽然其敏感性不高，但随着外界的持续干扰，同样有较高几率带来生态问题，针对这种情况，应当以合理保护为前提，最大程度减少开发利用活动，无论发现何种问题，都需要立即作出反应，确保问题得到及时处理，避免进一步加剧。

较敏感和不敏感区域面积分别约为 331.99 km^2 和 411.65 km^2，分别占溧阳市国土面积的 21.63%和 26.82%。主要分布在溧阳市的西北部以及中部地区。这些敏感性指数偏低的区域，抗干扰能力相对很强，在其开发利用的阶段就应当贯彻落实可持续发展理念，一方面要推动社会经济长期、稳健发展，另一方面促使区域生态环境受到重视，维护社会经济和生态环境之间的和谐关系。

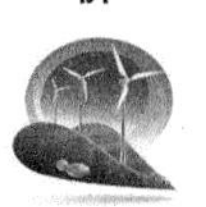

第三节 生态重要性格局

一、评价结果

综合溧阳市生态敏感性和生态系统服务功能重要性评价结果，确定溧阳市生态保护重要性格局。将水源涵养功能重要性、土壤保持功能重要性、生物多样性维护功能重要性和生态敏感性评价结果的栅格图层叠置得到溧阳市生态重要性空间分异，继而依据自然断点法划分为不重要、一般重要、中等重要、重要和极重要五个等级（见附图 6）。

（一）极重要地区

溧阳市生态保护极重要地区是生物多样性丰富的地区，人类的干扰较少，所以生态系统较为稳定。研究结果表明，溧阳市生态保护极重要地区主要包括瓦屋山省级森林公园、天目湖大溪水库和沙河水库等重要水源地、龙潭森林公园、南山竹海、太湖二级保护区以及其他生态保护区，面积约为 225.99 km^2，共占溧阳市国土面积的 14.73%。反映了溧阳市已经具备了较为优良的环境以及生态资源，以此作为区域发展的基础，为溧阳市生态文明建设打下了坚实基础。

（二）重要地区

溧阳市生态保护重要地区面积约为764.42 km²，约占溧阳市国土面积的49.8%，是所有生态保护重要性类型中占比最大的类型。主要位于溧阳市生态保护极重要地区外围的缓冲区域内以及溧阳市西部和中部地区，该区域是生物多样性保护、林地保护以及河流水系保护的重要生态缓冲带。在这些地区，生态环境脆弱、结构不够稳定，对干扰反应更为明显，因此有必要考虑生态系统退化的可能性，它们是生态风险防范的重点地区，要建立生态走廊，在此区域内，保护重要的关键领域和不同地区之间的可达性。

（三）中等重要地区

溧阳市生态保护中等重要地区面积约为436.13 km²，约占溧阳市国土面积的28.41%。中等重要地区分布较为分散，主要以耕地系统为主以及河流的缓冲区域，溧阳市生态保护中等重要地区要以生态保护为主并且合理利用土地，使其发挥重要的作用，加大绿色经济和绿色产业的引入。

（四）一般重要地区和不重要地区

溧阳市生态保护一般重要地区和不重要地区面积较小，分别为87.97 km²和20.49 km²，分别占溧阳市国土面积的5.73%和1.33%。主要集中在现状已建设区域，主要土地利用类型为建设用地。该区生态系统较为简单，生物多样性较低，适宜未来优化开发，用于城镇居住及企业用地建设。

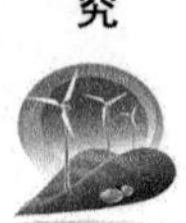

总体而言，从表4-3可以看出，评价结果为极重要和重要等级的面积之和为990.41 km²，占全市总面积的64.53%，超过了区域总面积的六成。从附图6可以看出，溧阳市的南部和西北部地区是极重要性生态资源的分布区域，需重点加以保护，禁止开发建设。中等重要区域分布于极重要区域和重要区域的外围，是核心保护区与人类活动区之间的一道隔离带。

表4-3　溧阳市生态重要性评价结果

重要性类型	面积(km²)	占比(%)	累计占比(%)
不重要	20.49	1.33	1.33
一般重要	87.97	5.73	7.06
中等重要	436.13	28.41	35.47
重要	764.42	49.8	85.27
极重要	225.99	14.73	100

综合评价结果中一般重要和不重要区域只占溧阳市国土面积的7.06%，可以作为溧阳市未来建设和发展空间。等级划分结果体现出溧阳市主体功能是生态保护，建议适当撤村并镇，使人口相对集中，一方面提高农村现代化的水平，另一方面减轻人类活动对区域生态安全状况产生的压力。

二、 生态保护重要性格局中土地利用类型统计分析

利用 ArcGIS10.5 软件将土地利用现状图与生态保护重要性评价结果相叠加，通过分析各类用地在生态保护重要性格局中的分布情况来评价土地利用现状的合理性(表 4－4)。

表 4－4　生态重要性格局土地利用类型统计结果

用地类型	面积(km^2)	重要区内面积(km^2)	占重要性区域比例(%)	占研究区域内相同用地类型面积比例(%)	极重要区内面积(km^2)	占极重要区域比例(%)	占研究区域内相同用地类型面积比例(%)
耕地	599.09	343.69	44.96	57.37	35.31	15.63	5.89
林地	324.92	139.91	18.30	43.06	117.01	51.78	36.01
建设用地	248.55	86.46	11.31	34.79	18.33	8.11	7.37
湿地	349.59	188.66	24.68	53.97	52.64	23.29	15.06
草地	12.85	5.70	0.75	44.37	2.70	1.19	20.99
合计	1535	764.42	100	49.80	225.99	100	/

从表 4－4 可以看出，溧阳市生态保护重要性重要区域土地利用类型主要以耕地为主，面积为 343.69 km^2，占比达到 44.96%；其次为湿地和林地，占比分别为 24.68%和 18.3%，这主要是由于溧阳市耕地面积广泛，是其最主要的土地利用类型，故而有超过一半的耕地面积被划分为生态保护重要性区域。

溧阳市生态保护重要性极重要区域土地利用类型则主要以林地为主，面积约为 117.01 km^2，占比约为 51.78%，其次为湿地和耕地，占比分别为 23.29%和 15.63%。由于溧阳市自身的地理环境等原因，草地总面积较为稀少，仅 12.85 km^2，所以占生态保护重要性极重要区域和重要区域的面积比例都较低，但全市超过六成的草地都处于生态保护重要区域和极重要区域内。

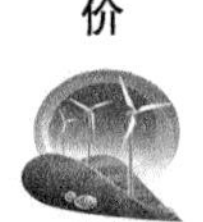

另外，建设用地是人类活动最为剧烈的土地利用类型(见附图 7)，溧阳市大部分的建设用地分布于生态保护重要性一般区域内，但是也有 7%左右的建设用地分布于极重要区域内。其一方面是由于近年来溧阳市经济的快速发展，城镇化水平的提高，工业区和城镇逐年扩张，导致耕地、林地以及湿地面积减少，造成了土地生态安全极重要区域和重要区域面积的减少；另一方面，人类社会经济活动的干扰入侵，高质量的生态空间不断被挤占、侵蚀，生态环境破碎化问题日益突出，极重要区域之间的连通性也受到极大的影响，并导致该区域土地利用生态系统循环功能受到损害，部分林地及湿地丧失了生态重要性极重要区域的生态功能，也间接导致了极重要区域总面积进一步缩减。同时由于环保意识的淡薄，大多数人对保护区并没有明确的概念。并且保护区的规划不合理，缓冲区域过少，城市建设和交通网占据了保护区缓冲区的位置，导致保护区受到人为因素的威胁，衍生出更多的环境问题。如果

任其发展，可能导致该地区生态结构的破坏，因此有必要进行生态保护约束下的土地利用格局优化，保障溧阳市的土地生态安全。

三、 保护措施

（一）分区管理，兼顾保护与发展

生态保护重要和极重要区域的面积和情况影响着溧阳市的经济发展，因此对此应该实行分级管理制度，分为核心区和缓冲区等，分别施行不同方式的监管办法。对于核心区要严格限制人员活动，与保护区无关的人员严禁入内；对缓冲区要严格控制，监管进入人员的活动内容。此外，在合理保护的前提下适当开发旅游业，提高保护区的经济效益，使保护区在经济上基本可以自给自足，缓解政府为保护区投入大量资金的压力，实现保护区的可持续发展。

（二）进行生态意识再教育

是否有鲜明的生态意识，可以用来衡量一个国家的社会发达程度和民族的文明度，也是实现可持续发展的基础。溧阳作为著名的旅游城市，目前也在大力开展生态旅游，但在此之前，应该更多地提高工作人员的相关素质，明确生态旅游的目的之一是保护生态环境，游客在旅游之前也应该先进行生态意识教育。同时对当地居民也应当进行更多的生态意识教育。保护生态环境需要全民的参与，对社会各个阶层，不论是当地居民还是外来游客都应该进行环境保护再教育，这对于生态环境保护来说是非常必要的，也是不可缺少的环节。

第五章　溧阳市生态安全格局构建

生态安全格局构建是在对生态系统空间分布状况调查分析的基础上，探寻生态系统成因类型、结构与服务功能，了解目前生态系统的分布特点，评价生态系统的作用，找出生态系统所受的威胁。在维护人类和生物界长期共同利益的前提下，在兼顾农业、旅游等经济效益的同时，保证生态系统能够健康持续，建立可以长远服务于人类的生态系统新格局，通过提出生态系统的保护与建设方案，使生态系统格局调整到一个比较安全和可持续的状态。

前述溧阳生态系统重要性评价是生态系统分布现状的反映，结合生态系统各单要素分析，便可在溧阳市生态格局分析评价的基础上，探寻本区生态安全格局构建方案。由于生态系统重要性分级结果存在较多零碎图斑，所反映生态系统空间分布较复杂错综，为了把握本区生态系统空间分布基本特征，通过地图学的制图综合方法，将生态系统重要性分级结果图上内容简化，消除细微差别，突出总体特征。处理结果见附图 8，在此概括的基础上，便可使生态安全格局分析简洁明了地进行。

由遥感手段获取的溧阳市土地利用分类图（见附图 9）可知，本区自然和人工林地主要分布于低山丘陵部位，这里是溧阳生物蕴藏量最高，生态服务功能最强，生物多样性最好，同时也是景观最为美丽的区域，所以山地林区应该是本区最为宝贵的生态资源区，而山地森林主体与生态系统重要性分析的极重要区基本重叠。

处于地势较低部位的天然与人工湖库水体也在本区生态系统起重要作用，诸如抚育水生物与两栖动物，鸟类与昆虫类取食栖息，调节气候，灌溉农田等都须依靠这些水体。目前这些水体及周边范围还是水产养殖、旅游资源主要分布区，因此所有库塘以及连通它们的河流均是本区极重要生态资源。

本区广大农业区因受人类活动影响深刻，生物量主要是农作物的贡献，但也是许多鸟类、两栖类、昆虫类动物的生存环境，也具重要生态功能，其中部分低洼圩区不仅有湿地生态作用，还对河流水质起过滤净化作用，对太湖水质的保证有重要贡献，所以也应属生态极重要区。

其他农业区在向人类提供农产品的同时虽然也具生态服务功能，可以起到产生氧气、清洁空气、降低大气粉尘、美化景观等生态作用，但与前三类相比，生态服务功能稍弱，生态服务的季节性变化大，因此属于生态系统重要和中等重要等级（见附图 8）。

城镇建设用地为主的区域由于以硬化地面为主，缺乏植被和水体，人口密集，所产污染物数量高、种类复杂，对生态系统的干扰最为强烈，所以各项生态功能最弱，属于生态系统不重要或一般重要等级(见附图 8)。鉴于以上分析，对本区的生态安全格局提出如下构想。

第一节　生态核心区构建

一、核心区的划定

生态核心区是本区生态系统最重要的区域，从生物多样性优先保护原则出发，需先确定溧阳全区最重要、最具特色的生态区进行保护。生态核心区应该有本区最丰富的生物物种、种群，最高的生物量，内含最珍贵的生物物种，具有认可度最高的生态景观，所以需重点保护。在明确它们的范围以后，划定它们外围生态保护区，设计相互连通的生态廊道与生态跳板，最终构成溧阳全域生物多样性保护空间网络，使本区生态系统安全稳定地发展演替和持久地服务于人类。

基于遥感和 GIS 等手段划出的不同重要性生态区，为生态核心区的确定提供了基本依据，也是生态安全格局构建的基础。在明确了不同物种、种群在各生态区的特点后，便可提出相应保护措施，形成保护规划，从而达到分级保护和全面保护的目的，溧阳生态核心区的划定则成为本区生态安全格局构建的首要分析内容。

在溧阳生态系统重要性分级的基础上，生态极重要区便是本区的生态核心保护区。这一区域按所处地理条件的不同又可分为如下三种类型(表 5－1 和附图 10)。

表 5－1　溧阳市生态核心区分类及特点

类型	生态特点	主要生态作用	起伏度	土地利用强度	面积(km^2)
山地生态核心区	以山体为核心，植被覆盖度高，生物量高，物种丰富，人类干扰小，植被以山地森林和灌木林为主	水土保持、水源涵养、陆域生物多样性维护、气候调节、旅游资源、陶冶情操、科普教育	大	低	120
山水交互生态核心区	以天目湖水体为核心，包含周边湿地与地表径流形成区，径流直接入湖。植被包括山地森林、湿地植物，水生物丰富	水土保持、水源涵养、水生物多样性维护、气候调节、可作旅游资源、陶冶情操、科普教育、洪涝防治、农业灌溉	中等	中等	80

续表

类型	生态特点	主要生态功能	起伏度	土地利用强度	面积（km²）
平原湿地生态核心区	以平原洼地为核心，植被主要为湿地植物和水稻等水生作物，土壤水分长期过饱和	水质净化、洪水调蓄、湿地生物多样性保护、气候调节、水产提供、太湖流域水质敏感区	小	较高	40

（一）山地生态核心区

山地生态核心区是以溧阳 20 余座主要山峰为主体的繁茂森林区，但也有部分经济林如竹林、果园和茶园，分布于溧阳戴埠、天目湖、竹箦、上兴、溧城五个镇，总面积 120 km²。

（二）山水交互生态核心区

山水交互生态核心区以沙河、大溪两个大型水库为主体，包含周边湿地与地表径流形成区。山地与水体虽属于两种不同的自然地理区，但它们的水流联系密切，生态系统相互依存、相互影响，山地径流以坡面流形式直接入库，陆生植被含山地森林和水体周边湿生植物，是山地生态系统和水生生态系统的混合区域。两者不仅在水文上联系紧密，在旅游资源和景观资源上也存在密切关系，所以被作为山水一体统一单元看待，形成一个生态区，总面积 80 km²。

（三）平原湿地生态核心区

平原湿地生态核心区主要为长荡湖以及除天目湖以外的其他水库，也包括地表径流下泄宜兴的出水口附近区域，它们是太湖流域上游的水生态敏感区，也是反映溧阳全区水质的关键区，这些关键区的水质可基本反映平原区的水质，这些区的水生态物种丰富度及健康水平是本区特别是平原区水生态状况的缩影。

二、核心区的保护

（一）山地生态核心区保护

溧阳陆域范围人类影响最小的崎岖山地是野生动植物种类遗存最多，自然生物量最大，丰富度最高的区域，这里是溧阳自然生物的避难所。由于复杂地质构造的原因，溧阳山地地层组成也较复杂，有多种火山岩和沉积岩，它们形成的土壤结构与矿物成分、酸碱度等都有差别，这也为喜爱不同性质土壤环境的植被创造了多种条件，为溧阳生物多样性的优势奠定了地质和土壤基础。山区复杂地形构成多种小气候区，土壤类型、土壤厚度及有机质瘠薄程度都存在较大空间差异，与之相适应的生物物种及群落组成也复杂多变，成为溧阳生物多样性的繁盛区域，由竹林及多种针、阔乔木林错综交织形成优美景观区域。这里鸟语花香、山

泉溪流、云雾叠嶂构成自然立体画卷，成为人类与大自然亲密接触的后花园，其景观美丽程度不仅闻名于溧阳和常州市，也闻名于整个长三角地区。植被高覆盖的山地丘陵不仅是溧阳平原区的主要水源涵养区，也是太湖流域的主要产流区，是太湖流域水资源量与质的主要保证区。

围绕石门尖等20余座山峰构成溧阳森林生物核心保护区，生物多样性程度高。区内有国家Ⅰ级保护植物银杏、水杉、银缕梅、鹅掌楸；Ⅱ级保护植物金钱松、樟树、厚朴、红椿、榉树、喜树、秤锤树、野菱等。青檀、紫楠、降龙草、粗榧、红果榆、华东楠，溧阳鲜化蕨、溧阳复叶耳蕨则是溧阳的特有品种。这里还有药用植物党参、太子参、何首乌、薄荷、桔梗、芍药、白芨、金针、红根、苍术、铁柴胡、金银花、半夏、射干、大蓟、一支黄花、马蹄香、车前草等。有珍奇菌类灵芝、金蝉花、竹荪。还有多种果类和观赏类植物毛栗、锥栗、山枣、山楂、毛桃、棠梨、茶叶、兰花、杜鹃、迎春以及野生动物蛇、野猪、野兔、野羊、雉鸡、黄鼠狼、竹鸡、白鹭、山鼠、石蛙等，昆虫类更是种类繁多。

对溧阳这些动植物宝库范围应设定明确保护要求，严禁毁林开矿，限制大规模辟为茶园和高尔夫球场，更不许进行房地产开发。除部分影响较低的旅游开发及中草药采摘种植等活动外，不允许其他形式的生产经营活动。同时对区内水土植被积极护育，限制区域内人口的增长，严格控制旅游业所造成的生态破坏与环境污染。

（二）山水交互生态核心区保护

山水交互生态核心区主要指沙河水库和大溪水库两个大型水体及周边有直接径流联系的山体，这一生态单元的出现起因于人工构筑的两个水库，是从山地生态极重要区中划分出来的独立生态单元。本区特点是水库水面广阔，由于水体和周边山体景观交相辉映，旅游资源质量高，成为著名景观旅游区，目前已被打造成溧阳市的地方名片。同时因为这里是溧阳市的主要水源地，又是太湖流域上游的主要来水区域，对水质安全要求特别高。因此本区便成为一个集保护水质、保护水资源、保护美丽景观三项重要任务为一体的重要生态保护单元。由于水库水体广阔，水质良好，所以也成为溧阳重要的水生物、湿地生物及鸟类的乐园。

在天目湖湿地，生物多样性表现为拥有大量的浮游植物、维管植物以及鱼类、鸟类、两栖类、爬行类、浮游动物和底栖动物等丰富物种。有鹤等国家Ⅰ、Ⅱ级保护动物物种，迁栖种珍贵水禽有天鹅、鸳鸯、鸿雁、赤麻鸭、绿头鸭和白鹡顶及留鸟、白鹭、苍鹭、鸬鹚、翠鸟等。沼生植物群落主要有芦苇群落、香蒲群落、薹草群落等。常见沼生植物有芦苇、水竹、辣蓼、荻、菖蒲、鸢尾、茭白、芡实、浮萍等。水生植物也非常丰富，包括漂浮植物、浮叶植物、沉水植物和挺水植物，水生植物群落还可分为芦苇群落、香蒲群落、薹草群落等。水生植物主要建群种有毛果薹草、乌拉薹草、漂筏薹草、灰脉薹草和小叶樟、沼柳、紫桦、香蒲、菖蒲、喜旱莲子草、李氏禾、荻、芦苇等。

对这一核心生态区域的保护可按地理特征，分为山地丘陵、水体以及水体周边沼泽湿地分别制定保护对策。山地丘陵的保护应与前述山地生态核心区保护方法一样，同时对山地丘陵坡面土壤保护与径流冲刷有更高的要求，在这一区域应严格杜绝畜禽养殖、茶园生产、房地产开发、旅游建设、餐饮排放以及旅游交通与景区游客造成的各类环境污染，严格控制区内农业面源污染和农村生活污染物，严格严控入湖径流的水质，防止污水入湖，同时也要防止湖面游船和湖滨旅游餐饮点的污染。对水质的保护和严格要求是本生态核心区的一个要点。外来物种的侵入也是值得重视的生态问题，除了要重视人工绿化可能带来的外来植物和昆虫与病菌入侵以外，近年来游人的动物放生行为也是本区外来物种的突出入侵形式。加大监控能力和进行科普宣传是控制这类物种入侵，避免生态安全灾害的重要措施。

（三）平原湿地生态核心区

该类生态核心区按其特点也可分两类，一类是以长荡湖及一系列平原、坡地湖库区、水产养殖区水体为中心并包括周边沼泽湿地的区域；另一类是地表主要河流流入宜兴的行政边界部位，这两条河分别是南溪河与北溪河，这里是河流水质监测的国控和省控断面，由溧阳流入宜兴和太湖的水质不仅受河流上游来水的影响，也受这两个小流域的近源地表水污染的影响，所以对这两个区域的农业及生活污水需严格管控。该区域地表景观原来主要为水稻湿地生态，但近年来城镇化发展比较迅速，对本区水质的严格要求将会使生态保护压力溯源上推至溧阳全境，可以逐级推动生态的整体保护与污染防治。

对前一类保护的重点是湖库水体保护、来水水质的监测以及水产养殖区的污染防控。对后一类保护的主要措施是水稻生态农业技术的推广应用和城镇化中的生态城镇建设。

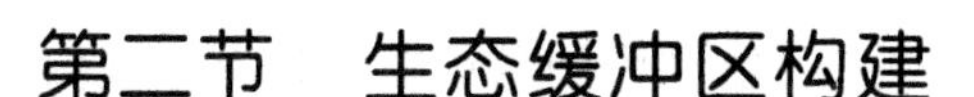

第二节　生态缓冲区构建

生态缓冲区的目的是为核心保护区设立外围保护区，限定人类在这一区域的活动行为和强度，使核心保护区尽量少受人类活动的威胁，尤其是核心区的边缘部分不会受到各种生产活动的蚕食，所划出的生态缓冲区范围见附图 11。

一、缓冲区的划定

划定生态缓冲区的方法是利用 GIS 技术，以主要生态核心区边界向外推 3 km 所形成的环带为缓冲区。生态缓冲区总面积 560 km^2，为核心区面积的 2.3 倍。在南山和瓦屋山地区，缓冲区主要为山地丘陵周围有一定坡度的倾斜地面向平原地区的过渡区域，农作物以水浇地和园地为主，其中包含大量茶园和果园，在南部地区缓冲区内还分布有较多城镇建设用地与农村居民地。在东部平原区是溧阳与宜兴河流交界区域，分布有稻田、水产池塘以及建设用地，溧阳城区的东半部位于其中（见附图 12）。

二、缓冲区的保护

在这一区域的保护措施需按不同区域特点，分类划片后按如下不同情况分别实施监测、管理和对策实施。

表5－2　生态缓冲区类型与主要保护措施

类型	保护措施
农业坡地类	控制农业面源污染，推进生态农业，降低农药化肥施用量，严控畜禽养殖污染，积极进行农村环境治理，对农家乐等旅游餐饮点进行环境污染严格管理
城镇建设地类	按生态城镇建设要求，加大污染监控与管理力度，取缔区内污染企业
平原稻田类	控制农业面源污染，推进生态农业，降低农药化肥施用量，积极进行农村环境治理
养殖池塘类	积极推广水产生态养殖技术，降低水产养殖污染物产生与排放，减少水产养殖抗生素的使用量

第三节　生态廊道构建

在生态核心区生存着不同优势种的生物群，而各核心区之间的联通性越好，区域生态系统就越强盛，生物多样性就越健康。生态学研究表明，这种不同区域之间的生物沟通主要由生态廊道实现。在以往人类对溧阳地表资源的开发中，并未重视生态廊道的重要性，而现代区域生物多样性保护规划，逐渐认识到生态廊道是生物多样性保护必不可少的建设内容。

在对溧阳植物分布调查中发现，溧阳的乌饭树等特有植被数量不多，分布呈片段化，大多为小种群或较小种群。其他珍稀植物种群如金钱松、榉树、紫楠、青檀、朱砂根、荞麦叶、大百合等也呈“片段化”“岛屿化”分布，这种受限越来越严重的分布状态使珍稀种群处于亚健康状态。从生物遗传学角度分析，物种的碎片化分布会导致空间隔离和基因的天然交流障碍。再加上植物种群在气候变化、人为蚕食、酸雨、雾霾等大环境的影响下，整体处于生长不良状态，种群内个体减少、长势衰退、分布碎片化促使种群发生近交与萎缩。

溧阳在大部土地都已被人类开发利用的今天，天然生物不仅没有扩展空间而且空间还在日益缩小。积极建设生态廊道，连通所剩不多的生物多样性遗存地，促进物种交流，可以在一定程度上达到维持和复壮生态系统的目的。

生态廊道一般分陆地植被廊道和水体廊道。基于本区以陆生生物为主，同时也有大量的湿地生物特点，本区生物廊道可在众多河道中选择规模和位置合适的河段进行建设，沿河建绿化带并进行河道疏通和水质改善，使陆生和水生生物共用一条廊道，是目前建设生态廊道的有效途径。也可考虑合适的道路，通过道旁绿化带的建设形成陆地生物生态廊道以对河流廊道进行补充，所建议生态廊道建设位置见附图13。

一、 廊道的划定

由于不可能在目前已经开辟的农田、城镇等土地类型上开辟生态廊道，比较经济可行的方法是沿目前已有河岸绿地及公路、铁路两侧绿地进行建设。在这些已有绿带、蓝带基础上选择可以连通不同生态重点斑块地带进行建设，将它们用乔灌木进行连通、拓宽并消除生态障碍与干扰，形成有利于鸟类、昆虫类、爬行类等动物穿行的通道，有利于草本、灌木类植物种子与根部进行扩张蔓延的条带，以使全区生态系统恢复活力。

相比公路和铁路，沿河绿化带向生态廊道转化有更多的优势，河流两岸不仅植物生长的水土条件较好，而且更加安静和较少受发动机尾气污染。所以首选沿河廊道的建设，辅以沿道路的廊道建设。另外在生态重点和缓冲区，可考虑在毛竹、水杉等人工强势种密集分布区内部开辟濒危珍稀植物的生态廊道，以促使位于核心区的濒危珍稀植物尽快复壮。

二、 廊道的保护

沿河与沿道路两旁的绿色廊道宽至少 50 m，在此带内禁止有水、气、噪音污染的企业进入，杜绝沿河居民生活污水直接入河，对水中运输船只的漏油、浓烟现象进行监督，并督促其排放达标。在临河有居民建筑的河段，可建设绕道建设绿带，使廊道尽量连续分布。实在无法连续的地段，可建设块状绿地，形成生态节点或跳板。生态廊道的建设内容和保护措施归纳见表 5－3。

表 5－3　生态廊道建设内容与保护措施

廊道类型	基本形式	保护措施
沿河廊道	沿河岸两边宽 50 m 的乔、灌木绿带	保护绿带的连续性和安全宽度，保证林中小型动物、昆虫及鸟类的安全 休憩、觅食、安窝筑巢、繁衍等活动，尽量避免行船的干扰
沿路廊道	沿河岸两边宽 50 m 的乔、灌木绿带	保护绿带的连续性和安全宽度，保证林中小型动物、昆虫及鸟类的安全 休憩、觅食、安窝筑巢、繁衍等活动，尽量避免机动车的干扰
濒危珍稀物种廊道	为重点区或缓冲区中的濒危珍稀植物小型斑块建立冲破周围强势种群包围的生长带，并与其他濒危珍稀植物斑块相连	选出濒危珍稀物种斑块，然后开辟连通廊道
道路跨越式廊桥	在道路上建立跨越式的生态廊桥，使道路两边的植物、动物可以相通，动物可以安全通过，植被与土壤不被道路隔绝	在重点区和缓冲区选择坡地和下凹路堑处建设沟通道路两旁生态群落的廊桥

第四节　生态节点构建

生态节点是不同生态廊道的交叉处或转向处，由于此处是廊道上动植物迁移的汇聚与分流点，是生态流发生减速和暂停的部位，如同动物骨骼关节处一样，生态节点部位应该具有较大空间和保有较高的生物量，以发挥其生物流驿站作用。因此，在建设生态廊道时要适当考虑生态节点的空间充裕性，并且保证其具有较安全的生态环境。只有这里具有比廊道单位空间更高的生物容积率，才能保证生物流在此处的顺利分流、转向与减速，保证整个生态网络的健康与稳定，因此生态节点的建设是溧阳生态网络建设与保护的重要环节。生态节点的建设主要包含两项内容，即生态节点的划定和保护方案的设定及实施。

一、生态节点的划定

生态节点是生态廊道上一些位置特殊的点，由于溧阳市缺少天然植被廊道和由人工防风林构成的生态廊道这两种基本生态廊道类型，溧阳市的生态节点只能在河流生态廊道与道路生态廊道中选择。根据溧阳市的地理条件特点，其生态节点应主要存在于河流的弯道处和河流与河流的交叉部位，也可能存在于道路，特别是高架道路的交叉处以及道路与河流的交汇部位。但考虑到道路两旁绿地所构成的廊道其生态环境易受机动车污染干扰，生态流作用欠佳，所以溧阳市的生态节点应主要从沿河流的生态廊道上选择。

在前述主要依河流设计的生态廊道图(附图 13)的基础上，将廊道上所有交叉点和拐点选出，作为生态节点的候选点。然后利用遥感影像和 GIS 对每个候选节点建立一定距离如 500 m 半径的缓冲区，分析缓冲区范围内水体与植被所占面积比，作为生态质量指数，并按指数大小进行排序分级，分级结果代表候选生态节点的生态质量被选权重。依据分级结果删除缓冲区内水体与植被占比面积低，以建筑物、工厂、码头等人工建筑设施为主的生态质量指数较低的点。选取生态节点建设基础条件较好的点，作为生态节点。然后按照空间位置均匀分布和生态位置重要性两个原则进行不同类型、不同规模的生态节点建设与保护。

二、生态节点的保护

生态节点保护区其轮廓半径至少为相邻廊道宽度的 3 倍，保护区内应有较高的植被和水体覆盖度，植被种类应以乔木和乡土树种为主。节点可当作景观公园或生态保护区，但要控制游人对生物的干扰，避免周边人类活动对节点保护区生态环境造成噪音、废气、废水等污染。遵循生态功能优先、生态保护优先和开发利用为次、景观美化为次的原则进行生态节点的建设和保护。

由于节点临近河道，所以应充分考虑对河流弯道边滩、河漫滩、阶地的利用，尽量避免石质护岸和水泥等硬化地面的施工方案，尽量在原始冲积物和地形上进行绿化与防侵蚀保护，绿化植被尽量选用当地物种。

第五节　生态跳板构建

生态跳板又称生态踏板，是在无法与生态廊道建立直接联系的部位，选择便于飞鸟、昆虫落脚，有利于当地植物生长的合适部位进行生态孤岛建设，以使动植物斑块尽可能比较均匀地散布于溧阳全区，并与生态廊道、生态节点以及生态主斑块形成空间呼应。

在植被缺乏的城镇区可依托公园及旅游景点，如上黄湿地公园和中华曙猿地质公园、埭头公园、凤凰公园、西郊公园、燕山公园、牌楼公园、善庆公园等；在农业区可借助生态与生产绿地如村镇防护林、人工林、苗圃、果园等地块进行绿色生态跳板建设，以起到生物交流驿站小型根据地作用，村镇周边的池塘及塘边绿地也可作为生态跳板进行建设。

一、生态跳板的划定

利用遥感影像和 GIS 可选出溧阳市植被和水体指数较高且独立分布的多边形，将它们作为溧阳市生态跳板的候选地块。然后按照空间分布是否均匀、所在位置生态功能重要程度、周边生态抗干扰强度、面积是否在 1 km^2 以上等条件进行评价，选出价值较高的生态跳板进行规划与建设。生态跳板的划定还需与城建、园林、农业、交通、环保等部门的建设规划衔接，避免出现用地冲突，并可与生态公园建设以及生态林地规划建设相结合。

生态跳板的类型按其生态功能可划分为有利于不同动物、植物生存和迁徙的跳板；也可按生态服务功能划分为自然植被型、人工植被型、农业生产型、生态公园型等；还可分为陆生为主型、湿生为主型等。在划定类型时主要考虑邻近生态主斑块、生态廊道和节点的生态特征，与它们的生态功能达到呼应或互补作用。根据以上原则溧阳市应至少设置 12 个生态跳板，跳板中心位置及所属镇级区域见表 5 - 4。

表 5 - 4　溧阳市生态跳板布局数量与位置表

编号	经度(°)	纬度(°)	所在区域
1	119.435	31.577	别桥镇
2	119.485	31.31	戴埠镇
3	119.222	31.427	上兴镇
4	119.247	31.501	上兴镇
5	119.281	31.299	社渚镇

续表

编号	经度(°)	纬度(°)	所在区域
6	119.202	31.319	社渚镇
7	119.297	31.364	社渚镇
8	119.431	31.355	天目湖镇
9	119.471	31.394	天目湖镇
10	119.342	31.523	竹箦镇
11	119.363	31.624	竹箦镇
12	119.344	31.566	竹箦镇

二、 生态跳板的保护

生态跳板建设的目的是使溧阳市生态网络更加安全和稳定，所以在确定生态跳板的类型及制定保护措施时，应从所在部位对整个区域生态安全的特殊性与重要性角度来考虑。明确跳板的范围、生态功能和所要保护的主要动植物类型，明确建设任务、资金来源、管理机构、维护人员与要求，以生态文明建设和生态安全保护为优先目标制定保护措施。生态廊道、节点及跳板一经确定，均可参照生态红线区的要求制定保护措施，因为它们的保护目标与社会价值基本相同，两类保护区主体基本重叠，功能互相支持。生态跳板范围及周边居民的生态保护意识和生态文明水平是进行生态跳板建设与保护的重要基础，因此生态文明精神及科普知识在当地的宣传也必须同时跟进。

第六章　溧阳市生物多样性保护规划

“生物多样性”是生物(动物、植物、微生物)与环境形成的生态复合体以及与此相关的各种生态过程的总和，包括生态系统、物种和基因三个层次。生物多样性是人类赖以生存的条件，是经济社会可持续发展的基础，是生态安全和粮食安全的保障。本章主要从物种和生态系统两个层次，探讨该区域生物多样性特征与生境保护问题。

第一节　规划总论

一、规划目的

生物多样性保护重点在于生物物种丰富度和健康度的保护。生物种类的繁茂程度与人类生态环境关系密切，多样而繁茂的生物能够涵养水源、调节气候、净化空气、维持生态平衡，是人类赖以生存的物质基础，是社会、经济可持续发展的战略性资源，是生态安全和粮食安全的重要保障。由于人类各种非理性和不科学的生产与生活行为，生物物种迅速减少，甚至灭绝，生物多样性问题已成为继气候变化之后又一全球性环境问题。通过生物多样性现状和问题分析，尽快制定保护规划，以此指导所在区域的保护工作科学有效进行，阻止各地区生物物种的衰败和灭绝，成为这一规划的基本目的。保护生物多样性的最终目的是保护人类自己，多样的生物是人类在地球健康生存的保护伞。人类无法在缺少其他生物的陪伴下生存于这个星球，人类也不可能在少量生物的支持下在这个星球持久健康繁衍。

溧阳市地处长江下游，位于苏浙皖三省交界处，三面环山，东北为长荡湖，构成了“三山一水六分田”的天然格局，有着得天独厚的山水资源，被誉为长三角地区的后花园。境内山水相间，物产富饶，平原和山丘形成不同的生态系统。平原地区河网稠密、河道纵横，种养业发达，形成以“鱼米之乡”为特色的江南水乡农耕生态系统。山地丘陵地区林木葱郁，植被覆盖率达80%以上，形成了以“茶桑之乡”为特色的低山丘陵自然生态系统。

溧阳境内山峦叠嶂、水网纵横，自然风光秀丽。“茶香、水甜、鱼头鲜”的天目湖，湖光山色，交相辉映，宛如人间仙境；万亩竹海浓荫蔽日，鸟语花香，俨然世外桃源；千亩茶园绿浪起

伏，茶香缭绕，“茶乡”美誉名不虚传。众多的生物资源和其构成的原汁原味的生态景观，不仅具有良好的生态价值，也成为建设生态文明、发展生态旅游的天然资本。

据实地调查和前人研究成果，溧阳地区的生物多样性等级为中等，野生动植物资源较为丰富，南部丘陵山区是中亚热带地带性植被在江苏境内少有的分布区之一，局部地区生物多样性高度丰富。有植物 1 153 种，其中被列为国家重点保护的野生植物 21 种，国家Ⅰ级珍稀濒危保护植物 4 种（水杉、银杏、银缕梅、鹅掌楸），国家Ⅱ级珍稀濒危保护植物 13 种（金钱松、樟树、茶树、榉树、喜树、野大豆、莲、野菱、杜仲、狭叶瓶尔小草、厚朴、红椿、秤锤树），国家Ⅲ级珍稀濒危保护植物 4 种（青檀、天竺桂、短穗竹、明党参）。以溧阳命名的植物 2 种（溧阳鳞毛蕨、溧阳复叶耳蕨）。动物以小型动物为主，共 929 种，其中国家Ⅰ级保护野生动物 4 种，Ⅱ级野生保护动物 36 种，江苏省重点保护动物 49 种。

溧阳生物多样性保护就是对以上这些动植物及它们依存的生态系统与生境的整体保护，生物多样性保护还是要有重点的综合性保护，既要从众多生物中选择出对人类生存关系重大的、珍稀的、对生态系统影响较大的物种进行重点保护，又要从生态系统和生境出发，划出明确的保护区域，对区域内重点保护动植物所需水、土、气及其他生物进行系统性保护。即便当前被认为与人类无直接关系的动植物，其重要性以后也可能被提升，而变得至关重要。任何动植物都是大自然千百万年的造就，人类没有权力抹掉某个物种在地球的存在。从生态伦理观出发，地球上现存任何动植物的生命与称为人类的这种动物的生命是平等的，人类必须对这个星球任何动植物的存在持尊重态度。

以溧阳与人类生存有重大关系的 247 种药用植物为例，它们的健康生长是人类健康成长的保护神，它们中物种的消失将威胁人类的健康存在。而这些植物的正常持久繁衍需要合适的水、土、气等自然条件；需与其他植物共生，如为它们遮阴，为它们固定土壤、保留水分、积累腐殖质；需昆虫为它们传递花粉，需鸟类为它们去除害虫等等。它们只能健康生存于一个运行良好的系统，这个系统就是生态系统。要重点保护的珍稀动物也需从它们依存的生态系统角度考虑保护措施。不同的动植物需要生存在不同类型的生态系统，所以生态系统多样性的保护是生物多样性保护的重要方面。

通过对溧阳生物多样性调查研究，明确这些问题对生物多样性保护的影响，提出规划方案和保护措施，促使生物多样性向更加健康的方向发展，使之为溧阳和太湖流域乃至长三角更广大地区人民的生态环境福利作出贡献，是本规划的基本目的。

二、规划范围

规划范围为溧阳市域，包括溧城镇、昆仑街道、埭头镇、上黄镇、戴埠镇、天目湖镇、别桥镇、上兴镇、竹箦镇、南渡镇、社诸镇 11 个镇（街道），总面积 1 535 km^2。

三、规划期限

近期 2015—2020 年；中期 2021—2025 年；远期 2026—2030 年。

四、技术路线

以国内外生物多样性保护法律法规为依据，以生态学、地理学基本原理为指导，在对规划区域调查分析和生态系统评价的基础上，识别其存在的生物多样性保护问题，遵照国家、省、市生物多样性保护战略，确定规划保护目标，运用地理信息技术划定生物多样性保护分区，并提出重点保护工程行动方案和规划实施保障措施。

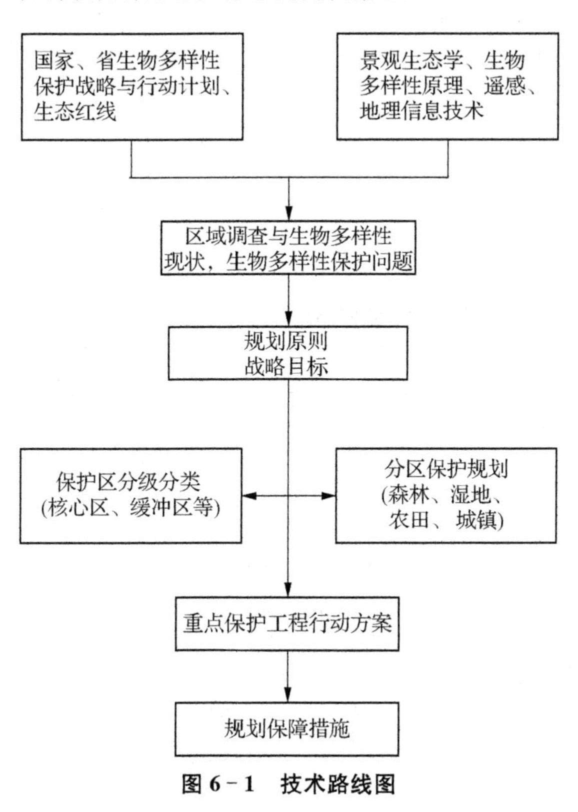

图 6－1　技术路线图

第二节　生物多样性保护现状

一、生物多样性基本情况

如前所述，生物多样性包括基因多样性、物种多样性和生态系统的多样性，本规划主要侧重后两个层次的多样性调查与保护规划，通过实地调查及文献查阅分析，溧阳的生物多样性现状如下：

（一）植物多样性状况

据不完全统计，溧阳市共有野生植物 1 153 种，其中现有裸子植物 4 科 7 属 7 种，被子植物 142 科 508 属 1 056 种;蕨类植物 26 科 47 属 90 种(表 6-1)。其中被列为国家重点保护野生植物 21 种(表 6-2),药用植物 247 种,湿地植物 80 种。另外,溧阳市现有古树名木 17 科 25 种 139 株,主要分布在戴埠、天目湖等区域。

表 6-1 溧阳市植物资源统计表

植物		科	属	种
裸子植物		4	7	7
被子植物	木本植物	65	163	348
	草本植物	77	345	708
	总计	142	508	1 056
蕨类植物		26	47	90
合计		172	562	1 153

表 6-2 溧阳市珍稀保护植物一览表

编号	树种	学名
国家Ⅰ级珍稀濒危保护植物		
1	水杉	*Metasequoia glyptostroboides*
2	银杏	*Ginkgo biloba*
3	银缕梅	*Parrotia subaequalis*
4	鹅掌楸	Liriodendron chinense
国家Ⅱ级珍稀濒危保护植物		
1	金钱松	*Pseudolarix amabilis*
2	樟树	*Cinnamomum camphora*
3	茶树	*Camellia sinensis*
4	榉树	*Zelkova serrata*
5	喜树	*Camptotheca acuminata*
6	野大豆	*Glycine soja*
7	莲	*Nelumbo nucifera*
8	野菱	*Trapa incisa*
9	杜仲	*Eucommia ulmoides*
10	狭叶瓶尔小草	*Ophioglossum thermale*
11	厚朴	*Magnolia officinalis*
12	红椿	*Toona ciliata*
13	秤锤树	*Sinojackia xylocarpa*

续表

编号	树种	学名
国家Ⅲ级珍稀濒危保护植物		
1	青檀	*Pteroceltis tatarinowii*
2	天竺桂	*Cinnamomum japonicum*
3	短穗竹	*Brachystachyum densiflorum*
4	明党参	*Changium smyrnioides*
以溧阳命名的植物		
1	溧阳鳞毛蕨	*Dryopteris liyangensis*
2	溧阳复叶耳蕨	*Arachniodes liyangensis*

1. 科属组成

(1) 科的组成

溧阳市维管植物区系共有172科，各科所含属、种数都有较大差异。含1属1种的科32个，占所有科的18.60%，其中，主要有银杏科、商陆科、番杏科、马齿苋科、大血藤科、杜仲科、薯蓣科、花蔺科、黑三棱科、透骨草科、胡麻科、紫树科、猕猴桃科、酢浆草科、蒺藜科、马桑科、凤仙花科、小二仙草科、夹竹桃科、檀香科等；含有2～10种的寡种科110个，占所有科的63.95%；含11～30种的科22个，石竹科(17种)、十字花科(16种)、大戟科(16种)、葡萄科(12种)、伞形科(18种)、百合科(24种)、茄科(14种)，樟科(16种)等，占所有科的12.79%；含31～50种的中等科仅1个，唇形科(44种)，占所有科的0.58%；含51种以上的大科有7科，豆科(60种)、禾本科(103种)、菊科(72种)、蔷薇科(55种)、莎草科(67种)等，占所有科的4.07%。以上大科在本区的植物区系组成中起着重要作用，但除蔷薇科、豆科、禾本科少数属为木本植物外，其余各科均为草本植物，它们在本区的森林植被中的优势地位并不明显，而含属、种较少的樟科、榆科、壳斗科、金缕梅科等则构成本区森林植被的主要成分。

(2) 属的组成

溧阳市维管植物属的组成中，以含1～4种的属最多，共计522属817种，分别占总属、总种的92.88%、70.86%，其中仅含1种的属在属水平上占绝对优势，含2～4种的属在种水平上比例最高，共同构成了本地区维管植物的主体，是植物区系多样化的主要原因。另一方面也说明了该植物区系的种系分化程度不高，可能是由于境内环境变化差异较小所致。含4种以上的属仅有40个，占维管植物区系总属的7.12%，多为世界分布，种数所占比例不大。其中薹草属(30种)、蓼属(22种)、悬钩子属(15种)、莎草属(14种)、珍珠菜属(11种)、鳞毛蕨属(13种)、刚竹属(13种)、珍珠菜属(12种)、飘拂草属(11种)、铁线莲属(11种)、胡枝子属(10种)、蒿属(10种)、堇菜属(10种)等是本地区相对较优势的属。

溧阳市植物区系成分较为复杂，以含1～4种的小科、小属占优势，多样性较高，可能是处于中亚热带的北缘及亚热带向暖温带的过渡地带，与其相邻的安徽、浙江地区的种扩散至此；植物区系的种系分化程度不高，可能是由于境内环境变化差异较小所致。

（3）植物区系地理成分分析

植物区系分布区型对某一地区种类可代表的地带性归属有指示意义，根据吴征镒教授关于中国种子植物属的分布区类型的划分，参照有关分类学文献，溧阳市维管植物属的分布区如下。

溧阳维管植物共有科172个，其区系分布在世界分布区域。溧阳维管属的分布区分为15个类型，具体种子植物属的分布区类型和变型分布见(表6-3)。

表6-3 溧阳市种子植物属的分布区类型和变型

分布区类型和变型	本区属数	全国属数	占全国属数%
1. 世界分布	63	104	60.58
2. 泛热带分布	89	316	28.16
2-1 热带亚洲、大洋洲和南美洲(墨西哥)间断	3	17	17.65
2-2 热带亚洲、非洲和南美洲间断	1	29	6.9
3. 热带亚洲、热带美洲间断分布	3	62	4.84
4. 旧世界热带	19	147	12.93
4-1 热带亚洲、非洲、大洋洲间断	3	30	10
5. 热带亚洲至热带大洋洲	13	147	8.84
5-1 中国(西南)亚热带和新西兰间断		1	
6. 热带亚洲至热带非洲	12	149	8.05
6-1 中国华南、西南到印度和热带非洲间断		6	
6-2 热带亚洲和东亚间断		9	
7. 热带亚洲	9	442	2.04
7-1 爪哇，中国喜马拉雅和华南、西南		30	
7-2 热带印度到华南		43	
7-3 缅甸、泰国至华西南		29	
7-4 越南至华南		67	
8. 北温带分布	84	213	39.44
8-1 环极		10	
8-2 北极—高山		14	
8-3 北极—阿尔泰和北美洲尖间断		2	

续表

分布区类型和变型	本区属数	全国属数	占全国属数/%
8-4　北温带、南温带间断	25	57	43.86
8-5　欧亚和南美间断	1	5	20
8-6　地中海区，东亚、新西兰、墨西哥到智利	1	1	100
9. 东亚、北美分布	34	123	27.64
9-1　东亚至墨西哥		1	
10. 旧世界温带分布	30	114	26.32
10-1　地中海与西亚、东亚间断	6	25	24
10-2　地中海与喜马拉雅间断		8	
10-3　欧亚和南非间断	4	17	23.53
11. 温带亚洲	10	55	18.18
12. 地中海、中亚、西亚	3	152	1.97
12-1　地中海区至南非洲间断	1	4	25
12-2　地中海区至中亚和墨西哥间断	1	2	50
12-3　地中海区至温带—热带亚洲、大洋洲、南美洲间断	2	5	40
12-4　西亚至中国西喜马拉雅和西藏	1	4	25
12-5　地中海区至北非洲、中亚、北美间断		4	
13. 中亚分布		69	
14. 东亚分布	28	73	38.36
14-1　中国—喜马拉雅	7	141	4.96
14-2　中国—日本	16	85	18.82
15. 中国特有分布	8	257	2.33

溧阳市的植物区系在所有分布类型中，泛热带至温带分布科较多，纯温带分布科较少，但泛热带至温带科仅含有少数几属或数种，体现出热带植物边缘的分布特征。此外，在全世界广布科中，以主产温带地区的属种居多。

2. 珍稀植物及古树名木

(1) 珍稀植物

根据调查结果并对照《中国珍稀濒危保护植物名录》(1987)，《中国植物红皮书稀有濒危植物》(1992)，《国家重点保护野生植物名录(第一批)》(1999)，《中国物种红色名录》(2004)，溧阳被列为国家重点保护野生植物的共有 21 种，国家Ⅰ级珍稀濒危保护植物 4 种(水杉、银杏、银缕梅、鹅掌楸)，国家Ⅱ级珍稀濒危保护植物 13 种(金钱松、樟树、茶树、榉树、喜树、野大豆、莲、野菱、杜仲、狭叶瓶尔小草、厚朴、红椿、秤锤树)，国家Ⅲ级珍稀濒危保护植物 4 种(青檀、天竺桂、短穗竹、明党参)，以溧阳命名的植物 2 种(溧阳鳞毛蕨、溧阳复叶耳蕨)。珍稀濒危植物中裸子植物 3 科 3 属 3 种，双子叶植物 7 科 8 属 8 种，单子叶植物 1 科 1 属 1 种；从生活型方面统计，木本 16 种，草本 5 种。

溧阳是江苏珍稀濒危植物主要分布地区，如香果树、银缕梅、樟树、金钱松、榉树等，主要分布在海拔 300 m 以下的山坡沟谷。

溧阳珍稀濒危保护植物中，不少种类为单种属，金钱松、青檀、杜仲等，区系起源古老，多为第四纪冰期作用后残遗的古老属。自然分布的濒危种有天目木兰、香果树、中华水韭；Ⅰ级保护植物有银杏、苏铁、水杉等。大多数种类具有很高的科研、经济和文化价值。在溧阳，有些濒危种的数量可达几万株(包括人工栽培)，如樟树、榉树等；而有的种则长期未找到野生个体，处于灭绝的境地，如天目木兰和香果树等。

溧阳珍稀濒危植物种类数量少，分布局限性大，除少数种类有小块状成林分布外，多数是星散分布。除此之外，野生植物资源蕴藏量日趋下降，尤其是茅苍术、映山红、春兰等重要的药用及观赏植物趋于稀少。

根据 1999 年野外调查记录，金钱松在溧阳龙潭林场仅有 2 株胸径 40 cm 以上的大树，径级结构不连续，更新不良。

天目木兰，中国特有种，落叶乔木，高 8～15 m。冬芽被浅黄色长柔毛。叶厚纸质，阔倒披针状长圆形或长圆形，全缘。花单生枝顶呈杯状，淡粉红色至粉红色，花丝紫红色，芳香。聚合果圆柱形，蓇葖表面密布瘤状点。分布于浙江、安徽、江西、江苏，生于海拔 200～1 000 m 低山丘陵的常绿和落叶阔叶混交林内。天目木兰花蕾药用，早期产地群众每年上山采收，加之结果极少，导致后期林地几无幼苗，植株稀疏散生。根据郝日明等在对江苏省自然分布的 17 种中国珍稀濒危植物调查一文中，提到 1976 年邓懋彬等在溧阳深溪界村金刚岕发现有天目木兰，分布范围狭窄、个体数目较少，后期再无调查者发现记录。分析原因可能有以下几方面：物种本身的生殖力、生活力、适应力衰竭而死亡；种子成熟后常被动物取食，干燥后易丧失发芽力，从而影响其自然更新；受到强扩张性物种毛竹的威胁以及人类的砍伐等。文献记载的在溧阳有分布的短穗竹(Brachystachyum densiflorum)在本次调查中也未发现，可能是受调查时间的限制，加上溧阳地域面积大、丛林深远，一些险峻山地、森林深处等地无法到达，未能找到其具体分布位置。1984 年被列为国家三级珍稀濒危保护物种天目木兰，本次调研未见其自然种群。天目木兰在杭州植物园、上海植物园、北京中科院植物园有引种种植且生长良好。

香果树隶属于茜草科金鸡纳亚科香果树属，为中国特有单种属珍稀树种，是经第四纪冰川期幸存的“活化石”，被列为中国国家Ⅱ级重点保护野生植物。西方人认为，除珙桐(*Davidia involucrata*，鸽子树)外，香果树是“中国森林中最美丽动人的树木”。据记载，香果树早期在溧阳有零散生长，但本次调查(2015 年)未见。

榉树在溧阳龙潭林场有胸径 20～40 cm 的野生种群，能天然更新，但由于用材砍伐，大径级的资源减少，蓄积量降低，自然状态下看到的榉树多为幼树，胸径超过 40 cm 的大径材极少。

乌饭树是溧阳地区最具特色的树种之一，目前也成渐危趋势，据调查许多被挖走作盆

栽，然而移栽后的成活率却很低，致使野外乌饭树资源减少，部分种群年龄结构不连续，幼龄级的个体数量极少，缺乏能够长成大树的幼苗。

中华结缕草、野大豆生于河岸和路边，但资源日趋减少。

水生植物长在水边、水面或水下，是食物链的重要一环。它们的消失或濒临灭绝，也使一些珍稀水禽和鱼类陷入生存危机。水蕨、野菱、中华水韭生于湖泊、池塘的水面，受开发建设影响，其分布区域日益缩小，在人为干扰较少的自然水域处可见。

另外，《国家重点保护植物名录(第一批)》中的Ⅰ级保护植物银杏、Ⅱ级保护植物鹅掌楸两个种，虽然在江苏广泛分布，被普遍应用于园林绿化中，但均为人工栽培，溧阳未发现野生的银杏和鹅掌楸。在对溧阳公园、道路、城市广场绿地调查后发现，珍稀濒危保护植物的绿化应用尚不广泛，常见的仅有银杏、水杉、水松、鹅掌楸、榉树、喜树等，对珍稀濒危保护的推广应用工作有待加强。

溧阳市的重点保护植物往往个体数量少，分布零星稀散，多为伴生树种，不少种类的野生种群已消失，如天目木兰和香果树。另外，从历年标本记录看，一些重点保护植物分布密度趋稀，分布地点变少。近年来，随着人口激增和社会经济的发展，对森林和野生植物资源破坏程度加大，使野生植物的生境变得更加破碎，分布面积缩小，一些生态幅度本来就不太宽的物种的生存陷入了更加困难的境地。同时，由于各物种的生物生态学特性不一，使得现存各重点保护野生植物种群间的数量差异很大。

(2) 古树名木

溧阳市现场的古树名木有 17 科 25 种 139 株，主要分布在戴埠、平桥、横涧、天目湖、龙潭林场 5 个乡镇场圃共有 96 株，占全市古树名木总数的 69.06%，尤其是横涧、平桥乡镇范围内，古树名木数量占全市的 66%。

马尾松、黑松、金钱松这些适应当地生长的针叶树占古树总量的 39.6%，榉树、朴树等阔叶树种占 28.1%，柏木、银杏等珍贵吉祥树各占 7.2%，其他树种，如重阳木、蜡梅、罗汉松、三角枫、青檀、槐树等近 20 个树种，在溧阳各地都有分布。

3. 其他类型植物资源

经统计，溧阳丘陵山区共有野生维管植物 131 科 445 属 774 种，结合多种分类方法并参考《江苏植物志》《中国植物志》等资料，将溧阳丘陵山区野生植物资源划分为药用植物、食用植物、观赏植物、材用植物、农药植物、环境保护植物、能源植物、珍稀濒危植物和其他用途植物九类。

4. 溧阳市主要植被类型和群落类型

通过野外考察，根据《中国植被》和《1∶100 万中国植被图图集》及其说明书，将溧阳丘陵地区分为常绿阔叶林、常绿落叶阔叶混交林、落叶阔叶林，主要有毛竹林、刚竹林、马尾松林、杉木林、板栗林和茶树林等。地带性植被为北亚热带常绿落叶阔叶混交林和中亚热带常绿阔叶林，其中的常绿树种主要为石栎、青冈、紫楠、冬青等耐寒性植物、落叶树种有栓皮栎、麻栎、黄连木、榉树、糙叶树、梧桐等。由于海拔较低，垂直高度所引起的水热条件差异不大，植被垂直地带性不太明显。

湿地中挺水植被、浮水植被、沉水植被共有15种群落，优势种有芦苇、香蒲、空心莲子草、槐叶萍、满江红、菱、苦草、金鱼藻等。

表6-4 溧阳主要群落类型

	序号	植被类型	植物群落	调查地点
森林植被	1	常绿阔叶林	青冈林	平桥石坝、仙山头、瓦屋山
			石栎林	深溪岕、瓦屋山
	2	常绿、落叶阔叶混交林	紫楠林	龙潭林场西阴棵、金刚岕
			榉树—女贞林	龙潭林场西阴棵
			栓皮栎—青冈林	仙山头
	3	落叶阔叶林	栓皮栎林	深溪岕、仙山头、六家田、瓦屋山
			榉树林—朴树	龙潭林场、西阴棵、瓦屋山
			糙叶树林	龙潭林场、西阴棵、瓦屋山
			枫香林	龙潭林场、瓦屋山
	4	针叶林	杉木林	龙潭林场、深溪岕、丫髻山、瓦屋山
			马尾松林	龙潭林场、平桥、瓦屋山
	5	竹林	毛竹林	龙潭林场、南山竹海、瓦屋山
			刚竹林	龙潭林场、平桥、横涧
	6	灌丛	刺榆灌丛	深溪岕
湿地植被	1	挺水植被	芦苇群落	各类湿地浅水区
			香蒲群落	各类湿地浅水区
			黑三棱群落	各类湿地浅水区
			菖蒲群落	各类湿地浅水区
			空心莲子草群落	湖边、池塘、沟渠、路边
			水稻	农田
			水葱群落	湿地、湖边、河岸
	2	浮水植被	满江红群落	长荡湖、天目湖
			槐叶萍群落	长荡湖、天目湖
			浮萍群落	长荡湖、天目湖
			菱群落	长荡湖、天目湖浅水区
	3	沉水植被	苦草群落	长荡湖、天目湖
			金鱼藻群落	长荡湖、天目湖
			黑藻群落	长荡湖、天目湖
			眼子菜群落	长荡湖、天目湖

5. 溧阳市植物多样性特征

(1) 植物资源丰富,多样性高

结合实地调查和参考有关文献资料,统计结果表明,溧阳地区共有高等植物 1 153 种(含种以下等级),隶属 172 科 562 属,其中蕨类植物 26 科 47 属 90 种;裸子植物 4 科 7 属 7 种;被子植物 142 科 508 属 1 056 种。被子植物中木本植物 65 科 163 属 348 种,草本植物 77 科 345 属 708 种。

植物种类较丰富,科、属的组成上以含 1～4 种的小科、小属为主。溧阳丘陵山区野生维管植物共有 131 科 445 属 774 种,其中蕨类植物 16 科 23 属 34 种,裸子植物种 4 科 6 属 6 种,双子叶植物有 97 科 338 属 595 种,占绝对优势,单子叶植物 14 科 78 属 139 种。其中《江苏植物志》未记载的分布新记录溧阳 13 种,隶属 10 科 12 属,均属双子叶植物。

溧阳地区有蕨类植物 26 科 47 属 90 种。溧阳蕨类植物的科占中国蕨类植物区系(共 52 科)的 50%,属占中国蕨类植物区系(共 206 属)的 22.82%,种占中国蕨类植物区系的(共 2 600 种)的 3.46%。占江苏省蕨类植物区系(共 32 科)的 81.25%,属占江苏省蕨类植物区系(共 64 属)的 73.44%,种占江苏省蕨类植物区系的(共 134 种)的 67.16%。溧阳地区的蕨类植物是江苏省内种类异常丰富的地区之一,与宜兴并为江苏前列。

禾本科、菊科、豆科、蔷薇科、唇形科、壳斗科、蓼科、鳞毛蕨科、水龙骨科、金星蕨科等是本区的优势科,优势属有悬钩子属、蒿属、山胡椒属、榧木属、珍珠菜属、鳞毛蕨属等。在科、属的组成上以含 1～4 种的小科、小属为主,分别占总科数、总属数的 65.65%、94.83%,可能是由于处于亚热带向暖温带的过渡地带,与其相邻地区的种扩散至此,体现了植物区系的多样化,但也表明该植物区系的种系分化程度不高。

溧阳地区地处温带与亚热带过渡地区,植被以常绿落叶阔叶混交林为主,因此,自然分布的裸子植物稀少,仅 7 种,常混生于常绿落叶混交林。

溧阳地区被子植物 142 科 508 属 1 056 种。被子植物中木本植物有 65 科 163 属 348 种,草本植物有 77 科 345 属 708 种。草本植物占绝对优势。而在本区的大科植物(含有 51 种以上的科)当中,除蔷薇科、豆科、禾本科少数属为木本植物外,其余各科均为草本植物。

由于本地区开发较早,人类活动频繁,引种栽培的外来裸子植物多,有 55 种。其中杉木、柳杉、黑松等有大面积的人工林,形成溧阳山系中常绿林景观,雪松、柏科的诸多种类常见于城市各类绿地,在溧阳现存的 1 063 株古树名木中以裸子植物居多,多数是银杏和柏科的树种。

(2) 维管植物区系的地理成分较复杂

根据吴征镒教授关于中国种子植物属的分布区类型的划分,参照有关分类学文献,溧阳种子植物分成 15 个分布区类型和 13 个亚型,温带成分最多,占总属数的 57.00%;热带成分占 40.67%。溧阳植物区系中具有热带、亚热带向温带过渡的性质,维管植物区系中科的地理成分有 9 个分布区类型和 5 个亚型,热带成分的科占明显优势,共有 56 科,占总科数的

70.89%，共有153属，占全国所有属的10.03%；温带成分的科占29.11%，共有445属，占国产温带分布属的21.45%；中国种子植物特有属8个，占本区全部属的3.11%；特有属隶属6科，这些科大部分是相对原始科，这些属大部分是单型属。

整体上反映出溧阳丘陵山区维管植物区系地理成分的复杂性，从科到属，热带成分比例有所下降，如榛属、柃属、朴属、黄檀属、八角枫属、大青属、山香属等为灌木层优势种，其他热带成分多为草本，在植被组成上处于从属地位；而温带成分逐渐增加，比较典型的如榆属、栎属、枫香树属、杨属等是本地落叶阔叶林的建群种，构成了植被的主体。这与溧阳地区处北亚热带和中亚热带北界的地理位置相适应，表现出热带、亚热带向温带过渡的性质。

(3) 植物区系具有一定的原始性，特有成分缺乏

溧阳丘陵山区维管植物区系具有一定的原始性，许多古老性的科、属植物在本区都有广泛分布，如蕨类植物中的海金沙科、里白科，种子植物中的壳斗科、杨柳科、毛茛科、榆科、豆科、五加科、金缕梅科、枫香属、六月雪属、木通属等。本区没有中国特有科的分布，中国特有分布的属有金钱松属、杉木属、青檀属、明党参属、大血藤属等9属，多为温带到亚热带分布，特有现象不明显。

中国种子植物特有属8个，占本区全部属的3.11%。特有属隶属6科，这些科大部分是相对原始科，这些属大部分是单型属。特有属中木本属有青檀(*Pteroceltis tatarinowii*)、水杉(*Metasequoia glyptostroboides*)、银杏(*Ginkgo biloba*)、杜仲(*Eucommia ulmoides*)、杉木(*Cunninghamia lanceolata*)、金钱松(*Pseudolarix amabilis*)6属，草本植物2属：明当参属(*Changium*)和地构叶属(*Speranskia*)。

(4) 珍稀濒危植物保存完整

溧阳市地理位置特殊、地形复杂、水热条件良好、生态环境多样，不仅为南北植物的交汇分布提供了物质条件，而且也为珍稀濒危植物的生存和繁衍提供了避难场所，因此，这里保存了丰富的珍稀濒危植物。本区被列为国家重点保护野生植物的共有21种。其中，国家Ⅰ级珍稀濒危保护植物4种，国家Ⅱ级珍稀濒危保护植物13种，国家Ⅲ级珍稀濒危保护植物4种。以溧阳命名的植物有两种：溧阳鳞毛蕨(*Dryopteris liyangensis*)和溧阳复叶耳蕨(*Arachniodes liyangensis*)。

6. 溧阳市植物致危因素

濒危植物种类是指那些在其整个分布区或分布区的重要地带，处于灭绝危险中的植物。这些植物居群不多，植株稀少，地理分布有很大的局限性，仅生存在特殊的生境或有限的地方。它们濒临灭绝的原因，可能是由于生殖能力很弱，或是它们所要求的特殊生境被破坏或退化到不再适宜它们生长，或是由于毁灭性开发和病虫危害等多种原因。植物致危因素可分为自然因素和人为因素两种。

(1) 自然因素

自然因素同样分两种情况，一是物种自身原因，二是自然环境的变化。物种自身的原因导致植物的濒危，如因种种原因而受到生活力减退和遗传力衰退的威胁，导致其种群数量难以恢复而趋于濒危。即使致危因素已排除，并采取了保护恢复措施，这类植物数量仍然继续下降或难以恢复。

① 种群较小

植物之所以濒危，其中的一个原因就是种群较小。如天目木兰、短穗竹、香果树等。物种本身的生殖力、生活力、适应力衰竭，导致种群大小和种群密度也逐渐趋于衰退或死亡；种子成熟后常被动物取食，干燥后易丧失发芽力，从而影响其自然更新；受到强扩张性物种毛竹的威胁等，种群有明显的萎缩，发展呈下降趋势，部分种群年龄结构不连续，幼龄级的个体数量极少，缺乏能够长成大树的幼苗，成株和老龄个体数量较多，在现在生境条件下，正呈衰退状态，这也是溧阳植物濒危的直接表现。

② 狭阈生境分布

天目木兰种群的分布区狭窄，都呈零星斑块状分布，生长地域极其狭窄，从不向溧阳北扩展，这种狭阈的分布格局，说明其生长受到内陆因子的强烈制约，只能生长于特定气候区域。另一方面原生境已经被毛竹林包围，说明该种的择域竞争能力较弱，不利于种间竞争，从而降低了该种的发展。天目木兰生存环境狭窄的斑块状小居群分布增强了遗传漂变和自交衰退的影响，不同局部居群之间个体由于地理位置的间隔产生了生殖屏障，阻断了居群之间的基因交流，导致了珍稀濒危植物居群遗传变异水平下降，最终降低居群适应环境的生存能力，从而严重影响到其居群的生存和发展。

除此之外，在调查中还发现乌饭树等数量不多，且大多数为小种群或较小种群。金钱松、榉树、紫楠、青檀、朱砂根、荞麦叶大百合等珍稀植物种群呈片段化“岛屿状”分布，分布格局表现为异质种群状态。从遗传学的角度来说，物种分布区的这种变化所产生的空间隔离，构成了基因天然交流的障碍，再加上种群大小的严重萎缩，种群内个体的减少必然带来种群内近交衰退的现象。

③ 自然环境变化

自然环境变化使植物物种濒危是主要的一种形式。气候变化(如冰期)曾使许多物种消失，未来的气候也将使一些地区的某些物种消失，随着全球变暖，植物群落如果无法适应也将会逐渐衰退，一般性的灾害性天气如大风、冰雹、火灾等导致小群体植物及其生存的环境都遭到强度的破坏。除此之外，气候变化也能促使病虫害等发生，破坏植物的生长。

(2) 人为因素

人为因素的影响主要表现在生境破坏和消失、外来物种入侵以及环境污染三个方面。

① 生境破坏和消失

土地利用方式的急剧变化和过度开发的结果使许多自然生态系统遭到破坏并分割成许

多小区，致使生境完整性大量丧失，生态系统稳定性受到极大影响，继而干扰了生物多样性的良性发展。

近50年来，正是溧阳城市化和工业化加速发展的时期，人为干扰破坏、农业和养殖业的发展，逐渐导致了大量国家珍稀濒危保护植物生境的变迁和水域消失，造成了它们的灭绝。主要有森林采伐、湿地填埋、围湖造田、林木砍伐、农田开垦以及农药使用。森林采伐造成了水土流失、气候变迁、物种多样性的减少和生活品质的下降，使得环境退化和物种多样性的减少。湿地填埋使得上游水土流失较严重，使下游湖泊和河流淤积和沼泽化速度远远超过湿地正常演替过程。许多由于淤积而明显沼泽化，湖床抬高，这也降低了湖泊蓄水调节的功能，加剧洪涝灾害，导致湿地植物大量死亡。围湖造田现象较普遍，这直接造成了天然湿地面积消减、功能下降。围垦不仅恶化了当地环境，也让许多野生植物面临挑战。工业三废和化肥、农药等有害物质的排入，也对湿地的生物多样性造成严重破坏，致使鱼虾死亡，甚至引起水体富营养化。

② 外来生物入侵

生物入侵威胁原生湿地生态平衡，任何一个稳定的自然生态系统是经过长期自然选择的结果，具有一定的自我调节功能，以恢复其动态平衡。然而当某个生物种群数量急剧增加时，就会使生态系统的平衡受到破坏。

原产北美的“加拿大一枝黄花”于1935年作为观赏植物引入中国，最初作为庭院花卉在溧阳一带栽培，后来逃逸到自然环境中，已进入扩散期，形成庞大的自然种群，被一枝黄花入侵的区域，其他伴生植物荡然无存。

三叶草也是“欧洲入侵者”，已引起溧阳地区草坪严重退化。冬季，溧阳大多数暖季型草坪草枯黄休眠，耐寒怕热的三叶草趁虚而入，而春夏之际万物复苏时正是三叶草生长的最盛时节，草坪草受到阻碍，根本无法长出。据了解，溧阳因三叶草、空心莲子草等外来杂草导致的草坪退化，每年损失就达2 000万元左右。

溧阳湿地生态系统中危害较大的入侵物种有空心莲子草，大面积覆盖水面，造成河道阻塞，阻碍了排灌和泄洪，并导致湿地生态系统破坏。

③ 环境污染

城市的工业生产燃料燃烧和其他生产生活活动向大气中排放大量污染物，会使植物的幼嫩部分、花柱、裸芽、果实的表面受到伤害；有害气体进入植物的内部，造成植物组织和细胞的伤害，引起植物生理代谢活动的失调。酸雨或土壤污染对植物的影响也很大，污染物不同程度上使植物所处的生境衰退和破坏，最终导致部分物种的减少甚至灭绝。

溧阳市的化工、纺织、食品、建材、机械、冶金、电镀等主体产业废水排放，农业发展中化肥、农药长期不合理且过量使用导致植物生境恶化，影响到自然水体中植物生长环境。

④ 对植物资源的盲目开发

近年来，随着自然植被被大量开发利用，发展人工经济林、开山采石、发展旅游等，使溧阳生态环境遭到一定破坏。野生植物资源蕴藏量日渐下降，尤其是茅苍术、映山红、春兰等重要的药用及观赏植物趋于稀少；另一方面，对现有植物资源的利用不当造成植物群落衰退，例如乌饭树在溧阳的分布范围较广，然而此次调查却不多见，据调查许多被挖走作盆栽，然而移栽后的成活率却很低，致使野外乌饭树资源减少。

水生植物作为天然鱼类及人工围养和沿湖围养池塘养殖鱼类的食物资源，不断地被刈割和利用，有效地防止了水生植物大量生长而造成的在湖中的沉积，保证了湖泊生态良性循环。随着围养规模扩大和养殖结构的调整，围养结构严重阻滞水流和风浪，形成静水环境，同时对植被的选择性利用及其利用量下降，浮叶和漂浮植物大量生长，并随着网围养殖的发展迅速向湖心扩展，3A以上的养殖区50%以上面积为浮叶和漂浮植物所覆盖。此阶段水生植物群落处于受扰动后的次生演替。

（二）动物多样性状况

1. 种类数量

溧阳境内生态环境优良，区域内野生动物种类具有较高的多样性。经查阅相关文献及现场观察，统计区域主要有鸟类、鱼类、两栖类动物、爬行类动物、兽类等。溧阳市主要动物类群组成中，有昆虫399种，隶属20目124科；鱼类97种，隶属于9目19科；陆栖野生脊椎动物359种，隶属于27目88科，包括两栖类2目7科19种；爬行类2目10科27种；鸟类16目53科256种；兽类7目18科57种(表6-5)。

表6-5 溧阳市动物类型统计表

动物	目	科	种
鱼类	9	19	97
野生鸟类	16	53	256
两栖类	2	7	19
爬行类	2	10	27
兽类	7	18	57
昆虫类	20	124	399
合计	56	231	929

昆虫类 昆虫是动物资源中最庞大的类群，溧阳地区的低山丘陵、平原、水域、湿地、农田等生态系统都是昆虫分布的适宜生境，因此，溧阳地区的昆虫资源比较丰富，并且表现为森林昆虫种类较多的特点。初步统计结果表明，溧阳市昆虫399种，隶属20目124科。其中农林害虫16目89科271种，占总数的67.92%；天敌昆虫7目27科76种，占总数的19.05%；观赏性蝶类8科52种，占总数的13.03%。

从昆虫种类组成看，以鞘翅目的数量最多，有23科107种，其次是鳞翅目和半翅目，分别有25科102种和15科44种，天敌昆虫9目27科76种，观赏性蝶类8科64种(表6-6)。

表 6-6　溧阳市昆虫资源组成

目名	科数	占总科数%	种数	占总种数%
衣鱼目	1	<1.0	1	<1.0
蜉蝣目	1	<1.0	3	<1.0
蜻蜓目	5	4.03	17	4.26
蜚蠊目	2	1.61	4	1.0
螳螂目	1	<1.0	6	1.50
等翅目	2	1.61	4	1.0
直翅目	5	4.03	17	4.26
广翅目	1	<1.0	1	<1.0
竹节虫目	1	<1.0	2	<1.0
虱目	2	1.61	3	<1.0
缨翅目	2	1.61	5	1.25
同翅目	7	5.65	65	16.29
半翅目	15	12.1	44	11.03
脉翅目	4	3.23	12	3
鞘翅目	23	18.55	107	26.82
双翅目	12	9.68	20	5.01
蚤目	2	1.61	2	<1.0
毛翅目	3	2.42	4	1.0
鳞翅目	25	20.16	102	25.56
膜翅目	9	7.26	18	4.51
总计	124	100	399	100

两栖类　含国家Ⅱ级重点保护动物 1 种，即虎纹蛙；江苏省重点保护动物 5 种，东方蝾螈、中华蟾蜍、金线侧褶蛙、黑斑侧褶蛙、棘胸蛙；濒危动物红皮书收录 1 种——棘胸蛙；“三有”保护动物 9 种，是重要保护对象，新近发现的镇海林蛙属于稀有物种，并具有较大经济价值，也应列为重要保护对象。

爬行类　2 目 10 科 27 种。其中江苏省重点保护动物 7 种：乌龟、黄缘盒龟、赤练蛇、乌梢蛇、王锦蛇、黑眉锦蛇、翠青蛇。

鸟类　16 目 53 科 256 种。国家Ⅰ级保护动物 3 种：中华秋沙鸭、乌雕、花田鸡；国家Ⅱ级保护动物 29 种（鹳形目 1 种，雁形目 3 种，隼形目 12 种，鹃形目 1 种，鸮形目 11 种，雀形目 1 种）；列入中国濒危动物红皮书 6 种（鸿雁、青头潜鸭、中华秋沙鸭、乌雕、花田鸡、白喉林鹟；我国特有种 2 种（灰胸竹鸡、黄腹山雀），几乎所有鸟类都属“三有”保护动物。

兽类 7目18科57种。包括食虫目3科7种,翼手目3科19种,鳞甲目1科1种,兔形目1科1种,啮齿目4科11种,食肉目4科15种,偶蹄目2科3种,鲸目2科3种。其中国家Ⅰ级保护动物1种,豹;国家Ⅱ级保护动物5种,分别为穿山甲、大灵猫、小灵猫、水獭、河麂;江苏省重点保护动物6种,刺猬、松鼠科、兔科、赤狐等。

2. 珍稀物种

国家Ⅰ级保护野生动物4种,Ⅱ级野生保护动物36种,江苏省重点保护动物49种(表6-7)。

表6-7 溧阳市珍稀保护动物一览表

编号	纲	目	科	种	拉丁名
国家Ⅰ级保护动物					
1	鸟纲	雁形目	鸭科	中华秋沙鸭	*Mergus squamatus*
2		隼形目	鹰科	乌雕	*Aquila clanga*
3		鹤形目	秧鸡科	花田鸡	*Coturnicops exquisitus*
4	兽纲	食肉目	猫科	豹	*Panthera pardus*
国家Ⅱ级保护动物					
1	鸟纲	鹳形目	鹮科	黑头白鹮	*Threskiornis melanocephalus*
2		雁形目	鸭科	大天鹅	*Cygnus cygnus*
3				小天鹅	*Cygnus columbianus*
4				鸳鸯	*Aix galericulata*
5		隼形目	鹗科	鹗	*Pandion haliaetus*
6			鹰科	黑冠鹃隼	*Aviceda leuphotes*
7				黑耳鸢	*Milvus migrans*
8				凤头鹰	*Accipiter trivirgatus*
9				日本松雀鹰	*Accipiter gularis*
10				赤腹鹰	*Accipiter soloensis*
11				松雀鹰	*Accipiter virgatus*
12				雀鹰	*Accipiter nisus*
13				苍鹰	*Accipiter gentilis*
14				普通鵟	*Buteo japonicus*
15				大鵟	*Buteo hemilasius*
16				阿穆尔隼	*Falco amurensis*
17		鹃形目	杜鹃科	小鸦鹃	*Centropus toulou*
18		鸮形目	草鸮科	东方草鸮	*Tyto longimembris*

续表

编号	纲	目	科	种	拉丁名
国家Ⅱ级保护动物					
19			鸱鸮科	东方角鸮	*Otus sunia*
20				领角鸮	*Otus bakkamoena*
21				雕鸮	*Bubo bubo*
22				黄腿渔鸮	*ketupa flavipes*
23				褐林鸮	*Strix leptogrammica*
24				灰林鸮	*Strix aluco*
25				领鸺鹠	*Glaucidium brodiei*
26				鹰鸮日本亚种	*Ninox scutulata japonica*
27				长耳鸮	*Asio otus*
28				短耳鸮	*Asio flammeus*
29		雀形目	八色鸫科	仙八色鸫	*Pitta nympha*
30	两栖纲	无尾目	蛙科	虎纹蛙	*tiger frog*
31	兽纲	鳞甲目	穿山甲科	中国穿山甲	*Manis entadactyla*；*chinese pangolin*
32		食肉目	犬科	豺	*Cuon alpinus*
33			鼬科	水獭	*Lutra lutra*
34			灵猫科	大灵猫	*Viverra zibetha*
35				小灵猫	*Viverricula indica*
36	昆虫纲	鳞翅目	凤蝶科	中华虎凤蝶	*Luehdorfia chinensis*
江苏省重点保护动物					
1	鸟纲	䴙䴘目	䴙䴘科	小䴙䴘	*Trachybaptus ruficollis poggei*
2				凤头䴙䴘	*Podicepscristatus cristatus*
3		雁形目	鸭科	鸿雁	*Anser cygnoides*
4				灰雁	*Anser anser*
5				红头潜鸭	*Aythya ferina*
6				青头潜鸭	*Aythya baeri*
7		鸡形目	雉科	灰胸竹鸡	*Bambusicola thoracica*
8		鹃形目	杜鹃科	红翅凤头鹃	*Clamator coromandus*
9				大鹰鹃	*Hierococcyx sparverioides*
10				四声杜鹃	*Cuculus micropterus*
11				大杜鹃	*Cuculus canorus*

续表

编号	纲	目	科	种	拉丁名
江苏省重点保护动物					
12				中杜鹃	*Cuculus saturatus*
13				小杜鹃	*Cuculus poliocephalus*
14				噪鹃	*Eudynamys scolopacea*
15				小鸦鹃	*Centropus bengalensis*
16		佛法僧目	戴胜科	戴胜	*Upupa epops*
17		䴕形目	啄木鸟科	蚁䴕	*Jynx torquilla*
18				斑姬啄木鸟	*Picumnus innominatus*
19				星头啄木鸟	*Dendrocopos canicapillus*
20				棕腹啄木鸟	*Dendrocopos hyperythrus*
21				大斑啄木鸟	*Dendrocopos major*
22				灰头绿啄木鸟	*Picus canus*
23			鹎科	黑短脚鹎	*Hypsipetes leucocephalus*
24			黄鹂科	黑枕黄鹂	*Oriolus chinensis*
25			鸦科	红嘴蓝鹊	*Urocissa erythrorhyncha*
26				灰树鹊	*Dendrocitta formosae*
27				喜鹊	*Pica pica*
28			王鹟科	寿带	*Terpsiphone paradisi*
29			画眉科	画眉	*Garrulax canorus*
30				红嘴相思鸟	*Leiothrix lutea*
31			山雀科	黄腹山雀	*Parus venustulus*
32	两栖纲	有尾目	蝾螈科	东方蝾螈	*Cynops orientalis*
33		无尾目	蛙科	金线侧褶蛙	*Pelophylax plancyi*
34				黑斑侧褶蛙	*Pelophylax nigromaculata*
35				棘胸蛙	*Quasipaa spinosa*
36			蟾蜍科	中华大蟾蜍	*bufo gargarizans*
37	兽纲	啮齿目	松鼠科	赤腹松鼠	*Callosciurus erythraeus*
38		食肉目	犬科	赤狐	*Vulpes vulpes*
39				貉	*Nyctereutes procyonoides*
40			鼬科	黄鼬	*Mustela sibirica*
41				猪獾	*Arctonyx collaris*

续表

编号	纲	目	科	种	拉丁名
江苏省重点保护动物					
42			猫科	豹猫	*Prionailurus bengalensis*
43	爬行纲	龟鳖目	淡水龟科	乌龟	*Chincmys reevesii*
44				黄缘盒龟	*Cuora flavomarginata*
45		有鳞目	游蛇科	赤链蛇	*Lycodon rufozonatus*
46				乌梢蛇	*Zoacys dhumnades*
47				王锦蛇	*Elaphe carinata*
48				黑眉锦蛇	*Elaphe taeniura*
49				翠青蛇	*Cyclophiops major*

3. 溧阳市动物致危原因分析

(1) 自然因素

自然因素是由于物种自身的原因导致了野生动物的濒危。一些野生动物在长期的演化过程中，由于种种原因而受到生活力减退和遗传力衰退的威胁，导致其种群数量难以恢复而趋于濒危。主要由于动物自身的生物学习性，一些个体大、寿命长、性成熟年龄迟，种群繁衍能力差的种类，一旦资源破坏后不易恢复，如中华鲟和白鲟；其次，如寒潮、暴雨之类的灾害性天气主要对昆虫产生很大影响。寒潮过后，幼虫大量死亡，造成来年昆虫数量明显下降。再次，栖息地的自然变化也会使野生动物物种濒危。某些种类的野生动物在长期的进化过程中，适应了某种特定的栖息环境而产生了特别的习性(包括食性)，使其难以适应变化了的环境或其他环境，最终落得"不适者被淘汰"的结局。

(2) 人为因素

人类的干扰对野生动物的影响分为直接影响和间接影响两种。

① 直接影响主要表现在:人为的无限制捕猎、捕捞，造成种群数量的急剧减少。如穿山甲、河麂、鳖、蛇等动物因具有传统的药用价值而被捕杀；赤狐、灵猫、黄鼬、豹猫等因为其珍贵的毛皮被猎杀；画眉、绣眼、八哥等著名的笼养鸟类被驯化出售；鲥鱼、胭脂鱼、黑棘蛙、雉鸡等因其美味被捕杀。人类对野生动物资源的过度利用，使得野生动物种群数量在短短的几十年内急剧下降，其中某些种类濒临灭绝，而且在利益的驱使下非法的猎捕仍然在继续。此外，还包括人类的误捕误杀，如一些被动性的捕鱼工具、船只的螺旋桨等，常对江豚、白鳍豚等造成不同程度的伤害，是造成其濒危的原因之一。

另外，人类频繁的生产活动对野生动物的正常取食、繁殖、交配等生活行为造成干扰，也是造成动物致危的原因之一。

② 人类活动的间接影响对野生动物造成的影响更为剧烈：

栖息地的丧失。由于人类对土地资源过度开发利用，林地面积减少，湿地被蚕食，使野生动物的栖息地遭到极大破坏。大灵猫、小灵猫、河麂等兽类适宜的自然野生生境几乎完全丧失。而溧阳自然林地、湿地资源的缩减直接威胁了虎纹蛙、鳖等两栖爬行类的生存，也使得鸟类的数量锐减。

栖息地片断化。主要表现在道路建设、农田、涵闸电站以及频繁的人类活动使野生动物栖息地破碎化或被隔离，干扰或破坏了动物生存及正常繁衍。

环境污染。工业排污、农业施用大量化肥和农药、生活污水直排等，对溧阳的河流、湖泊均造成不同程度的污染或富营养化，直接影响了水生动物及鸟类分布和数量。农田和湿地生态系统污染是主要依靠农区边际土地或周边湿地的穿山甲、蛇类、蛙类等动物资源减少或濒危的主要原因之一。

上述因素并不是孤立的，往往交织在一起影响物种的丰富度。一个物种的濒危往往不是一种原因导致的，而是由多个因素共同作用的结果。

（三）生态系统多样性状况

根据溧阳市地面覆盖类型遥感影像分类显示，溧阳市主要生态系统类型可分为：森林生态系统、湿地生态系统、农田生态系统、城镇生态系统。其中森林生态系统约占溧阳市国土总面积的 10%，主要集中在各级森林公园或风景名胜区；湿地生态系统约占 12%，主要分布在沙河水库、大溪水库、长荡湖周边；农田生态系统在溧阳市国土面积中占比最大，约占 70%。城镇生态系统则包括各类城市公共绿地、道路绿地、居住区绿地、生产绿地、防护绿地等，约占溧阳市国土面积的 8%。

在本区良好的人类居住环境下，经过数千年的耕耘和繁衍，目前本区的人口密度达 520 人/km^2，其中 96%的土地已被开发利用(图 6－2)，由建成区、工业园区与村庄分布可以看出，人类活动几乎遍布溧阳市所有区域(图 6－3、表 6－8)，溧阳的生态系统已受到人类的广泛影响，人类与自然、与生物多样性的矛盾比较突出。在人类活动的影响下，原生物种被不断驱离和消亡，生物生存空间被压缩，生物多样性保护工作也十分迫切。

表 6－8　溧阳市现有村庄情况汇总表(据溧阳市镇村布局规划)

序号	镇名	行政村数量	自然村数量
1	溧城镇	23	192
2	埭头镇	7	119
3	上黄镇	8	81
4	戴埠镇	17	230
5	天目湖镇	14	307

续表

序号	镇名	行政村数量	自然村数量
6	别桥镇	18	241
7	上兴镇	23	404
8	竹箦镇	18	294
9	南渡镇	18	312
10	社渚镇	22	377
合　计		168	2 557

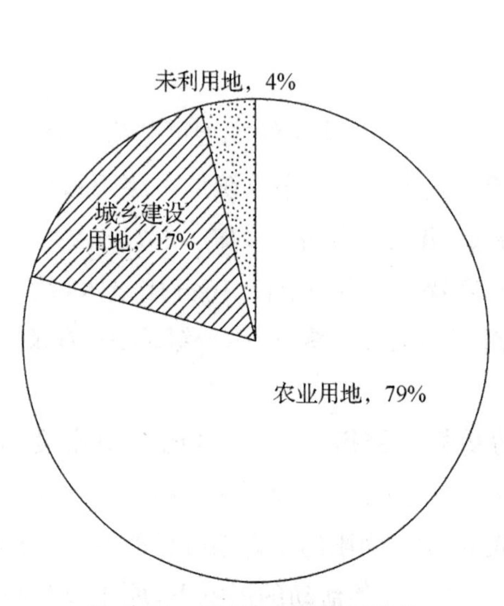

图 6-2　溧阳市土地利用结构
(据市国土局资料)

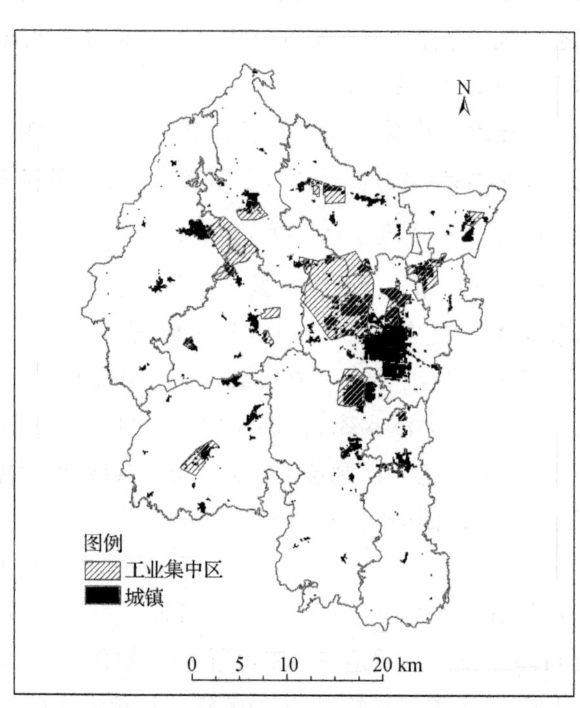

图 6-3　溧阳市开发利用地区分布图

1. 溧阳市森林生态系统现状

根据溧阳市植物分布遥感影像分类显示(附图 14),溧阳市主要森林植被分布在三个区域,即瓦屋山片区、西郊公园片区和南山片区。

(1) 溧阳瓦屋山片区

溧阳瓦屋山片区位于溧阳市西北部,片区包括竹箦镇丫髻山,上兴镇瓦屋山、东山、狮子山、曹山,上沛芳山和芝山等。溧阳瓦屋山片区的重要景点瓦屋山省级森林公园位于片区的北部,其面积为 73.26 km^2,主导的生态功能为自然与人文景观保护、生物多样性保护。

瓦屋山基本保持着原始自然风貌,良好的地理和气候条件,孕育了丰富的动植物资源。

瓦屋山区内植物资源比较丰富，山顶绿化覆盖率在90%以上，多为七八十年代后逐渐生长起来的天然次生林和人工幼林。区内植被类型多为亚热带常绿阔叶林、常绿针阔叶混交林和竹林。瓦屋山片区内森林群落有：杉木林、毛竹林、马尾松林、樟树林、板栗林、杉木枫香混交林、杉木麻栎混交林。主要植物有：山茶、马尾松、杉木、金钱松、短叶松、池杉、香樟、毛竹、茶树、油茶、杜鹃、灵芝等。

山里有松、柏、杉、樟、栎、榉、檀、枫、楸、银杏、合欢等木本植物；有葛藤、紫藤等藤本植物；有党参、太子参、何首乌、薄荷、桔梗、芍药、白芨、金针、红根、苍术、铁柴胡、金银花、半夏、射干、大蓟、一支黄花、马蹄香、车前草等中药材；有灵芝、金蝉花、竹荪等珍奇菌类；毛栗、锥栗、山枣、山楂、毛桃、棠梨、茶叶、兰花、杜鹃、迎春等果类和观赏植物更是随处可见。其中麻栎、毛竹、国外松、马尾松、黑松、杉木、榉树种植面积较大，为主要树种。

区内的野生动物有：蛇、野猪、野兔、野羊、雉鸡、黄鼠狼、竹鸡、白鹭、山鼠、石蛙等。

(2) 溧阳西郊公园片区

溧阳西郊公园片区位于溧阳市区西郊，区域范围北至龙门岗，西至沙仁村、东山界，南与吴冶岭村、小岭头交界，东至西山庄、龙虎坝。片区内的西郊省级森林公园，其面积0.06 km^2，主导生态功能为自然与人文景观保护、生物多样性保护。

西郊森林公园植被茂盛，目前森林覆盖率达到86%。当前公园中数量较多的树种是红果冬青、枫香、湿地松、香樟等。由于保护区距离城区近，公园内动物主要是松鼠、鸟类等一些常见小型动物种类，没有其他稀有动物品种。

(3) 溧阳南山片区

南山片区位于溧阳的东南部，主要包括溧阳天目湖亚区、南山竹海亚区和龙潭省级森林公园亚区。

① 溧阳天目湖

溧阳天目湖位于天目湖国家森林公园的西部，分属天目湖镇和戴埠镇，面积37.59 km^2。天目湖区域由于地处三河入湖处，具有比较完整的淡水湿地生态系统。公园内丘陵沟涧蜿蜒，河湖环抱，既具有陆生生物资源，也具有水生生物资源，生物多样性较丰富。天目湖湿地公园有漂浮植物、浮叶植物、沉水植物和挺水植物等丰富的湿地植物。主要建群种有野菱、青绿薹草、水蓼、沼柳、香蒲、菖蒲、喜旱莲子草、荇、菹草、茨藻、狗牙根、荻和芦苇等。低洼的草甸和草甸草原分布着大量的草本，草甸之间的丘陵岗地上部分布着马尾松、黑松等针叶林，山坡中部杉木、马尾松和落叶栎类等组成针阔叶林混交，山坡下部分布着栎类、枫香、野漆树、化香等树种组成的天然阔叶林和竹林等。

② 南山竹海

南山竹海生态旅游区位于江苏溧阳市南部山区，坐落在横涧镇李家园村，南山竹海地处苏浙皖三省交界处。因景区位于江苏省最南端，是溧阳的南部丘陵山区，故称之为南山，境内有竹子约23.33 km^2，因而又有“万亩竹海”之称。

南山竹海景区有植物群落青冈栎林、毛竹林等，其中毛竹林是南山片区最著名的景观资源。南山片区的竹林一般为纯林，偶尔夹杂其他针叶树或阔叶树，林下灌木种类因地而异。群落外貌整齐，终年常绿，高度和胸径大小较为一致，整个群落结构可分为乔木层、灌木层和草本层。

③ 龙潭省级森林公园

龙潭省级森林公园位于天目湖南苏、浙、皖三省交界处，总面积约 14.77 km^2，其中林地面积 14.65 km^2，占总面积的 99.2%，主导生态功能为水源保护、生物多样性保护，大部分属溧阳南山水源涵养区。

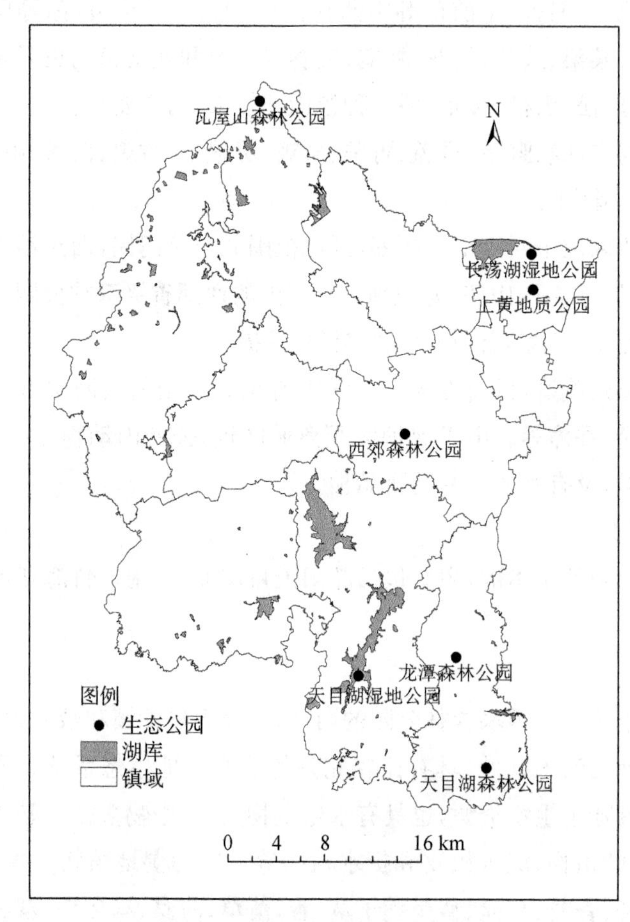

图 6-4 溧阳市生态公园分布图

龙潭林场地处中亚热带北缘，具有典型的地带性森林植被。龙潭片区保存有面积为 4.31 km^2 的天然次生林，由常绿针阔叶树种和落叶树种构成，是江苏省保存最好的天然次生林之一，有常绿针阔叶树种（马尾松、刺柏、冬青、竹类等）和落叶树种（山槐、响叶杨、栎类、椿、槭、枫香、古榉、山合欢、黄连木、金钱松等）构成郁闭的林相，保存了地带性植被的"自然本色"，是天然的树木园和植物种质资源库。

据调查，森林公园范围内国家重点保护野生植物共有 13 科 13 种，其中，Ⅰ级保护植

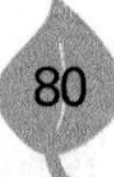

物有银杏、水杉、银缕梅、鹅掌楸4科4种，Ⅱ级保护植物有金钱松、樟树、厚朴、红椿、榉树、喜树、秤锤树、野菱、莲等9科9种。林场深溪岕古松园有名列江苏之最的一片古马尾松，共24株。深溪岕现存的2株古金钱松，是江苏境内自然散生的最大金钱松。此外，公园内还有7 km^2 的人工林，主要有杉木林、国外松林、板栗林、茶树林等。龙潭片区的板栗林，收集了全国各地板栗优良品种170多个，是全国仅有的两个重点板栗良种繁育基地之一。

据相关资料，在公园的山水之间，还栖息着149种野生脊椎动物，其中有国家级野生保护哺乳类6种，分别为穿山甲、水獭、狼、大灵猫、小灵猫和獐。国家颁布的"国家保护的有益的或者有重要经济、科学研究价值的陆生野生动物"共27种。

2. 溧阳市湿地生态系统现状

根据溧阳市水域分布遥感影像分类以及实地调研，溧阳市主要湿地分布在天目湖区域和长荡湖区域(图6-5和附图15)，涉及湿地类型有4类23型，是全国湿地类型分布最全的县级市之一。溧阳市已建有湿地及与湿地有关的生态红线区域共7个，国家湿地公园2个，水源涵养区3个，其他湿地2个。

河流湿地：溧阳河流湿地主要分布在丹金溧漕河等区域，植被类型有7个，群系91个，主要群系为枫杨林、斑茅群系、芦竹群系、马尾松林等。河流湿地植物群系的区系结构上往往形成明显层次，木本植物出现也较多，有的甚至为木本植物群系。

湖泊湿地：溧阳湖泊湿地主要以天目湖和长荡湖为主，植被类型有6个，群系87个，以水生植物群落为主。湖泊湿地因旅游、围垦、基建、水产养殖等受人为干扰较为严重。由于水环境的极端性，群系类型和种类组成均较单一，以广布性的水生植物为主，通常为单优群系，如芦苇群系、野菱群系、水鳖群系、荇菜群系及一些沉水植物群系等。

山地沼泽湿地：溧阳山地沼泽湿地主要分布在南山竹海片区、龙潭片区以及瓦屋山片区等，植被类型有8个，群系41个，主要群系为沼原草群系、玉蝉花群系、芒群系、华东藨草群系等。稀有群系有睡菜群系、假鼠妇草群系、江南桤木林、毛叶沼泽蕨群系、福建紫萁群系、曲轴黑三棱群系、萱草群系、中华水韭群系、莼菜群系、睡莲群系等。

人工湿地：溧阳人工湿地主要包括人工池塘等，植被类型有9个，群系115个，主要群系为旋鳞莎草群系、蓼子草群系、习见蓼群系、三叶朝天委陵菜群系、虉草群系、黄花蒿群系、狗牙根群系、双穗雀稗群系、荻群系等。池塘湿地特点与湖泊有些相似，但面积较小，因分布区的生态环境多样，组成群系的种类也相对要复杂一些，优势种类主要有空心莲子草、满江红、浮萍、紫萍、槐叶蘋、菱、凤眼莲、大薸、秕壳草、水蓼、水盾草等。

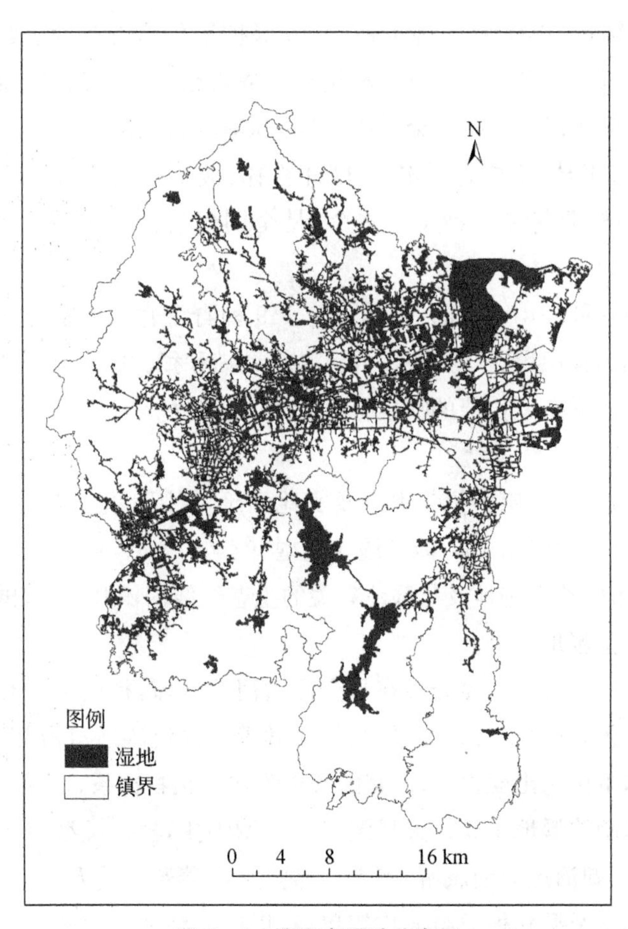

图 6－5　溧阳市湿地分布图

(1) 天目湖湿地区域

天目湖湿地区域主要包括大溪水库和沙河水库两个亚区域，区域总面积为 8.23 km²，其中天目湖湿地主体功能区域 1.10 km²；天目湖上游三河（中田河、徐家园河、平桥河）入湖处 7.13 km²。天目湖湿地自然保护区主导生态功能为生物多样性保护。据中国植被区划（《中国自然地理·植被地理》，1988 年），天目湖地区属亚热带常绿阔叶林北缘，也是过渡性落叶阔叶林的分布区，乡土阔叶林为典型地带性植被，成为常州地区陆生生态系统生物多样性的重要支撑，也是江苏省植被区系最丰富、植被类型最复杂的地区之一。

天目湖区内自然湿地主要为河流湿地，其次以鱼塘、稻田、芦苇地等次生湿地为主。水生植被丰富，包括漂浮植物、浮叶植物、沉水植物和挺水植物，主要建群种有小叶樟、沼柳、紫桦、香蒲、菖蒲、空心莲子草、李氏禾、荻、芦苇等。沼生植物群落主要有芦苇群落、香蒲群落、薹草群落等，常见沼生植物有芦苇、水竹、辣蓼、荻、菖蒲、鸢尾、茭白、芡实、浮萍等。

天目湖区内动物种类已发现有鹤类等国家Ⅰ、Ⅱ级保护动物物种，迁徙的主要珍贵水禽有天鹅、鸳鸯、鸿雁、赤麻鸭、绿头鸭和白鹘顶及留鸟、白鹭、苍鹭、鸬鹚、翠鸟等。

(2) 长荡湖湿地区域

长荡湖区域位于溧阳东北部，区域内的长荡湖(溧阳市)重要湿地位于黄镇和别桥镇交界处北面，总面积为 20.68 km^2，全部为二级管控区，长荡湖湿地主导生态功能为湿地生态系统的保护。

长荡湖湿地植物群落类型相对简单，湿地植物可分为三种类型：第一类包括黄花鸢尾＋水花生以及芦竹＋水花生；第二类包括水花生和野茭白＋水花生以及再力花＋水花生；第三类为芦苇＋水花生。草本植物占绝对优势，层次结构简单，季相变化明显。

据江苏观鸟会对湿地的观察显示，目前该区域有水禽 66 种，猛禽 5 种，隶属 9 目 15 科，其中国家Ⅰ级野生动物 1 种(中华秋沙鸭)；国家Ⅱ级野生动物 9 种(白琵鹭、白额雁、雀鹰、鸳鸯、普通鵟、短耳鸮、长耳鸮、游隼、红隼)；江苏重点保护野生动物 7 种(小䴙䴘、黑颈䴙䴘、凤头䴙䴘、鸬鹚、大麻鳽、彩鹬、鹤鹬)；IUCN(世界自然保护联盟)规定的易危种(花脸鸭)；近危种(白眼潜鸭)；CITES(濒危野生动植物种国际贸易公约)附录一保护物种 1 种(游隼)；附录二保护物种 4 种(白琵鹭、花脸鸭、雀鹰、普通鵟)；并在此记录鸟类新记录 4 种(白嘴潜鸟、长尾鸭、红颈滨鹬、流苏鹬)，再加上两岸灌丛疏林地之亲水鸟类及林鸟，鸟类品种超过 110 种。

3. 溧阳市农田生态系统现状

溧阳市农用地约 1 200 km^2，占土地总面积的 78.18%；未利用地约 101 km^2，占土地总面积的 6.58%。溧阳市耕地总面积约 586 km^2，其中基本农田约 566 km^2(数据来源：《溧阳县志》)，基本农田又分为旱田和水田，其分布如图 6-6。

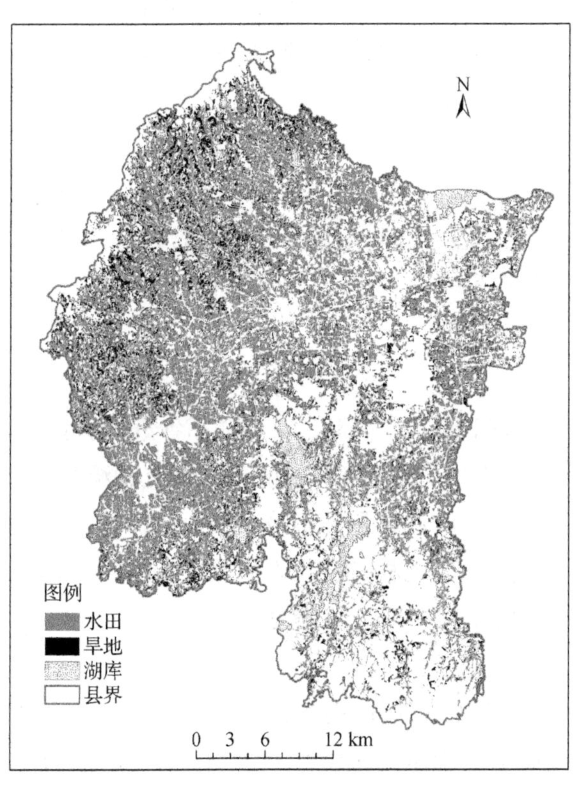

图 6-6　溧阳市农田分布图

溧阳农田土壤类型主要为黄棕壤和水稻土，其中黄棕壤土类占21.9%，水稻土类占71.24%。水稻土又分为白土、板浆白土、黄白土、黄泥土、乌栅土、马肝土等。溧阳农田是长三角地区典型稻作农业，主要农作物有水稻、玉米、小麦等。

随着我国工业化、城市化以及新农村建设步伐的加快，环境污染、生态破坏等环境问题日益突出。其中，农业非点源污染在环境污染中所占的比重逐渐增大，并对区域农业经济的可持续发展和优化生态环境具有长远意义。其次，随着城市工业化进程加快和建设用地迅猛增加，给溧阳农田生态带来许多方面的问题，如水土流失、土地污染、土地沙化、土壤肥力下降等，致使耕地面积进一步减少，土地资源限量反差更加强烈，农田生态系统日渐成为人们关注的问题。

4. 溧阳市城市绿地生态系统现状

根据溧阳市城市总体规划以及溧阳市绿地系统规划，溧阳市城市绿地生态系统主要包括公园绿地、附属绿地、生产绿地、防护绿地等。其中溧阳市绿地总面积32.7 km^2，建成区绿化覆盖率41%，人均公共绿地面积8.11 m^2。溧阳市城市绿地主要植物种类有香樟、桂花、悬铃木、圆柏、女贞等14个主要树种，约占植物总资源的80%，乡土植物利用率20%～30%，树种数量构成明显的集聚性，灌木和草本利用情况相似。

溧阳市绿地生态系统是溧阳生态系统的一个特殊组成部分，作为人类聚集中心的城市，其生态系统的保护不仅是城市居民生存与发展的需要，也是维护城市生态系统平衡的基础。但随着人口激增，城市扩张，环境污染的加重，城市绿地生态系统受到破坏，与自然生态系统相比，其生物多样性水平显著降低。

(1) 公园绿地

溧阳公园绿地包括公园、街头绿地、小游园、市民广场。溧阳的公园有高静园、凤凰公园、沧屿园、北门公园、文化公园、丁园、湾溪河公园、南河公园和城南公园等。街头绿地设置在沿燕山河和北环河及有条件的城市道路两侧布置小片绿地，服务半径控制在300 m以内。

① 燕山公园

溧阳市燕山公园位于溧阳市区的南部，是目前江苏省最大的县级市城市综合公园，也是连接城市核心区与南北区及天目湖旅游度假区的重要节点和溧阳两大4A级景区的重要补充。燕山公园总规划面积2.60 km^2，溧阳燕山公园由原来的垃圾填埋场改造而来，公园里陆生植物资源丰富，有桂花、紫叶李、池杉、银杏、香樟、黄皮刚竹、爬山虎、刺槐、灯芯草、黄檀、田麻等，水生植物主要以鸢尾、千屈菜、菖蒲等为主。

② 凤凰公园

溧阳市凤凰公园地处溧阳城西北部，南北长542 m，总面积为0.03 km^2。公园内乔木植物资源以雪松、香樟、银杏为主，灌木则多以红叶石楠、八角金盘、月季、蔷薇等为主，地被则以麦冬、马蹄金、结缕草类为主。

（2）附属绿地

① 居住区绿地

溧阳市居住区绿地公园按 3 万～5 万人设置 1 个，每个规划面积不小于 2 hm^2，可充分结合滨河绿地建设，提高绿地使用效率。居住小区绿地公园按 5 000～10 000 人设置 1 个，规划面积 0.6～1 hm^2，在居住小区详细规划中予以确定。在居住区绿地中，植物资源多以溧阳的乡土植物为主，如香樟、桂花、广玉兰、红叶石楠、大叶黄杨、杜鹃、山茶等。

② 道路绿地

溧阳市目前道路建设推进迅速，与之相关的道路绿地建设也在不断扩大。239 省道、104 国道、宁杭高速公路的道路建设等与天目湖景区相连，使得道路绿地与天目湖公园形成统一体。

溧阳市目前行道树有 258 种、灌木 209 种、草本植物 170 种，道路绿地的行道树绿带主要以雪松、香樟、银杏等为主；灌木以红叶石楠、八角金盘、月季、蔷薇等为主；地被则以麦冬、马蹄金、结缕草类为主，而道路两侧的植物配置方式多以乔木—灌木—地被的形式为主。目前，溧阳的道路绿地从景观角度上看，植物物种单一，且配置简单，种植较乱。因此需要有关部门对道路绿地的植物做好维护，丰富植物层次，创造优质的道路景观。

（3）生产绿地

目前，溧阳市主要生产绿地有两块，其一位于平桥路与平陵西路交叉口西南部；其二位于东环路以东、茶亭河以南、宁杭铁路以北地区。主要生产苗木以朴树、榉树、乌桕、油树、广玉兰、黄连木、国槐等为主。

（4）防护绿地

溧阳市防护绿地主要以宁杭高速公路等高等级道路和宁杭铁路两侧控制 50 m 防护隔离绿带、芜太运河及丹金溧漕河沿河两侧控制不少于 30 m 防护绿带、高压走廊按电压等级控制绿化走廊以及城市卫生隔离带等为主，其中植被类型根据不同的防护绿地种类有所不同，基本以针阔叶乔木为主，如香樟林，侧柏林等，灌木则多以苏铁、黄杨、卫矛、石楠、红檵木等为主。

（5）溧阳市城市绿地生态系统存在的问题

在当今的溧阳市城市发展中，天然植被已经绝迹，现存的绿色植物几乎都是次生的。由于城市自然环境的衰退，导致城市植物数量减少、种类极端贫乏，以宅旁、路边的伴人植物和人工园林、公园的栽培、引种植物为主，乡土树种大为减少。

工业化导致工业城镇、交通系统等人文景观迅速取代、分隔和污染自然景观，极大地改变了自然景观的结构和功能，尤其是对生物多样性的破坏。城市化使生物的生存条件向恶劣的趋势发展，城市自然群落种类组成减少，生物多样性降低，城市景观变得单调，从而使城市景观变得更加脆弱。

二、工作成效与存在的问题

出于对生物多样性逐渐减少的警觉，溧阳市政府和人民在生物多样性保护方面也做了不少工作。

（一）工作成效

(1) 科学划定生态红线。全面实施江苏省主体功能区规划和常州市生态绿城建设工程，严守生态红线。完成全市生态红线区域范围边界勘定，编制生态红线保护优化调整方案，划定森林公园等6类10块生态红线区域，总面积405.1 km^2，占全市国土面积26.39%，其中一级管控区面积23.29 km^2，二级管控区面积381.81 km^2，为生物多样性保护预留了安全的战略空间。

其中一级管控区为禁止开发区域，严禁一切形式的开发建设活动；二级管控区为限制开发区域，严禁影响其主导生态功能的开发建设活动。开展红线区域内生态资源调查研究，建立资源档案。制定生态红线区域管理办法，把生态红线作为维护生态平衡的保障线，保障生态安全的警戒线，推进可持续发展的生命线，实行分级分类管理，探索建立生态红线退出机制。

(2) 加大生物多样性资源调查与保护力度。结合《江苏省生物多样性保护战略与行动计划(2013—2030年)》，深入开展天目湖等重点区域生物多样性本底调查与编目，提升生物多样性监测和评估水平；实施珍稀濒危野生动植物拯救与地方园艺品种等特有物种保护工程。推进自然保护区、森林公园、湿地公园、郊野公园、生态廊道建设，积极申报天目湖国家森林公园。构建以自然保护区为主体，森林公园、水源涵养地、风景名胜区为辅的保护地网络体系，重点区域生物多样性下降趋势有所缓解。目前已完成沙河水库和大溪水库水源涵养区生态资源调查，天目湖、长荡湖、塘马水库湿地保护与修复工程正在有序推进。

在原有天目湖国家湿地自然保护区、西郊省级森林公园、龙潭省级森林公园、瓦屋山省级森林公园以及中华曙猿遗迹保护区的基础上，2013年溧阳市长荡湖湿地公园正式获批国家湿地公园(试点)、天目湖国家森林公园正式批准建设，这些生态公园在生物多样性保护方面发挥了重要作用。

(3) 强化农村环境整治。全市所有镇(含涉农居委)全部参加全省覆盖拉网式农村环境整治试点工作，利用5年时间(2013—2017年)在161个左右规模较大的规划布点保留行政村开展农村生活污水治理(每个行政村至少各选择1个自然村)，建设分散式农村生活污水治理设施或实施污水接管工程，实现参与整治的自然村生活污水处理率达到80%以上，尾水排放达到《城镇污水处理厂污染物排放标准》一级B排放标准，逐步恢复宜溧丘陵地区山清水秀的自然风貌，从而为生物多样性辟出缓冲空间。目前，全市2 400个村庄环境整治全面通过省级验收，其中24个村达“三星级”标准。

(4) 加快矿山宕口生态恢复。对采石场进行压缩和关闭，有计划进行宕口生态修复。

加快推进"生态矿业"建设和关闭矿山地质环境恢复工程，最大限度地减轻矿业活动对生态环境的破坏。对矿山废弃地因地制宜整治、复绿、复垦，工业建设或综合利用。实施全市11个重点治理区的矿山地质环境整治，对矿山边坡进行复垦、植树复绿，对废弃地修筑复绿填层、植树复绿。

（5）实施自然生态系统休养生息。强化农田生态系统休养生息，大力推广土壤改良、保护性耕作等技术，通过增施有机肥料、秸秆还田等措施，稳定提升土壤有机质含量和养分水分保蓄能力，鼓励有条件的地区实施农田轮作制，引导农民适度恢复绿肥种植。科学开展封山育林和退耕还林，推进生态防护林封山育林工程建设，对退化林地进行生态修复，开展次生天然林、生态公益林保护，新增造林面积14.67 km^2。重点实施了长荡湖水生生态养护，继续开展环湖环境综合整治，有计划、有步骤地开展退养还湿、退渔还湖，实施湖泊生态净化工程，建设环湖林带。

（6）层层推进各类生态建设。近年来溧阳市秉持"环境立市""生态兴市"战略，强力推进污染整治达标升级、节能减排调优结构、依法行政控防污染、化解矛盾构建和谐，全市生态环境不断优化，先后获得"国家生态示范区""国家环保模范城市""国家生态市"称号，2013年被环保部列为全国第五批生态文明建设试点地区。全市已实现国家生态镇全覆盖，共创建国家级生态村5个、省级生态村24个，常州市级生态村66个，绿色学校81所，绿色社区12个。

（二）问题与挑战

由于经济的高速发展，人类对溧阳各种资源包括生态与环境资源的开发强度还在不断增加，生物物种多样性及生态系统多样性的威胁仍然没有消除，对生物多样性保护的重要性认识不足等。在溧阳，人类与生物多样性保护矛盾其类型可分为以下五种。

（1）人类生产与生活空间不断扩展与生物多样性的矛盾：主要包括城镇扩展、工业区扩展、农业与渔业区扩展、旅游区扩展以及采矿业扩展等对当地生物空间的压缩。如随着城镇化的快速推进和交通条件的不断改善，硬化地面不断增加，湿地面积和河段数量减少；山地丘陵旅游设施的不断扩建，忽视了对山地丘陵生态系统的保护。

（2）人类生产方式改变与生物多样性的矛盾：主要包括农药、化肥、养殖业用抗生素对生物的影响。如乡土畜禽和栽培植物遗传资源不断损失，农业养殖和作物品种趋于单调；在茶园、果园及采矿业、道路及旅游景点开发建设的同时，原有优质山区林地出现碎片化；农区化肥农药过度施用问题；水产、畜产养殖生长激素问题。

（3）工业及生活污染排放增加与生物多样性的矛盾：主要包括雾霾、垃圾、废气、废水、噪音等与生物多样性的矛盾。如部分河段水质污染问题不能根本好转，近年来环境空气质量不断下降。

（4）人类食品需求与生物多样性的矛盾：主要指人类对野味的追求，特别是随着旅游活动的发展，大量游客对野生动植物的食品消费也随之推升，这会与溧阳生物多样性保护产生矛盾。

(5) 外来物种引入与生物多样性的矛盾：主要包括广泛种植外来农业品种如茶叶、果树、山地蔬菜，引入外地水产品种如鱼、蟹等对本地植物与水生生物造成的挤压，以及以外地植物为主的花卉苗圃和旅游景区的外地观赏植物都可能对本地野生动植物生存产生影响甚至威胁。如外来强势物种一枝黄花、水葫芦的侵入已有发生。

这些因素都不利于溧阳生物多样性保护。

第三节　指导思想、基本原则及战略目标

一、指导思想

全面贯彻落实习近平生态文明思想，以生态文明示范区创建为抓手，以维护生态系统的完整性为核心，遵循生态、经济、社会和谐发展规律，坚持经济社会发展和生物多样性保护相统一，加强生物多样性保护体制与机制建设，强化生物多样性的有效保护与可持续利用，提高公众保护与参与意识，推动生态文明建设，促进人与自然和谐，实现生物资源的可持续利用、社会经济可持续发展、生态环境与经济发展的协调统一。

二、基本原则

整体保护原则：通过保护使本区山地、平原、林地、村镇乃至工业园区的生物多样性整体得到改善和提高。

优先保护原则：通过保护措施使本区濒危种、稀有种、特有种及与人类关系最为密切的物种得到优先保护。

持续利用原则：通过保护工作，使物种保护能够产生一定的经济价值，使保护工作能够从社会不断得到有效的人力、物力与技术资源支持而长久持续下去。

因地制宜原则：充分利用本地区的经济与智力资源，充分挖掘当地民间长期形成的保护理念与技术，根据本区的自然特点与生物特点制定保护方法。

公众参与原则：保护工作不仅是政府部门的责任，也是溧阳每位公民与外来游客的义务，通过宣传保护的意义，促使社会公众特别是青少年的积极参与。

科学性与可操作性原则：保护工作是系统工程，是建立在生态学、环境科学、地理学等学科基础上的综合性工作。所以在制定保护规划、落实保护措施、监督工作成效及保护工作日常管理方面都要从科学性和可操作性出发。

三、战略目标

(一) 近期目标(2015—2020年)

按照《江苏省生物多样性保护战略与行动计划(2013—2030年)》《溧阳市生态红线区域保护规划》实施要求，以维护森林生态系统和湿地生态系统完整性和生态安全为中心，通过全面保护和重点保护相结合，到2020年，力争使重点区域生物多样性下降趋势得到有效控制，努力使生物多样性的丧失与流失得到基本控制，初步建成布局合理、功能完善的重点保护区—次重点保护区—生态廊道结合的生物多样性保护网络，使本地珍稀、特有、濒危等重点保护对象得到有效保护。初步建立生态多样性监测、评估体系和生物多样性保护制度。具体包括下列指标：

(1) 全市基本完成生物多样性本底调查和编目；

(2) 生态红线区域保护面积占国土面积比例保持26%以上，生态红线区域内典型生态系统得到有效保护，90%以上的国家和省重点保护野生动植物得到有效保护；

(3) 地表水优于Ⅲ类水质的比例达到60%以上；

(4) 基本建立生物多样性监测和预警体系，50%站点能开展生物多样性日常监测；

(5) 市、镇政府生物多样性保护投入的增幅高于经济增长幅度。

(二) 中远期目标(2021—2030年)

至2030年，全市生物多样性保护得到有效落实。全市范围生态系统、物种和遗传多样性得到有效保护，生态系统整体上处于良好状态，物种资源得到有效保护；各项保护政策和管理制度完善，公众保护意识和参与程度普遍提高，形成人与自然和谐相处的社会。

第四节 分区保护规划

一、生物多样性分区

(一) 分区目的与方法

生物生存习性差异和环境差异决定不同生物总是趋于聚集于某一特定区域，特定生物和环境条件组成特定生态系统和生态景观。对于单个生物人们很难追踪，但生物群体聚集的特定生态系统比较容易识别和研究。在对生物个体采样研究的基础上，对于生物多样性的研究和保护，可以转化为对生态系统及更易于辨认的生态景观的划分与保护问题。生物多样性规划最终也只能落到对某一特定区域环境的保护，而非对某一生物物种的保护。如兽类主要生存于森林，我们只要将森林的范围、繁茂度及林地水土等环境因子妥善保护，避免人类过度干扰，林中生物就受到有效保护，森林这一特定区域的生物多样性就会良性发展。同样，两栖类动物主要生存于湿地，只要将湿地这一景观保护好，两栖类及湿地其他生物的多样性保护就会见到实效。

通过溧阳生物物种调查和生态系统分析，人类影响程度较弱的森林是本区生物物种最为富集的区域，另一区域则是湿地。利用遥感和GIS分析方法，结合本区农业、土地等部门的大量资料，可将本区划分为林灌草密集的低山丘陵生态区、水生生物及两栖动物密集分布的湖沼湿地生态区、农作物为主的农耕生态区以及人类主要聚居的城镇生态区。

人类活动频繁的广大农业耕作区和城乡集中居住区，受人类活动影响，生物种类比较单调。农区的植物种类主要为小麦、水稻及蔬菜瓜果，动物以饲养家禽、牛羊和水产养殖区的鱼虾蟹，本地原生动植物基本被清除，农村田埂沟渠旁还有少量残留，但很难成系统。城镇内植物以人工培植的绿化植物为主，物种类型虽多，如乔灌木种类可达272种，但分布零星，不能以乔灌草组合形成立体健康有规模的生态系统，且大部分为外来种，生境较脆弱。由此，本区生物多样性保护重点应放在目前人类活动强度还不太高的低山丘陵与湖沼区，以保护有规模的本地种系生物为主。

表6-9所示四区反映四种不同类型的生态系统，所划区域也是本区生物多样性的四大基本类型分区，简称生态区。

表6-9　溧阳市基本生态区

序号	生态区	划分依据	生物多样性基本特点
1	低山丘陵区	海拔高度在20 m以上的区域，可进一步划分出海拔约70 m以上的山区和70 m以下的丘陵区	植被密度在区内最高，多乔灌木，农田较少，野生动植物和药用植物主要分布区，物种丰富。丘陵区人类利用强度较大，有较多茶园、果园
2	湖沼湿地区	河流与湖泊池塘及周围地区，被水体覆盖或土壤水分时常处于饱和状态	水生动植物和两栖动物主要分布区，部分水体为人工介入度较高的鱼类虾蟹养殖区，物种较丰富
3	农耕区	山地丘陵区以下的平原陆地区，历史悠久的耕作土壤区	粮食作物生产区，物种较单调
4	城镇区	以建筑物和硬化地面为主的建成区，人口密集，人类主要活动区、居住区、工业区	野生动植物稀少，主要为人工绿化栽种植物，多引进种，零星分布，有为数不多的城市寄居动物

（二）低山丘陵区

溧阳低平的中部平原区，海拔5 m左右，南部和西北部地势较高，属低山丘陵区。全区最高峰是南部溧阳与安徽交界处的锅底山，山顶海拔541 m；西北部山区的最高峰是与句容交界处的丫髻山，山顶海拔423 m。低山丘陵由于地形比较崎岖，不太适合人类进行农业生产，开发利用强度较低，所以成为本市野生动植物的天然保护区，也成为如今重要的森林生态系统区。相比农业区和城镇区，这里生长着密集的乔木灌木和草本植物，林中有黄鼬、草兔、野猪等野生动物生存，昆虫类和鸟类数量较大，如今已变成溧阳重要的生态旅游区。

在上兴镇芳山附近有几个与动物有关的古老地名："虎山口""山虎岗"及"狼家山"，暗示这里山岗丘陵曾经存在过虎、狼等猛兽。如今它们早已消失，成为本区生物多样性减少的一种佐证。在人类干扰强度逐渐增加的情况下，低山丘陵区存遗下来的物种仍在逐步消失。几十年前，植物学家在溧阳发现的一些特有种，在最近的植物调查中难寻其踪，大型哺乳类动物如今只剩野猪等少量种类，但天然植物种类还很丰富。

例如溧阳西北部丫髻山、瓦屋山地区便是一处天然植物的繁茂地区，森林中有松、柏、杉、樟、栎、榉、檀、枫、楸、银杏、合欢等木本植物；葛藤、紫藤等藤本植物；党参、太子参、何首乌、薄荷、桔梗、芍药、白芨、金针、红根、苍术、铁柴胡、金银花、半夏、射干、大蓟、马蹄香、车前草等中药材；灵芝、金蝉花、竹荪等珍奇菌类；毛栗、锥栗、山枣、山楂、毛桃、棠梨、茶叶、兰花、杜鹃、迎春等果类和观赏植物。比较茂盛的人工林种有麻栎、毛竹、国外松、马尾松、黑松、杉木、榉树。野生动物有野猪、野山羊、狼、白鹭、山鸡、斑鸠、野兔、獾、蛇等，生物物种十分丰富。

再如溧阳南部沙河水库东缘的龙潭森林公园范围，具有典型的地带性森林植被特点。有封山育林后形成的天然次生林，有常绿针阔叶树种（马尾松、刺柏、冬青、竹类等）和落叶树种（山槐、响叶杨、栎类、椿、槭、枫香、古榉、山合欢、黄连木、金钱松等）构成郁闭的林相，成为珍贵的植物资源库。山地森林中有国家重点保护野生植物 13 科 13 种，其中一级保护植物有银杏、水杉、银缕梅、鹅掌楸 4 科 4 种，二级保护植物有金钱松、樟树、厚朴、红椿、榉树、喜树、秤锤树、野菱、莲等 9 科 9 种。公园深溪岕古松园有名列江苏之最的一片古马尾松，共 24 株。深溪岕现存的 2 株古金钱松，是江苏境内自然散生的最大金钱松。在林场范围内有国家二级保护动物穿山甲、水獭、鸳鸯等，还有属"国家保护的有益的或者有重要经济、科学研究价值的陆生野生动物"27 种。其他围绕海拔 200 m 以上的山峰周围动植物均如此丰富。

因此，相比平原农耕区，低山丘陵区构成溧阳的自然与半自然物种资源库，是一个特殊而重要的生物多样性区域。通过遥感影像进行地物分类处理，应用植被指数（NDVI）处理方法，可将本区以自然植物为主的植被茂密区划分出来，再结合数字高程模型（DEM），将本区自然植被密集区分为生物量高的山地森林区，和生物量较高的以灌丛为主的丘陵区。将森林主要分布区外围，至海拔 20 m 以上区域划为以灌草为主的丘陵坡地植被区。本区天然林已被人工种植的农田、茶园、果园、菜地和旱地及人工林所分割，成为零星分布林地，小型兽类，爬行类、鸟类和昆虫类动物分布其中。其中移动能力最强的鸟类，还可按栖息采食习性分为森林鸟、灌草丛鸟、水鸟以及田间村镇鸟，山地丘陵森林是它们的主要栖息地。

（三）湖沼湿地区

本区位于长江三角洲地区，除前述低山丘陵外，大部分地区是低平的平原洼地，河网密布，池沼面积较大。所以湿地生物和湿地生态系统也是本区生物多样性重要关注区。

例如在天目湖湿地,生物多样性表现为大量的浮游植物、维管植物以及鱼类、鸟类、两栖类、爬行类、浮游动物和底栖动物等物种。有鹤等国家Ⅰ、Ⅱ级保护动物物种,迁徙种珍贵水禽有天鹅、鸳鸯、鸿雁、赤麻鸭、绿头鸭和白鹡顶及留鸟、白鹭、苍鹭、鸬鹚、鱼狗、翠鸟等。沼生植物群落主要有芦苇群落、香蒲群落、薹草群落等。常见沼生植物有芦苇、水竹、辣蓼、荻、菖蒲、鸢尾、茭白、芡实、浮萍等。水生植物也非常丰富,包括漂浮植物、浮叶植物、沉水植物和挺水植物,水生植物群落还可分为芦苇群落、香蒲群落、薹草群落等。水生植物主要建群种有毛果薹草、乌拉薹草、漂筏薹草、灰脉薹草和小叶樟、沼柳、紫桦、香蒲、菖蒲、空心莲子草、李氏禾、荻、芦苇等。溧阳北部长荡湖湿地生物种类与天目湖湿地的类似,水生动植物和鸟类也是十分多样。

利用溧阳土地部门数据,将本区的水域提取出来后,再以湖泊、水库、池塘、河流做 50 m 缓冲区,为近水沼泽区。其范围如附图 8 蓝色区域,这些广阔区域是溧阳湿地生物分布区。

按水面的开阔程度还可将湿地分为大型面状湖泊湿地区与小型网状河塘湿地区。前者包括天目湖两个大型水体和长荡湖水域,后者为区内所有河流、小型水库及池塘。大型水体一般水质好、水中及岸边生物生存条件好,受人类的干扰也较小,是本区水鸟主要活动区。所以大型水体及周边的湿地生物生存条件要好于小型水体与河网区域湿地系统。

(四) 农耕区

溧阳的广大农区除了单调的农作物类型外,在田埂及池塘也有较多类型的生物,但植物多以草本为主,动物多以小型兽类、两栖类以及昆虫类和鸟类为主,且易受农药和农村生活污染的影响和人类的惊吓干扰,难以形成有规模的健壮生态系统的物种群落。

利用溧阳土地部门的数据,提取出农业耕作区如图 6 - 6,大小不一的城镇村庄散布其间。较低平的平原区主要为水田,与图 6 - 5 河网密集区吻合。坡度稍大的丘陵坡地区主要为小麦、菜地、苗圃、果园分布区,与图 6 - 7 的斜线区域较吻合。

无论对溧阳珍稀生物、野生生物、本地生物进行重点保护,还是对生物物种、生态系统、生态景观进行多样性全面保护,应该把目光主要放在农业区以外目前还剩余不多的山地丘陵与湖沼湿地范围,这里是溧阳生物多样性保护的重点区域,是最易见保护成效的区域。而农业区与城镇区的生物多样性保护也不能放弃,这里是生态多样性保护的脆弱区,保护和重建良好的生态系统与本区农业生产安全、城镇可持续发展有着直接和密切关系。

(五) 城镇区

由遥感影像分类处理获得溧阳主要城镇区范围(附图 8 中灰色区域),这些区域属于自然物种较少的城镇生态系统,生态系统以人工系统为主,建筑物和硬化地面占比较大。植物大多为人工绿化种,且外来种较多,动物多为不惧怕人类的小型动物,如麻雀或与人类共生的动物。生物总量和多样性都较贫乏。

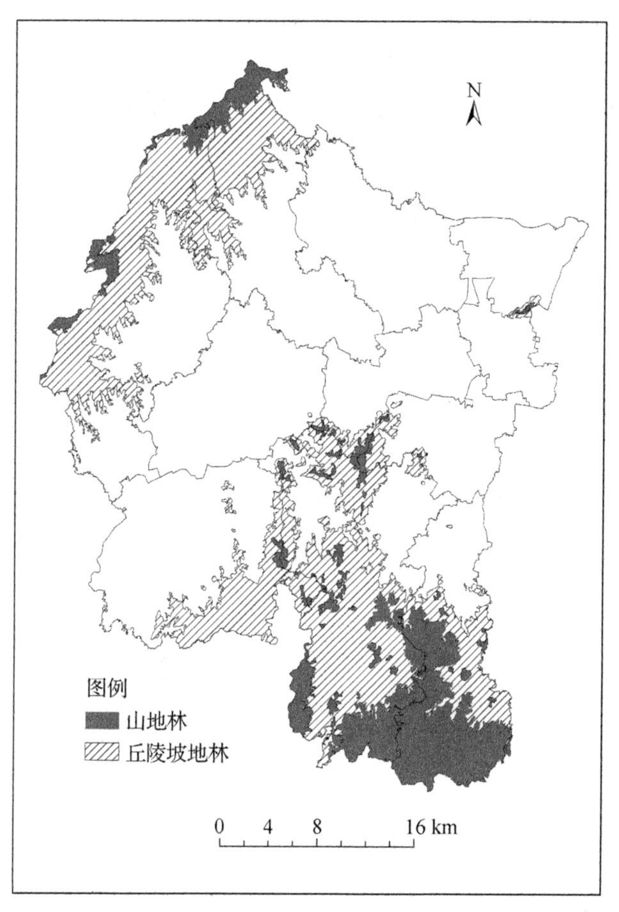

图 6-7 低山森林与丘陵坡地稀疏林分布图

二、 保护方案

如前所述,从生物多样性优先保护原则出发,首先确定本区重点保护的物种、种群、生态系统和生态景观,然后再规划它们外围的缓冲区、生态廊道及生态跳板,最终组成溧阳全市生物多样性保护网络系统。基于遥感信息划出的不同生态区即是本区不同重要性的生物多样性保护区,在明确了不同物种、种群在各生态区的特点,然后制订相应保护措施,形成保护规划,就可达到优先保护和全面保护的目的。

本地优先保护的生物不会集中于人口密集的城镇和四季耕耘的农田,而只能分布于受人类影响较少的山地森林区和大型湖泊湿地区(图 6-8),这些区域便是溧阳生物多样性保护的重点区域,在这些区域集中了溧阳绝大部分野生生物物种。

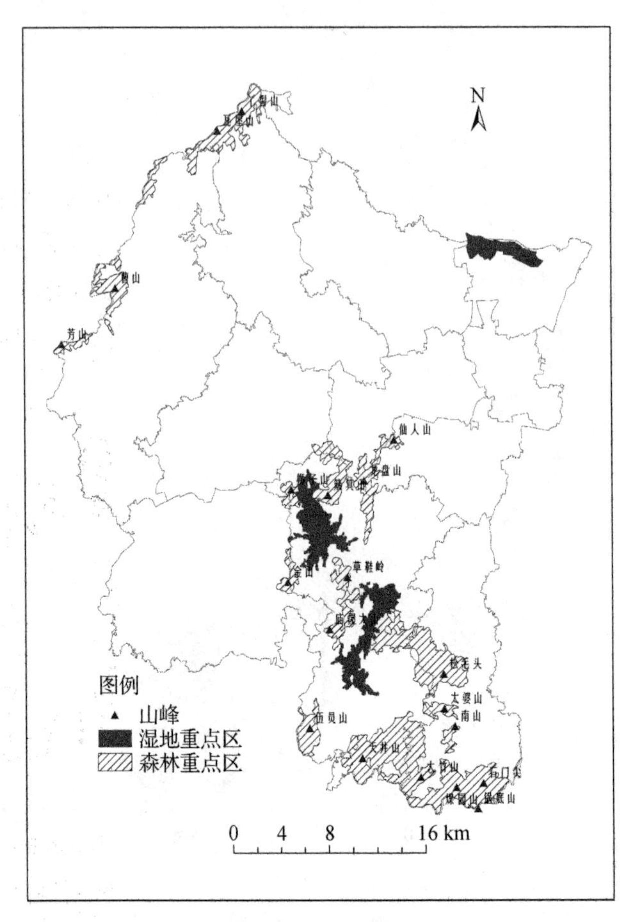

图 6－8　溧阳市重点保护区及主要山峰分布图

（一）低山丘陵森林生物多样性保护

包括山地森林重点保护区、丘陵坡地次重点保护区。

1．山地森林重点保护区

（1）保护范围

山地森林重点保护区，即山地生态核心区包括了以 20 座主要山峰为主体的繁茂森林区，以山体为核心，植物覆盖度高，生物量高，物种丰富，人类干扰小，植被以高大乔木和灌木林为主。

（2）保护措施

在陆域范围人类影响最小的崎岖山地是自然动植物种类遗存最多，自然生物量最大的区域，这里是溧阳自然生物的避难所。由于复杂地质构造的原因，溧阳山地地层组成也较复杂，有多种火山岩和沉积岩，它们形成的土壤结构与矿物成分、酸碱度等都有差别，这也为喜爱不同性质土壤环境的植被创造了多种条件，为溧阳生物多样性的优势奠定了地质和土壤基础。加之山区复杂地形构成多种小气候区，和土壤厚度及有机质瘠薄程度的空间较大差别，与之相适应的生物物种及群落组成也复杂多变，使之成为溧阳生物多样性的繁盛区域。

围绕石门尖等20座山峰构成溧阳森林生物重点保护区（图6-8），生物多样性高度丰富。林中有国家Ⅰ级保护植物银杏、水杉、银缕梅、鹅掌楸；Ⅱ级保护植物金钱松、樟树、厚朴、红椿、榉树、喜树、秤锤树、野菱等。青檀、紫楠、降龙草、粗榧、红果榆、华东楠、溧阳鲜化蕨、溧阳复叶耳蕨则是溧阳的特有种。有药用植物党参、太子参、何首乌、薄荷、桔梗、芍药、白芨、金针、红根、苍术、铁柴胡、金银花、半夏、射干、大蓟、一支黄花、马蹄香、车前草等。有珍奇菌类灵芝、金蝉花、竹荪。还有果类和观赏类植物毛栗、锥栗、山枣、山楂、毛桃、棠梨、茶叶、兰花、杜鹃、迎春以及野生动物蛇、野猪、野兔、野羊、雉鸡、黄鼠狼、竹鸡、白鹭、山鼠、石蛙等。

对此类溧阳动植物的宝库范围，应严禁毁林开矿，禁止辟为茶园和人工林地，除有限的旅游开发及中草药采摘种植等活动外，不允许其他形式的生产经营活动。同时对区内水土植被积极护育，限制区域内人口的增长。

2. 丘陵坡地次重点保护区

（1）保护范围

丘陵坡地次重点保护区，范围为山地重点保护区以下至海拔10 m等高线的范围，即山地生态核心区的缓冲区。它们往往是低丘和坡地地形，水田较少，主要用于菜地、果园、茶场及旱地小麦，并有部分天然草灌丛地，会有部分野生动物生存其间。本区虽已基本被人类所利用，但受水土、地形等自然条件所限，土地利用强度比平原地区要弱，野生动植物有一定存活机会。

（2）保护措施

该区域主要特点是地形以丘陵坡地为主，土地大部分已被开发利用，利用方式为旱地小麦、菜地、果园、茶园、竹林以及村庄的工矿企业。人类活动强度高于上述森林重点保护区，但弱于平原农业和城镇区。该区由于在土壤瘠薄和坡度较大地区仍然保留一定比例的天然植被，仍然有较多野生动物，其中啮齿类、爬行类、鸟类与昆虫类较丰富。

本区是溧阳森林重点区的外围区，有着重点区生物缓冲带的保护作用，自身的生物量也比较高。该区生物多样性保护目标为：在稀有生物集中分布区，要采取积极措施阻止毛竹等强势植物的扩张和侵入，给稀有物种保留一定的长久生存空间。有限度地进行农业和旅游业开发利用，杜绝污染企业进入，严格控制和管理区内居民生活、旅游活动及水产养殖过程产生的污染物向大自然的排放。确定合理的人口密度容量，居民需具有生态环保的知识和生活习惯，对以往采矿遗留的宕口裸地进行复绿，停止和取缔正在开采的矿点，水库等建筑施工点的环境恢复工作必须积极督促和监测。

（二）湖沼湿地生物多样性保护

包括大型湖泊湿地重点保护区和小型湿地次重点保护区。溧阳湿地包括湖泊、水库、池塘、水田圩区、河网以及这些水体周边的沼泽地。由上可知，湿地重点保护区包括天目湖的

沙河水库、大溪水库与溧阳北部的长荡湖及滨岸湿地，其他水域与沼泽即为次重点湿地保护区。

1. 大型湖泊湿地重点保护区

（1）保护范围

以沙河水库、大溪水库及长荡湖周边湿地为主体，总面积 201 km^2。该部分为溧阳市山水交互生态核心区。

（2）保护措施

湿地是地面水域部分及水分时常饱和的滨岸沼泽区，在这一范围生长的动植物主要为水生类，与山地丘陵的陆地生物有明显差异。溧阳湿地植物资源丰富，湿地植被由挺水植物群落、浮水植物群落及沉水植物群落，主要优势物种为芦苇、香蒲、满江红、黑藻、水蓼菰、苦草、空心莲子草、黑藻、金鱼藻等 80 种。水生动物有各种鱼类（97 种）和底栖类、浮游类，滨岸沼泽地是两栖动物（15 种）和水鸟（约 70 种）的栖息活动区。

对它们的基本保护方针为，在这些区域将人类的干扰尽可能降低；尽量保持它们的现有面积，并努力使它们的面积特别是山地森林面积不断有所增加；尽量提高这些斑块间的联通性，使生物在不同斑块间能顺利来往，保证生态基因及物种间的交流；使区内生物处于一种健康、安全的自然循环状态。

2. 小型湿地次重点保护区

（1）保护范围

主要包括平原圩区及河网密集区，这些区域长期被水浸没，土壤处于过饱和状态，是本区河流、池塘分布区以及水稻种植、水产养殖主要区域，总面积 298 km^2。本区除了大量人工培育的农业水产动植物外，也有许多野生动植物如两栖类、飞鸟类及水生植物生长其间。这些野生物种与上述重点湿地区的野生物种间存在密切联系，该区庞大生物量是溧阳生物多样性的重要组成部分。

由于周围地势平坦，便于人类开发利用，所以大部分范围已成为水田、鱼塘、蟹塘以及水运河道，生态系统受到人类深刻影响。只是在田埂、河岸、沼泽地区给自然动物如两栖类、爬行类、啮齿类以及水鸟类与水生植物留有一定生存空间，人工水产养殖场以外的水体也有零星分布的水生生物。

该区是溧阳重点湿地保护区的外围地带，因与重点区存在水体上的密切联系，生物种类也非常相似。只是由于生物存在空间十分破碎，生境时常受到人类的干扰，特别是受农药化肥及村落生活垃圾污染的影响，自然生态系统比较脆弱。

对这一区域生物多样性的保护意义，一是对湿地核心区生物外围环境的保护，重点湿地区的所有生物都有可能在本区出现，二是由于本区面积广泛，区域内自然生物总量仍十分庞大，著名的溧阳水生蔬菜白芹就生长于此，众多水鸟也会在此取食。所以针对本区的湿地生物多样性的保护是溧阳生物多样性保护重要组成部分。

(2) 保护措施

本区的保护首先是水质的保护，农业面源、村镇和工厂点源控制是水质保护的主要工作。还应在低洼地区留出一定空间的自然湿地，严禁人为开发利用。在河岸与水塘、鱼塘滨岸以及田埂处给湿地自然生物留出一定空间。区内交通道路的修建应尽量采用架空桥梁方式通过水体沼泽，而不要用直接填埋垫高的方式通过，尽量不要阻断水生生物的空间联系。

这一区域生物多样性保护措施，以现有天目湖和长荡湖湿地公园建设和生态红线区建设为基础，对湿地及外围 3 km 范围的开发建设严格控制。湿地内及外围 3 km 不能有产生污染物的生产经营活动，湿地内的水产养殖规模和方式需严格控制，杜绝密集养殖和过量投放饵料与抗生素，严格控制和管理湿地内旅游餐饮污染物排放，使游客的旅游行为对环境的影响降至最低。对入湖入库上游河流进行水质监测，一旦发生来水污染能够迅速确定污染源，保证来水水质安全。要求湿地周边丘陵坡地的茶园、果园、菜地在作物生长期间少施或不施农药化肥，并逐渐转入生态农业生产方式。溧阳市四类生物多样性主要保护区及人类活动频繁区的特点与面积见表 6 - 10。

表 6 - 10 溧阳市各类生物多样性保护区面积统计表

分区	面积(km²)	百分比	生物多样性特点	生态系统特点
森林重点区	104	7%	开发强度低，生物种类多	自然森林生态系统
森林次重点区	300	20%	开发强度较高，生物种类较多	自然与农业生态系统混合
湿地重点区	201	13%	开发强度较低，生物种类多	自然湿地生态系统为主
湿地次重点区	298	19%	开发强度较高，生物种类较多	人工湿地生态系统为主
农田与城镇区	632	41%	开发强度高，生物种类少	人工生态系统
合计	1 535	100%	/	/

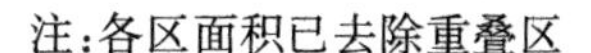
注：各区面积已去除重叠区

(三) 农田和城镇生物多样性保护

农田和城镇是溧阳生物受人类影响最为深刻的区域，该区面积广泛，约占全市面积的 41%，大部分区域与上述湿地次重点区交错分布，海拔高度稍高于湿地区。农田是在人工灌溉渠道两旁开辟的稻作农业，或“稻—麦”轮作农业，城镇是在历史村落基础上逐步扩张的人类聚居区。

1. 农区生物多样性的保护

相比山地丘陵林区，农田部分的生物种类比较单调，基本属人工生态系统，但在农田和建设用地以外的空间如田埂、道旁和农村居民点周围生态保护地内仍有野生动植物生存。农田与村镇也是某些鸟类、两栖类等动物的主要觅食区，所以也具生物多样性保护意义。农业面源污染和村旁田间生态林地与河道的减少是本区生物多样性面临的主要问题，农村污染治理与生态建设是该区生物多样性保护的重点。

由遥感影像分析，溧阳的村庄内部绿化很不平衡(图 6－9 和图 6－10)，有些村庄特别是新近扩建的村庄，房前屋后缺乏树木，村庄内部空旷裸地及不渗透硬地面较多。农村道旁绿化缺乏整体规划，道旁树木要么太稀疏，要么根本没有。绿荫遮蔽的农舍和茂密的农村道旁绿化应该成为溧阳农田区生物多样性建设的一个目标。农村河道两旁绿化也很不平衡(图 6－11 和图 6－12)，部分河段缺乏绿化，在沿河码头货物装卸场地外围仍存在面积较大的裸地。所以沿河绿化带建设也是溧阳生物多样性保护的一个内容。

图 6－9　村庄(巷埂村)内部缺少绿化，围村林带不连续

图 6－10　绿化较好的村庄，但左侧道路旁缺乏绿化

图 6-11 道旁(X002 路)缺少绿化

图 6-12 沿河(中河)绿化带不连续,左下部村庄(芮家村)内部绿化不足,缺少行道树

村庄生物多样性保护建设可参照《江苏省新农村村庄绿化建设》要求,每户房前屋后至少有十棵以上树木,林下有乔、灌、草、花、藤的配合,围村林带宽度不低于 15 m,道路两侧行道树宽度不小于道路宽的 1/3。农村绿化乡土树种不低于 50%,乔木种数要在 10 种以上。

2. 城镇生物多样性的保护

城镇部分值得保护的动物较少,主要是鸟类,而植物保护问题较复杂。植物存在形式主要为公园、街头绿地、小游园、市民广场、住宅区绿地,分布较零星。道旁绿地、河岸绿地以及高压线沿线绿地可一直延伸到城镇以外。城镇绿化是当地政府一贯重视的工作,从美观角度出发所用植物种类较多,比较关注城镇绿化植物的多样性、新颖性,建设成果也受到市民

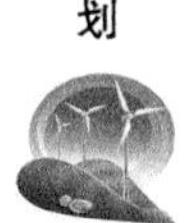

的普遍认可。

城镇绿化存在的生物多样性问题主要为：乡土植物资源利用率较低，仅在20%～30%；虽然植物种类较多，但只有个别为主要种类，乔灌草大部分种类分布范围和出现频率稀少，植物物种分布很不平衡，生物多样性效益有限。而城镇内部及周围工业园区日益扩大导致绿地缩减和污染增加，特别是工业园区绿地比例很低，与生物多样性保护产生冲突(图6-13)。

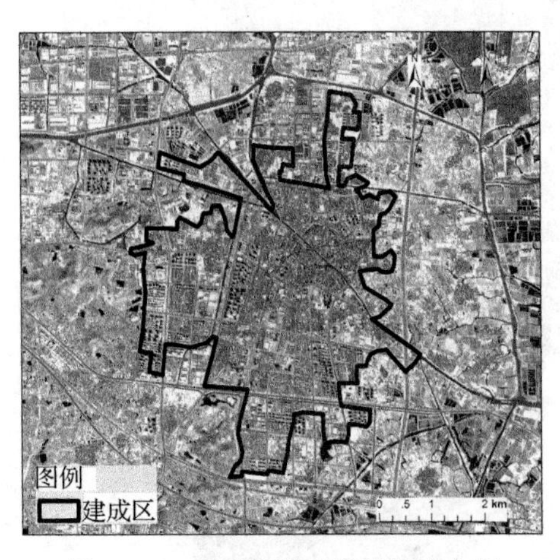

图6-13 遥感影像显示溧阳市内部缺乏联通性较好的绿色廊道

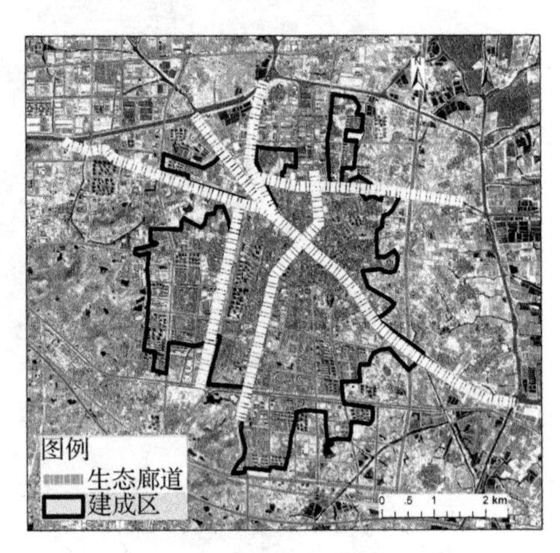

图6-14 沿城内河流与道路构筑绿色生态廊道

城镇生物多样性保护的主要任务是积极控制水、气污染，按照生态绿城要求进行城市绿地建设，绿化尽量采用本地植物，注重不同层次的组合配置。借助延伸到城镇外的道旁绿地、河岸绿地以及高压线沿线绿地，构筑贯通城镇并与外部生态斑块连接的，宽度为200 m左右的植被、水体生态廊道(图6-14)。通过绿色生态廊道建设将城市外部的生物引入市内，增进市内外生物的交流和活跃程度，康复城市生态系统。廊道还具有地表气流通道作用，促进市内外空气流通，改善市内大气质量，并使溧阳市生物多样性建设与溧阳市绿城建设密切衔接。

(四) 溧阳市生态廊道建设

以上各生态区内生存着不同优势种的生物群，而各区域之间的联通性越好，区域生态系统就越强盛，生物多样性就越健康。生态学研究证明这种不同区域之间的生物沟通由生态廊道实现。在以往人类对溧阳地表资源的开发中，不了解生态廊道的重要性，而现代区域性生物多样性保护规划，包括最近制定的常州生态绿城建设规划，均认为生态廊道是生物多样性保护中必不可少的建设项目。生态廊道是联系自然生态空间和城镇发展空间的纽带，发挥着加强生态系统间的联系、提高生态系统的稳定性、控制城镇开发空间的作用。根据溧阳的自然和地理属性，完善溧阳市的生态廊道，规划建设以河流水系和道路交通为主的生态廊道格局。规划建设的生态廊道主要有(表6-11)：

表 6-11　溧阳市主要生态廊道

序号		生态廊道名称	控制宽度要求	生物群落构建要求
1	河流生态廊道	丹金溧漕河、竹箦河、南河、中河、芜太运河、常溧河、梅渚河等	原则上两岸防护林带不少于 50 m,但穿越城区时可以湿地、草坪绿化等替代防护林	见《常州“生态绿城”建设规划》《溧阳市生态文明建设规划》
2	道路生态廊道	扬溧高速、宁杭高速等	两侧绿化各 50 m	
		宁杭高铁	两侧绿化各 100 m	
3	山水复合廊道	丫髻山—瓦屋山—竹林水库	宽度不低于 200 m	
		平桥石坝—沙河水库—大溪水库—长荡湖	宽度不低于 200 m	
		南山—青峰山—伍员山	宽度不低于 200 m	

(1) 南山—青峰山—伍员山山体等形成的山体森林生态廊道;

(2) 由胥河和梅渚河汇合处为起始,经南河、中河、中心城区到南溪河的水体组成的水系生态廊道;

(3) 丫髻山—瓦屋山—竹林水库以山体为主体的山水复合生态廊道;

(4) 石坝—沙河水库—大溪水库—长荡湖以水为主的山水复合生态廊道;

(5) 沿宁杭高铁、宁杭高速、扬溧高速等其他高速公路、五级以上航道两侧建设生态廊道,以景观建设、环境改善及沟通城市和大自然为目标,宽度不低于 100 m。

在植被重点和次重点区,在毛竹、水杉等人工强势种分布区域还应为濒危珍稀植物开辟一些生态廊道,这也是溧阳生物多样性复壮与保护的重要组成部分。

沿河与沿道路两旁的绿色廊道宽至少 50 m,在此带内禁止产生水、气、噪音污染的企业进入,杜绝沿河居民生活污水直接入河,对水中运输船只的漏油、浓烟现象进行抽查监测,并督促其排放达标。在临河有居民建筑的河段,可绕道建设绿带,尽量使廊道连续分布。实在无法连续的地段,可在附近建设块状绿地,构筑生态跳板。

城镇区还应依靠现有或待建公园及旅游景点如上黄湿地公园、中华曙猿地质公园、埭头公园、凤凰公园、西郊公园、燕山公园、牌楼公园、善庆公园;在农业区可借助生态与生产绿地如村镇防护林、人工林等进行绿色生态岛建设,每镇至少要有十块生态岛。生态岛要与生态廊道相呼应,发挥生物交流驿站和跳板作用,与重点和次重点保护区共同构成溧阳全区生态网络体系。

溧阳市生物多样性保护区规划总体情况见附图 16。

(五) 溧阳市动物多样性保护

据前文调查分析,溧阳市野生动物资源以小型动物为主,其中国家Ⅰ级保护野生动物 4 种,Ⅱ级野生保护动物 36 种;江苏省重点保护动物 49 种(表 6-12)。

表 6-12 溧阳市优先保护动物清单

类别	物种	国家(Ⅰ级)	国家(Ⅱ级)	省级
两栖类	虎纹蛙		1	
	东方蝾螈、中华蟾蜍、金线侧褶蛙、黑斑侧褶蛙、棘胸蛙			5
爬行类	乌龟、黄缘盒龟、赤练蛇、乌梢蛇、王锦蛇、黑眉锦蛇、翠青蛇			7
鸟类	中华秋沙鸭、乌雕、花田鸡	3		
兽类	豹	1		
	穿山甲、大灵猫、小灵猫、水獭、河麂		5	
	刺猬、松鼠科、兔科、赤狐等			6
昆虫	中华虎凤蝶		1	
合计		4	36	49

以上野生动物主要分布于溧阳的低山丘陵区和湖泊湿地，其主要分布区(表 6-13)与本区生物重点保护区、次重点保护区吻合。应把国家级、省级重点保护种类及其栖息地作为优先保护对象。

表 6-13 溧阳市重点保护动物主要分布地

分布地	重点保护的动物
天目湖区	天鹅、鸳鸯、鸿雁、赤麻鸭、绿头鸭、白鹡顶、白鹭、苍鹭、鸬鹚、鱼狗、翠鸟等
长荡湖区	中华秋沙鸭、白琵鹭、白额雁、雀鹰、鸳鸯、普通鵟、短耳鸮、长耳鸮、游隼、红隼、小鸊鷉、黑颈鸊鷉、凤头鸊鷉、鸬鹚、大麻鳽、彩鹬、鹤鹬、花脸鸭等
其他河塘湿地区	河麂、鸳鸯、白尾鹞、白头鹞、小杓鹬、虎纹蛙等
西北低山区	獐、灵猫、石蛙等
南部低山区	穿山甲、水獭、大灵猫、小灵猫、獐、中华虎凤蝶

珍稀、濒危和经济价值大的野生动物保护通常采用两种措施：

一是对种群的直接保护。对有保护对象出现的区域，通过宣传教育，杜绝人们对野生动物的伤害，尤其是不法的猎捕。建立适当的救护基地，发现野生动物后，能够及时进行救护。

二是对种群栖息地的保护。对保护对象分布区域，划出一定的保护地，加以重点保护。在野生动物主管部门的管理下，成立相应机构，配备人员和设备，实现有效保护。本区可采用后一种方案，将以上野生动物的保护任务列为生物重点保护区和次重点保护区的保护任务。

(六) 溧阳市入侵动植物防治

据研究统计，截至 2004 年，我国共有外来入侵物种 283 种，溧阳共有外来入侵物种 16 种。相对于其他城市，溧阳仍处于较好的水平，但随着生态保护区内旅游资源的逐步开发，人类活动逐渐频繁，以及人工绿化、国内外贸易的增强，人类有意或无意地带入外来物种的

可能性加大，因此，溧阳市存在外来生物入侵的威胁。

根据文献资料、标本信息和野外实地调查，初步确定溧阳市主要外来入侵植物 6 科 14 属 16 种(表 6 - 14)。从溧阳市外来入侵植物科的种类组成来看，菊科植物较多，有 8 种，占了总数的 50%，其次是苋科，有 3 种，占了 18.8%，还有禾本科、雨久花科、天南星科、旋花科等。

表 6 - 14　溧阳市主要外来入侵植物一览表

入侵种	科	属	别名	原产地	入侵时间
空心莲子草 *Alternanthera philoxeroides* Griseb.	苋科	莲子草属	水蕹菜、革命草、水花生	南美洲	20 世纪 30 年代
豚草 *Ambrosia artemisiifolia* L.	菊科	豚草属	艾叶破布草、美洲艾	北美洲	1935
毒麦 *Lolium temulentum* L.	禾本科	黑麦草属	黑麦子、小尾巴麦子、闹心麦	欧洲地中海地区	1954
凤眼莲 *Eichhornia crassipes* Solms	雨久花科	凤眼蓝属	水葫芦、凤眼蓝、水葫芦苗	巴西东北部	1950
石茅 *Sorghum halepense* (L.) Pers	禾本科	高粱属	亚刺伯高粱、琼生草、詹森草	中海地区	20 世纪初
大薸 *Pistia stratiotes* L.	天南星科	大薸属	肥猪草、水芙蓉	巴西	20 世纪 50 年代
加拿大一枝黄花 *Solidago canadensis* L.	菊科	一枝黄花属	黄莺、米兰、幸福花	北美	1935
土荆芥 *Ysphania ambrosioidcs* (L.)	藜科	藜属	臭草、杀虫芥、鸭脚草	中、南美洲	1864
刺苋 *Amaranthus spinosus* L.	苋科	苋属	野苋菜、刺刺菜、野勒苋	热带美洲	19 世纪 30 年代
反枝苋 *Amaranthus retroflexus* L.	苋科	苋属	野苋菜	美洲	19 世纪中叶
钻形紫菀 *Aster subulatus* Michx.	菊科	紫菀属	钻叶紫菀	北美洲	1827
三叶鬼针草 *Bidens pilosa* L.	菊科	鬼针草属	粘人草、豆渣草，鬼针草	热带美洲	1857
小蓬草 *Conyza canadensis* (L.) Cronq.	菊科	白酒草属	加拿大飞蓬、小飞蓬、小白酒菊	北美洲	1860

续表

入侵种	科	属	别名	原产地	入侵时间
苏门白酒草 *Conyza sumatrensis* walker	菊科	白酒草属	苏门白酒菊	南美洲	19 世纪中期
一年蓬 *Erigeron annuus* Pers.	菊科	飞蓬属	千层塔、治疟草、野蒿	北美洲	1827
圆叶牵牛 *Pharbitis purpurea*（L.）Voisgt	旋花科	牵牛属	牵牛花、喇叭花、紫花牵牛	南美洲	1890

空心莲子草（*Alternanthera philoxeroides* Griseb.）原名：喜旱莲子草，别名：空心苋、水蕹菜、革命草、水花生，苋科、莲子草属多年生草本。茎基部匍匐，上部上升，管状，不明显 4 棱，具分枝，幼茎及叶腋有白色或锈色柔毛，茎老时无毛，仅在两侧纵沟内保留。叶片矩圆形、矩圆状倒卵形或倒卵状披针形，基部连合成杯状，退化雄蕊矩圆状条形，和雄蕊约等长，顶端裂成窄条。子房倒卵形，具短柄，背面侧扁，顶端圆形。花期 5—10 月，20 世纪 30 年代传入中国，是危害性极大的入侵物种，被列为中国首批外来入侵物种。其嫩茎叶可作蔬菜食用，春夏采其嫩茎叶、洗净、沸水烫，清水漂洗后切断，可凉拌、炒食，清脆可口。也可作牛、兔和猪饲料。

凤眼莲（*Eichhornia crassipes*）是一种原产于南美洲亚马逊河流域属于雨久花科、凤眼蓝属的一种漂浮性水生植物。亦被称为凤眼蓝、浮水莲花、水葫芦、布袋莲。凤眼莲曾一度被很多国家引进，广泛分布于世界各地，亦被列入世界百大外来入侵种之一。凤眼莲茎叶悬垂于水上，蘖枝匍匐于水面，花为多棱喇叭状，花色艳丽美观，叶色翠绿偏深，叶全缘，光滑有质感，须根发达，分蘖繁殖快，管理粗放，是美化环境、净化水质的良好植物。在生长适宜区，常由于过度繁殖，阻塞水道，影响交通。

加拿大一枝黄花（*Solidago canadensis* L.）是桔梗目菊科的植物，又名黄莺、麒麟草。多年生草本植物，有长根状茎。茎直立，高达 2.5 m。叶披针形或线状披针形，长 5～12 cm。头状花序很小，长 4～6 mm，在花序分枝上单面着生，多数弯曲的花序分枝与单面着生的头状花序，形成开展的圆锥状花序。总苞片线状披针形，长 3～4 mm。边缘舌状花很短。这种植物花形色泽亮丽，常用于插花中的配花。1935 年作为观赏植物引入中国，是外来生物。引种后逸生成杂草，并且是恶性杂草。主要生长在河滩、荒地、公路两旁、农田边、农村住宅四周，是多年生植物，根状茎发达，繁殖力极强，传播速度快，生长优势明显，生态适应性广阔，与周围植物争阳光、争肥料，直至其他植物死亡，从而对生物多样性构成严重威胁，可谓是黄花过处寸草不生，故被称为生态杀手、霸王花，列入《中国外来入侵物种名单》（第二批）。

小蓬草（*Conyza canadensis*（L.）Cronq.）菊科，一年生草本，常生长于旷野、荒地、田边、河谷、沟边和路旁。花果期 5—10 月。种子繁殖，以幼苗或种子越冬。原产于北美洲，现在

各地广泛分布。我国各地均有分布，是我国分布最广的入侵物种之一。

针对上述情况，应组织专门机构和人员，对入侵强势动植物进行调查，监测，防止这类生物进入溧阳，防止家养逃逸到外界。并对已侵入生物进行清理，逐出溧阳。主要关注的方面有森林害虫随工业原材料进入、外地引进观赏动植物向大自然的逃逸、宗教信仰者们的放生活动、鸟类迁徙时的带入、饲养动物的带入以及外地游客的带入和转基因植物的基因扩散等。

第五节　重点项目与行动计划

根据《江苏省生物多样性保护战略与行动计划（2013—2030 年）》，结合溧阳市生物多样性保护现状，规划提出溧阳市生物多样性重点区保护、次重点区保护、生态廊道建设、生态跳板建设、宕口复绿、已建公园保护功能完善、溧阳植物园建设、村镇生物多样性保护、城市生物多样性保护、生物多样性调查研究 10 大类重点项目计划及其行动方案，见表 6 - 15。

表 6 - 15　行动计划安排表

序号	项目类别	行动计划
1	重点区保护工程	2015—2020：明确保护范围、各片任务、组织与人员，明确资金来源 2021—2025：保护工作开始实施，区内严禁毁林开矿，禁止辟为茶园和人工林地，确定各片稀有生物物种、保护地范围和实行对口维护，对旅游设施建设严格限制，人口增长有效控制 2026—2030：主要物种得到有效保护，数量增加，天目湖可观察水鸟数量比现在多 40%，稀有种群健康发展，各种污染基本杜绝
2	次重点区保护工程	2015—2020：明确保护范围、各片任务、组织与人员，明确资金来源 2021—2025：宕口裸地积极复绿，建设乌饭树大种群林，旅游业和各种土地开发活动得到有效监督和指导，区内农业均转型为生态农业，毛竹等人工栽植强势植物与特有植物、原生植物的水土竞争关系得到调和。田埂、河岸、村落旁生态绿地空间得以明确，长势良好。农业与城镇污染明显降低，生态农业面积扩大 2026—2030：主要物种得到有效保护，数量增加，稀有种群健康发展，水土污染基本杜绝，全区水质普遍提高一个等级
3	生态廊道建设工程	2015—2020：生态廊道详细规划完成，并有相应人员组织负责，资金基本到位 2021—2025：重点区原先填埋的河道与湿地基本恢复，山地丘陵区生态廊道基本建成，平原区沿河沿路生态廊道积极建设 2026—2030：全区生态廊道建成，廊道生物多样性明显增加，生境碎片化趋势得以阻止

续表

序号	项目类别	行动计划
4	生态跳板建设工程	2015—2020:依靠现有公园的生态跳板功能建设 2021—2025:依靠村落生态林的生态跳板功能建设 2026—2030:每镇至少四处生态跳板建成,跳板内生物量丰富,跳板与廊道功能配合密切
5	宕口复绿工程	由遥感影像判读,本区现存153处采石与建筑遗留宕口,宕口裸露无植被,分布见附图16,大多分布于南山和曹山森林保护区,成为溧阳生物多样性保护区的伤口,应由易到难的逐个复绿 2015—2020:复绿完成30%的宕口 2021—2025:复绿完成60%的宕口 2026—2030:全部复绿
6	已建公园保护功能完善	目前已建的森林公园及湿地公园在生物保护目标、公园范围界定、周围环境协调管理、资金投入、人员组成、发展方向等方面还不是十分明确。需在全市生物多样性保护统一框架中,明确各公园的保护任务和建设要求,使这些公园成为溧阳生物多样性保护的保护基地、研究基地、宣传基地,提升就地保护水平 2015—2020:明确各公园的管理体制、建设目标、管理范围,相互协调机制及在溧阳生物多样性保护网络中的作用 2021—2025:各公园在溧阳生物多样性保护体系中的作用初步显现,其他待建公园积极筹建 2026—2030:建成功能、管理、研究健全的生物多样性保护基地,各公园在溧阳生物多样性保护网络中的中坚作用明显显现
7	溧阳植物园建设	在燕山公园附近依山建立溧阳植物园。分别种植展示溧阳的药用、有毒、稀有、特有、野菜、野果类、粮用类、茶用类、观赏类、藤本类,农药、水生类植物;建立资料库,放映溧阳生物多样性教科影视片,品尝野生食用植物,观赏花卉,出售盆栽植物,科普基地建设。积极寻找溧阳濒危动植物天目木兰、短穗竹、香果树、棘胸蛙、虎纹蛙,并移入植物园进行保护和扩种。通过接受捐助和门票收入,支持溧阳生物多样性保护 2015—2020:设计规划筹建阶段 2021—2025:试运行阶段 2026—2030:正式建成运行阶段
8	村镇生物多样性保护工程	2015—2020:村镇生活与生产污染物排放调查与治理措施确定 2021—2025:村镇污染物排放得到有效控制,村镇级生态林地与湿地建设 2026—2030:村镇生物多样性明显提高,农村农药化肥用量比现在减少1/3

续表

序号	项目类别	行动计划
9	城市生物多样性保护工程	2015—2020:本地绿化植物筛选与布局规划,明确城市污染减排目标 2021—2025:本地绿化植物大面积推广,城市污染减排效果显著,单位 GDP 的 CO_2 排放量比 2015 下降 30%。年雾霾日数比 2015 年减少 50% 2026—2030:本地植物为主的城市绿化体系建立。工业 CO_2 排放达到峰值,不再增长。全市基本消除雾霾现象,城市鸟类数量明显增加
10	溧阳生物多样性调查研究	2015—2020:濒危物种、特有物种分布调查研究,外来恶性生物数量、来源与分布调查,生物数据库建设。工业污染对生态系统影响的研究,生物多样性保护政策研究 2021—2025:濒危物种、特有物种复壮措施与技术研究,恶性种控制方法,基本消除农业生态激素排放 2026—2030:濒危物种、特有物种保护效益评价,外来恶性种入侵防治评价,有害生态系统的生产方式治理评价,以及生物多样性保护效果评价

第六节 保障措施

生物多样性保护是溧阳以生态文明理念重整山河的系统工程,需要科技、管理、社会、资金等方面的积极配合,完成这一工程的主要保障措施如下:

一、加强组织领导,明确部门职责

在《中国生物多样性保护战略与行动计划》和《江苏省生物多样性保护战略与行动计划》等文件精神的指导下,进行溧阳生物多样性保护是溧阳市人民政府的职责,是中央生态文明建设号召的重要内容。溧阳生物多样性保护工作涉及环保、农林、水利、旅游、科研、村镇管理等政府多个部门,需要将生物多样性保护工作进行分解,落实到各个相应部门共同完成这项系统工程。根据工作需要,设立溧阳市生物多样性保护委员会,综合协调该项工作。

二、明确资金来源,落实重点任务

生物多样性保护需一系列生态工程的配合、人员的参与、种植种类的调整甚至厂矿与居民点的搬迁等,都需一定的资金支持。各项资金需求待匡算后给出,资金来源可包括国家与省支持、市政府与镇政府支持以及市民与企业自愿捐助,以及某些生态项目营业收入的再投入。生物多样性是溧阳的优势,通过这个优势发展起来的生态旅游业将会有越来越多的产品,在获取收入后按一定比例反哺到生物多样性保护工作中。

三、加大基础研究，科学做好保护

生物多样性保护是以生态学、环境科学理论为基础的科技含量较高的工作，物种保护的主次、保护区范围与功能的确定，以及保护措施和保护成效监测内容的确定都需建立在生态学、环境科学、地理学、水文学等理论与研究基础之上，所以这方面的科研工作不可或缺。进一步开展全市生物物种资源本底调查和生物多样性评价工作，基本摸清全市各类珍稀物种资源的种类、数量和分布，科学做好保护。

四、注重宣传教育，营造保护氛围

强化信息公开和舆论引导，广泛开展生物多样性宣传和教育活动，充分调动企业、社会组织和公众参与生物多样性保护的热情和积极性。生物多样性保护需居民的理解和配合，还需广大外来游客的配合。这是一项持久工作，青少年的参与非常重要。这一切都需要通过积极的宣传工作，借助各种媒体和中小学教育，将生物多样性保护的目的、意义，和中央推进生态文明的举措以及溧阳生物多样性保护的具体内容等进行大力宣传，确保生物多样性保护工作顺利推进。倡导有利于生物多样性保护的绿色消费方式和餐饮文化。

参考文献

[1] 艾铁民. 中国药用植物志(第12卷)[M]. 北京:北京大学医学出版社,2013.

[2] 曹季贤. 常州古树名木小志[J]. 江苏绿化,1997(6):26-27.

[3] 陈叶,谭德龙,胡春林,等. 江苏昆虫资源(二):长翅目(昆虫纲)[J]. 江苏农业科学,2012,40(1):324-325.

[4] 陈阳,陈安平,方精云. 中国濒危鱼类、两栖爬行类和哺乳类的地理分布格局与优先保护区域——基于《中国濒危动物红皮书》的分析[J]. 生物多样性,2002(4):359-368.

[5] 陈家琦,王浩. 水资源学概论[M]. 北京:中国水利水电出版社,1996.

[6] 范玉龙,胡楠,丁圣彦,等. 陆地生态系统服务与生物多样性研究进展[J]. 生态学报,2016,36(15):4583-4593.

[7] 方精云. 也论我国东部植被带的划分[J]. 植物学报. 2001(5):522-533.

[8] 费宜玲. 江苏省鸟类物种多样性及地理分布格局研究[D]. 南京:南京林业大学,2011.

[9] 费梁,叶昌媛,黄永昭. 中国两栖动物检索[M]. 北京:科学技术文献出版社重庆分社,1990.

[10] 国家环境保护局,中国科学院植物研究所编. 中国珍稀濒危保护植物名录(第一册)[M]. 北京:科学出版社,1987.

[11] 何洁琳,黄卓,谢敏,等. 广西生物多样性优先保护区的气候变化风险评估[J]. 生态学杂志,2017,36(9):2581-2591.

[12] 侯碧清,沈建强,黄哲. 城市植物多样性保护规划理论与方法[M]. 长沙:国防科技大学出版社,2006.

[13] 郝日明，黄致远，刘兴剑，等. 中国珍稀濒危保护植物在江苏省的自然分布及其特点[J]. 生物多样性，2000(2)：153 - 162.

[14] 郝日明，钱俊秋，吴建忠. 运用恢复生态学原理规划建设天目湖植物园[J]. 中国园林，2003(9)：25 - 28.

[15] 贺善安. 中国珍稀植物[M]. 上海：上海科学技术出版社，1998.

[16] 洪必恭，金济民. 划分江苏植被带界线的新尝试[J]. 南京大学学报（自然科学版），1984(2)：314 - 320+420.

[17] 黄宝龙. 江苏森林[M]. 南京：江苏科学技术出版社，1998.

[18] 江苏植物所. 江苏植物志（上下册）[M]. 南京：江苏科学技术出版社，1982.

[19] 江苏省地方志编纂委员会. 江苏省志 10 生物志・动物篇[M]. 南京：凤凰出版社，2005.

[20] 季敏，李粉华，孙国俊，等. 江苏金坛茶树主要病虫种类的调查研究[J]. 江西农业学报，2012，24(2)：71 - 73+76.

[21] 刘慧明，高吉喜，张海燕，等. 2010—2015 年中国生物多样性保护优先区域人类干扰程度评估[J]. 地球信息科学学报，2017，19(11)：1456 - 1465.

[22] 鲁长虎. 江苏鸟类[M]. 北京：中国林业出版社，2015.

[23] 路亚北，万永红. 常州地区蝶类资源及区系组成[J]. 华东昆虫学报，2003(2)：7 - 12.

[24] 路亚北. 江苏常州地区农林甲虫调查初报[J]. 四川动物，2003(4)：218 - 221.

[25] 路亚北. 江苏常州宜溧低山丘陵地区天敌昆虫调查初报[J]. 四川动物，2004(2)：117 - 119.

[26] 李朝晖. 江苏省蝶类（Lepidoptera：Rhopalocera）种类记述及其区系研究[D]. 南京：南京师范大学，2002.

[27] 刘昌明，何希武. 中国 21 世纪水问题方略[M]. 北京：科学出版社，1998.

[28] 毛志滨，郝日明. 观果树种配植与城市鸟类生物多样性保护[J]. 江苏林业科技，2005(1)：11 - 13.

[29] 马世来，马晓峰，石文英. 中国兽类踪迹指南[M]. 北京：中国林业出版社. 2001.

[30] 倪勇，伍汉霖. 江苏鱼类志[M]. 北京：中国农业出版社，2006.

[31] 覃海宁，赵莉娜. 中国高等植物濒危状况评估[J]. 生物多样性，2017，25(7)：689 - 695.

[32] 钱正英，张光斗. 中国可持续发展水资源战略研究综合报告及各专题报告[M]. 北京：中国水利水电出版社，2001.

[33] 任全进，于金平，盛宁，等. 江苏珍稀濒危植物的调查与保护对策[J]. 中国野生植物资源，1997(4)：15.

[34] 宋永昌. 植被生态学[M]. 上海：华东师范大学出版社，2001.

[35] 孙勇，邓昶身，鲁长虎. 芦苇收割对太湖国家湿地公园冬季鸟类多样性和空间分布的影响[J]. 湿地科学，2014，12(6)：697 - 702.

[36] 谭剑波，李爱农，雷光斌，等. IUCN 生态系统红色名录研究进展[J]. 生物多样性，2017，25(5)：453 - 463.

[37] 唐晟凯，张彤晴，孔优佳，等. 滆湖鱼类学调查及渔获物分析[J]. 水生态学杂志，2009，30(6)：20 - 24.

[38] 王献溥，宋朝枢. 生物多样性就地保护[M]. 北京：中国林业出版社，2006.

[39] 王中生,邓懋彬,杨一鸣. 江苏宜兴维管植物区系分析[J]. 南京林业大学学报(自然科学版). 2001(5):40-44.

[40] 吴征镒. 中国自然地理一植物地理(上册)[M]. 北京:科学出版社,1983.

[41] 王天保,吴茂生. 谈溧阳市的古树名木及其保护[J]. 江苏绿化,2000(1):21-22.

[42] 王迪,吴军,窦寅,等. 江苏水产养殖鱼类外来物种调查及其生物入侵风险初探[J]. 江西农业学报,2008,20(11):99-102.

[43] 吴福权,倪勇,仲霞铭,等. 江苏鱼类三新记录[J]. 海洋渔业,2015,37(1):87-92.

[44] 汪松主,国家环境保护局,中华人民共和国濒危物种科学委员会. 中国濒危动物红皮书:兽类[M]. 北京:科学出版社. 1998.

[45] 王应祥. 中国哺乳动物种和亚种分类名录与分布大全[M]. 北京:中国林业出版社,2003.

[46] 王杨,赵言文. 江苏省野生动物资源现状及可持续发展战略与对策[J]. 江西农业学报,2008(1):98-100.

[47] 王玉玺,张淑云. 中国兽类分布名录(一)[J]. 野生动物,1993(2):12-17.

[48] 王玉玺,张淑云. 中国兽类分布名录(二)[J]. 野生动物,1993(3):6-11.

[49] 夏青,贺珍. 水环境综合整治规划[M]. 北京:海洋出版社,1989.

[50] 于莉. 江苏省陆栖濒危脊椎动物分布格局及优先保护区研究[D]. 南京:南京农业大学,2011.

[51] 于莉,田苗苗,李志艺,等. 江苏省陆栖濒危脊椎动物物种丰富度及分布格局[J]. 生态与农村环境学报,2011,27(4):32-39.

[52] 张立新,李升峰. 江苏宜兴森林自然保护区种子植物区系特点及植被性质[J]. 植物资源与环境,1998(4):2-8.

[53] 中国植被编委会. 中国植被[M]. 北京:科学出版社,1980.

[54] 邹寿昌. 江苏省两栖动物区系及地理区划[J]. 徐州师范学院学报(自然科学版),1995(1):49-54.

[55] 郑庆玮,乔传卓,蒋左庶. 上海地区的两栖类[J]. 动物学杂志,1966(1):23-24.

[56] 赵肯堂. 苏州地区两栖爬行动物多样性及其动态变化[J]. 四川动物,2000(3):140-142.

[57] 朱建楠,申威,胡春林. 江苏脉翅总目昆虫[J]. 金陵科技学院学报,2010,26(4):84-89.

[58] 张忠祥,钱易. 城市可持续发展与水污染防治对策[M]. 北京:中国建筑工业出版社,1998.

第七章　溧阳市重点流域水环境安全策略研究

水是生命之源，是人类生存和发展的基础。河流水环境状况是一个城市环境的生动写照，也是城市生态安全建设的重要内容。溧阳地处太湖上游区域，属太湖流域的主要支流——南溪水系，在宜溧山地和茅山山脉的包围下，溧阳成为南溪水系的主要集水区和太湖流域的主要产流区。溧阳地表水质的状况直接关系到太湖流域的水质安全。近年来，溧阳市委市政府认真贯彻落实国务院、省政府太湖流域水环境综合治理总体方案，采取积极有效措施推进各项工作，水环境综合整治初见成效。但也必须看到，制约流域水环境改善的因素依然复杂，经济新常态下的水环境风险不容忽视。本章从区域综合整治的角度，对全市水环境特别是重点达标断面进行全面系统的“源”分析与评估，按照小流域污染治理与生态恢复相统一等基本原则，提出相应的水质达标策略和工程方案，从水环境角度确保生态安全。要点包括以下三方面：

一、开展溧阳市全流域河流断面连续五年的监测数据调查分析。根据前期数据初步研究，2015 年对太湖流域重点达标考核断面新村里、塘东桥、山前桥等及其所在河流上溯一定距离内干支流交汇断面加密监测，结合 2011—2014 年河流例行监测成果，分析氨氮、总磷、高锰酸盐指数等主要指标时空变化规律，确定重点治理河段和首要污染物。

二、购置 2015 年高精度遥感影像和 DEM 数据，基于 1∶50 000 地形图对影像进行几何精纠正与图像增强处理，利用 GIS 软件划分小流域的专门模块，将溧阳数字高程模型(DEM)和 GIS 结合划分溧阳水系小流域，并通过实地调查、GIS 空间分析等国内先进技术手段进行重点达标断面小流域污染源解析。

三、在专题研究基础上，以重点断面达到地表水(GB3838—2002)Ⅲ类水质标准为主线，按照枯水期水量、水质目标选择合适的水质模型，计算水系主要污染物的限排总量及削减量；根据削减目标和污染源调查结果，采用系统分析方法和生态治理相结合的技术路线，坚持小流域重点治理与区域综合治理相结合的总体策略，按工程项目实施的紧迫程度，将整治区域划分为一级治理区(2016—2017 年)和二级治理区(2018—2020 年)，并按镇区逐项落实工业源、污水处理厂、生活源、农业面源等污染削减任务，力争到 2020 年重点流域出境断面水质稳定达标，从而对山地丘陵地区河流水质提升起到示范作用。

第一节 项目背景与研究意义

一、国内外研究概况

水是生命之源，是人类生存和发展的基础。世界四大文明古国都依傍大河而生。然而，随着人类科技的进步和生产力的快速发展，人类对于自然资源、水环境的过度开发和破坏日益严重，如莱茵河、泰晤士河、塞纳河等著名河流都曾遭受严重污染，导致人水关系失调，甚至造成河湖水系发黑发臭。

据专家预测，到2025年世界上无法获得安全饮用水的人数将增加到23亿。资料表明，伴随水资源危机而出现的“环境受害者”在1998年达到2 500万人，第一次超过“战争受害者”的人数。我国人均水资源量仅为2 300 m^3，属于世界13个贫水国家之一。同时由于经济高速发展，水资源需求量增加，而水污染却在日益加剧。

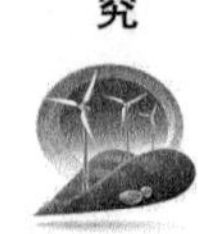

河流污染治理工作十分复杂，需要综合分析河流污染控制系统各组成要素之间的关系，综合考虑与水质有关的自然、经济、技术等方面的联系。上世纪60年代，随着系统工程方法和计算机技术的发展，人们提出了将两者结合用于解决水环境污染控制规划问题的系统分析技术，从而为实现经济效益、环境效益和社会效益等统一奠定了基础，为日后水污染控制工作的展开提供了新思路。

水污染控制规划在许多发达国家都得到了大力的发展和应用：美国在规划研究中，以环境立法规定环境目标，采用模型预测的方法，研究经济增长、人口变化等对环境带来的影响，预测环境质量的动态变化，继而从各种污染控制方案中筛选出最优方案；英国从20世纪60年代末开始对水资源进行规划，改善当地居民的生活质量，合理开发当地资源；20世纪70年代末，日本学者提出了基于水环境容量的总量控制概念，解决水环境容量小而污染物排放量大的地区的水污染问题。当前许多发达国家在治理河流污染过程中，对于一个区域水污染控制系统，通过研究水体自净能力、污水输送预处理规模、污水处理去除率这三者的相互制约关系，应用了费用最小的水质规划，取得了明显的成果。

“六五”以来，我国对河流污染治理的研究工作由单项治理发展到综合治理，由局部治理发展到区域治理，并且随着系统分析技术在水污染控制系统规划应用中的不断深入，河流污染控制规划也越来越趋于合理化，使得河流污染治理整体上达到了技术经济和环境效果的最优化。虽然我国水环境规划研究起步相对较晚，但是近年来，国内有关单位先后在长江、汉江、牡丹江、松花江、图门江、黄河兰州段、伊洛河洛阳段、淮河蚌埠段、浑河抚顺段、小清河、云南洱海、昆明滇池、江苏太湖、巢湖等地建立或应用水质数学模型，并取得了一大批成果，如《区域水环境规划方法研究》《太湖水系水质保护研究》《苏州河污染综合防治规划研究》和《秦淮河水环境质量现状评价及对策》等。这些研究是从流域或地区社会、经济、环境大系统的实际情况出发，以应用研究为主，研究坚持治理污染源和河流综合整治并重的原则，采用系统分析方法和生态观念相结合的技术路线，应用物理、化学、生物学及系统工程学科的理论和方法，建立具有模拟计算功能的水力模型和水质模型，合理确定环境目标，提出适合国情的水环境保护措施，以求建立流域或区域新的稳定生态系统，为综合整治提供了科学依据。

二、研究意义

溧阳地处太湖流域上游，属于湖西南溪水系南河分区。南河分区源出苏浙皖交接的界岭，汇溧阳、金坛以及宜兴的铜官、横山、茗岭诸山之水，由宜兴大浦港及附近诸港渎进入太湖。该分区在溧阳境内有南河、中河、北河三条横贯东西的骨干河道；丹金溧漕河为过境来水，由金坛入境，自北向南流经溧阳城区后汇入宜兴境内。

溧阳市经济发展程度较高，工业化、城镇化进程不断加快，水资源开发利用程度逐步加深，水环境压力与日俱增。同时，溧阳位于太湖流域上游地区，境内水系发达，其水环境质量对太湖水质的改善有着至关重要的作用。近年来，溧阳市加大了区域水环境综合整治的力度，全市部分河流的水质虽有所改善，但未从根本上得到好转。具体表现在：结构性污染依然存在；城镇污水处理厂及配套管网建设尚不完善，生活污水所造成的水污染问题没有得到彻底解决；上游来水特别是殷桥、落蓬湾断面水质较差。水资源环境形势依然严峻，对整个区域的水域生态恢复和重建构成极大威胁，急需开展水环境综合整治措施研究，以遏制流域水环境质量恶化趋势，确保出境断面水质达标。

本研究按照国务院《太湖流域水环境综合治理总体方案》和《江苏省太湖水污染治理工作方案》的要求，结合溧阳主要出境断面水质现状，通过区域污染调查和模型估算，为根本改善区域水环境质量提供综合方案，不仅为政府管理部门对重点流域水环境管理提供技术依据，而且对加快溧阳生态文明城市建设，确保太湖流域水环境安全具有现实意义，是对山地丘陵地区河流水质提升的重要示范。

三、研究内容及范围

（一）研究内容

1. 研究区域概况调查

调查并分析溧阳市域的自然环境、社会经济、生态环境等基本情况。调查区域人口、土地利用、功能区划、基础设施建设等内容，分析区域存在的环境问题及其对水环境变化的影响；重点调查涉及主要污染源的镇（区）情况。

2. 重点流域水质变化调查与分析

对重点流域考核断面及所在河流上溯一定范围内干支流交汇断面的水质进行例行监测资料分析和现场加密监测，分析氨氮、总磷、高锰酸盐指数等主要考核指标时空变化规律，确定重点治理河段和首要污染物。

3. 重点流域污染源解析

结合重点治理流域及河段，根据水系连通情况和水质时空变化规律，运用遥感影像、走访调查、实地踏勘等方式，对小流域工业、农业、城镇生活、污水处理厂等污染源排放情况和排污口进行排查，合理估算入河污染负荷。

4. 重点流域水环境容量与削减目标分析

选择合适的水质模型，计算重点水系主要污染物的水环境容量，并结合污染源调查估算结果，确定区域污染物削减量。

5. 治理策略研究

根据削减目标和污染源调查结果，结合污染物对河流影响的分析，将重点治理流域分为一级、二级治理区，并从沿河分散工业源、城镇生活面源、污水处理厂提标升级、工业集中区专项整治、河道整治、水生态修复等方面，提出水环境综合治理策略，并按三个出境断面所在小流域列出重点治理策略工程，并进行可达性分析。

(二) 研究范围

根据研究内容、考核断面及所在河流上溯一定范围内干支流等水系情况，研究范围主要包括溧城、别桥、埭头、上黄、竹箦、戴埠、天目湖、南渡 8 个乡镇的部分区域(见图 7-1 和表 7-1)，

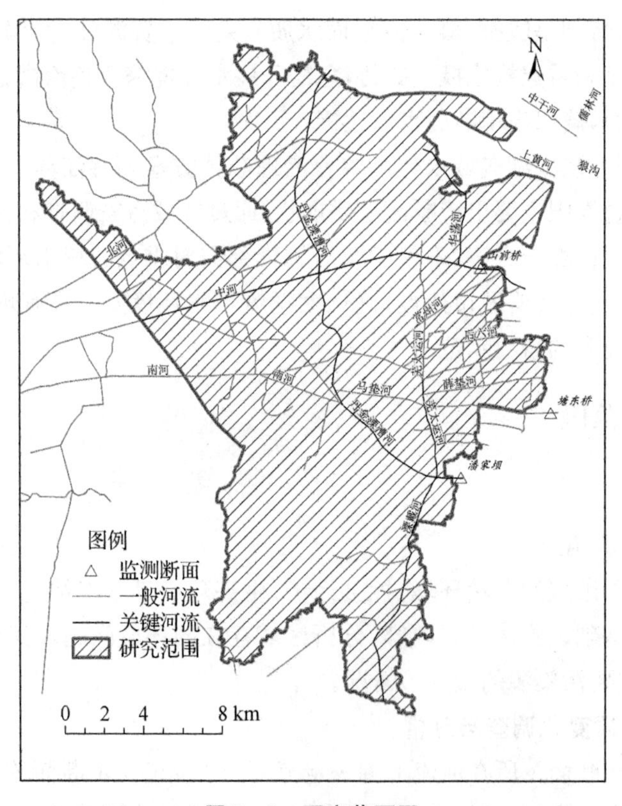

图 7-1 研究范围图

表 7-1 重点流域面积统计

序号	乡镇	重点流域面积(km^2)
1	溧城	138.66
2	别桥	66.27
3	埭头	45.27
4	天目湖	38.24
5	上黄	36.76
6	竹箦	27.67
7	戴埠	22.02
8	南渡	1.47
	合计	376.36

总面积 376.36 km^2；涉及常州河、丹金溧漕河、南河、竹箦河、芜太运河、中河、赵村河、马垫河(邮芳河)、溧戴河等河流汇水区域，包括水质监测断面 14 个(见附图 17)，加密监测水质断面 20 个。考核指标为高锰酸盐指数(COD_{Mn})、氨氮(NH_3-N)和总磷(TP)，其水质达标目标浓度分别为 6.0 mg/L、1.0 mg/L 和 0.2 mg/L。根据山前桥、塘东桥、新村里断面周边及其直接关联区域的水系联通情况、地面高程等信息，划分为若干小流域。

第二节 资料来源与研究方法

一、资料来源

(一) 2011—2014 年溧阳市河道例行监测数据

包括丹金溧漕河、竹箦河、中河、南河、芜太运河、梅渚河、胥河及常州河 8 条河流以及 6 个出入境断面(三进：别桥、殷桥、落蓬湾；三出：新村里、塘东桥、山前桥)共 14 个断面(见附图 17)逐月监测数据，覆盖地表水质常规指标。主要用于三个考核出境断面和流域的历史水质变化趋势分析。

(二) 加密断面水样采集与水质分析

为全面掌握重点流域河道水质间的相互关系，并为本研究提供第一手资料，弥补常规监测的不足，课题组经讨论，设立了 20 个加密水质监测点。监测时间 2015 年 6 月—2015 年 9 月，监测频率每月两次，结果取平均得出月均值，监测分析项目为高锰酸盐指数(COD_{Mn})、氨氮(NH_3-N)和总磷(TP)。

(三) 水文、气象资料

为丰富课题研究的数据库，通过市水利、农林、气象等部门调研，获取 2012 年 1 月—2015 年 3 月的逐月河流水文数据、2014 年 1 月—2015 年 5 月的逐日气象观测数据，以及近

30 年溧阳市气候资料。包括主要河流流量、河道参数、气温、降水等与水质波动相关的重要信息，主要用于水质变化的辅助分析和水环境容量计算。

（四）污染源资料

为客观分析重点流域的工业、农业、生活、污水处理厂等污染源产生与排放情况，课题通过实地考察、相关镇和政府部门调研、重点企业访谈，结合近三年环统数据，收集整理了污染源估算的基础参数，参照江苏省环科院《太湖流域主要入湖河流水环境综合整治规划编制技术规范》进行入河量计算。

（五）土地利用资料

利用 2014 年高分辨率卫星遥感影像和 DEM 数据，对研究区域进行小流域划分和土地利用状况分类，主要分成农田、水域、城镇建设、林地等，尝试从土地利用类型变化的角度，探寻影响水质变化的主导区域因素。

（六）社会经济数据

通过查阅统计年鉴、相关规划报告和整治方案，收集整理近五年来的相关数据。本研究的技术路线见图 7－2。

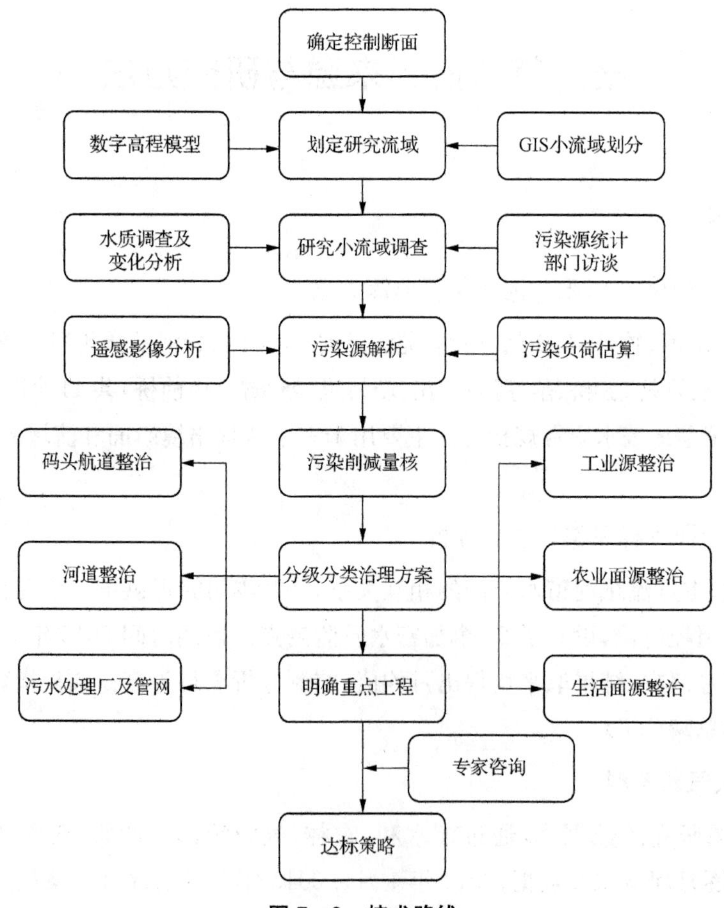

图 7－2　技术路线

二、研究方法

（一）水质评价方法——指数法

运用指数法，将实测值与质量标准值进行对比，计算超（达）标情况，分月度、季度和年度变化三种尺度，在 Excel 中初步曲线分析的基础上，在地理信息系统软件中生成直观的评价图，进一步揭示水质的时空变化规律。计算公式为：

$$P=C_i/S_i$$

其中 P 为水质污染指数，无量纲；C_i 为污水实测浓度；S_i 为评价标准，单位均为 mg/L。

（二）水环境容量计算方法

水环境容量是在水资源利用水域内，在给定的水质目标、设计流量和水质条件的情况下，水体所能容纳污染物的最大数量。

按照污染物降解机理，水环境容量 W 可划分为稀释容量 $W_{稀释}$ 和自净容量 $W_{自净}$ 两部分，即：$W=W_{稀释}+W_{自净}$。

稀释容量是指在给定水域的来水污染物浓度低于出水水质目标时，依靠稀释作用达到水质目标所能承纳的污染物量。

自净容量是指由于沉降、生化、吸附等物理、化学和生物作用，给定水域达到水质目标所能自净的污染物量。河段污染物混合概化如图 7－3 所示。

根据水环境容量定义，可以给出该河段水环境容量计算公式

$$W_{i稀释}=Q_i(C_{si}-C_{oi})$$

$$W_{i自净}=K_i\cdot V_i\cdot C_{si}$$

即：

$$W_i=Q_i(C_{si}-C_{oi})+K_i\cdot V_i\cdot C_{si}$$

考虑量纲时，上式整理成

$$W_i=86.4Q_i(C_{si}-C_{0i})+0.001K_i\cdot V_i\cdot C_{si}$$

其中，当上方河段水质目标要求低于本河段时，$C_{oi}=C_{si}$；当上方河段水质目标要求高于或等于本河段时，$C_{oi}=C_{oi}$

式中：

W_i——第 i 河段水环境容量（kg/d）；

Q_i——第 i 河段设计流量（m^3/s）；

V_i——第 i 河段设计水体体积（m^3）；

K_i——第 i 河段污染物降解系数（d^{-1}）；

C_{si}——第 i 河段所在水功能区水质目标值（mg/L）；

C_{oi}——第 i 河段上方河段所在水功能区水质背景值（mg/L），取上游来水浓度。

若所研究水功能区被划分为 n 个河段，则该水功能区的水环境容量是 n 个河段水环境容量的叠加，即：

$$W = \sum_{i=1}^{n} W_i$$

$$W = 31.536\sum_{i=1}^{n} Q_i(C_{si} - C_{oi}) + 0.000\,365\sum_{i=1}^{n} K_i \cdot V_i \cdot C_{si}$$

式中：W——功能区水环境容量(t/a)，其他符号意义、量纲同上。

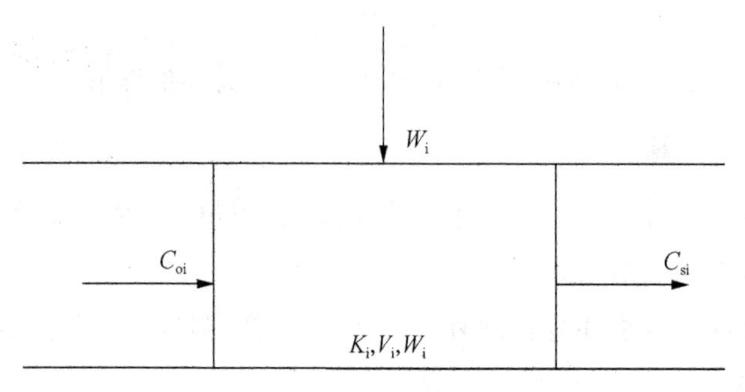

图 7-3　完全混合型河段概化图

(三) 小流域划分方法

为明确影响出境断面水质的流域范围，便于现场调研和污染原因分析，同时为断面水质达标工程和管理措施实施提供具体范围，对山前桥断面、新村里断面和塘东桥断面水质造成影响的河流水系进行流域划分，形成山前桥、新村里和塘东桥小流域。

利用 GIS 软件划分小流域的专门模块，将溧阳数字高程模型(DEM)和 GIS 结合划分溧阳水系小流域，并通过实地调查、GIS 空间分析等国内先进技术手段进行重点达标断面小流域污染源解析、完成土地利用分类并合理估算入河污染负荷。划分依据见表 7-2。

表 7-2　小流域划分指标

划分指标	指标作用
地面高程 (集水区/子流域)	反映区域地形状况，影响降水分配、地表径流及其空间分布，综合反映了降水和气温等多种要素对水资源的影响特征，体现地势等宏观尺度要素对流域水质空间差异的影响
主导水系分布	体现实际河流分布
主导水系流向	体现实际河流走向
行政区划	反映考核和管理界限
断面分布	反映流域划分“出界”控制点

第三节　研究区域水系及流域概况

一、流域概况

溧阳地处太湖西部，属太湖流域的主要支流——南溪水系，在宜溧山地和茅山山脉的包围下，溧阳成为南溪水系的主要集水区和太湖流域主要产流区(图 7－4)。

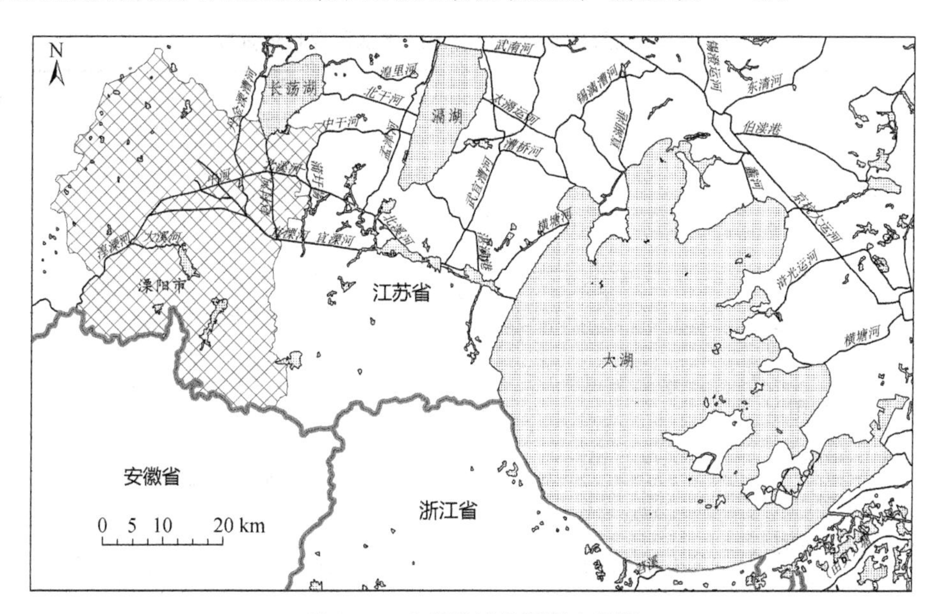

图 7－4　太湖流域及溧阳水系图

地表径流与生活在地表的人类交互密切，人类许多不当的生产与生活行为会造成地表径流的污染。溧阳地表径流的水质直接影响到太湖的水质，溧阳地区的水质保护和水污染治理成为太湖水质安全的关键区域之一。

二、河流

溧阳市位于太湖流域上游湖西区，山丘区库塘密布，平圩区河网织连。溧阳全流域汇全市山丘之水和高淳、金坛部分客水，汇集到丹金溧漕河、中河与南河流向宜兴并汇入太湖，主要河流为南河、中河、北河和丹金溧漕河。地表水资源主要来自降水径流，多年平均地表水资源量为 4.34 亿 m^3，年际变化与降水量相似，变化较大，枯水年地表水资源量仅为常年的 15%左右。地表水资源一部分储存在境内河湖库塘中，一部分流出境外。

全市汇水边界相对封闭，降雨径流主要汇入境内干河和水库塘坝中，部分滞留在湖荡中。其中，北部降雨径流主要汇入永和水库、吕庄水库、塘马水库，经由这些水库调节，并经竹箦河、拖板桥河、后周河等河道，最终流入南河、中河等干河中。西部降雨径流经上沛河、上兴河等支流，最终流入南河、中河等干河中。南部降雨径流经平桥河、菖蒲浪河、中田舍河，汇入平桥水库、沙河水库、大溪水库中，并经这些水库调节，最终流入朱淤河、中河、宜溧漕河等骨干河道中。东部降雨径流主要汇入中河、丹金溧漕河、芜太运河中。东北部另有赵村河与长荡湖相通。

近年来，溧阳市湖库河塘总体水质略有好转，但水体污染覆盖面仍较大。总体表现为：水库好于湖泊，河道水质较差，水体污染主要表现为有机污染和湖泊富营养化。溧阳市地表水功能区及水质现状见表 7-3。

表 7-3　溧阳市地表水功能区及其水质现状一览表

序号	水功能区名称	起始—终止位置	长度(km)面积(km^2)	功能排序	水质控制断面	现状水质
1	大溪水库及其上游常州保护区	水库坝上	7.59	饮用水源、渔业用水、农业用水	库上游、库中、坝上	Ⅲ
2	沙河水库及其上游常州保护区	水库坝上	7.34	饮用水源、渔业用水、农业用水	库上游、库中、坝上	Ⅲ
3	竹箦河上游保留区	源头—北河	7.5	工业用水、农业用水	余桥北	劣Ⅴ
4	梅渚河溧阳保留区	源头—南河(南溪河)	11	农业用水	殷桥、河心、新桥	劣Ⅴ
5	拖板桥河溧阳保留区	源头—竹箦河	8	农业用水	王家村公路桥	Ⅳ
6	胥河溧阳保留区	郎溧界—河口	11	农业用水	下坝	Ⅳ
7	上兴河溧阳保留区	源头—北河	6.5	工业用水	上兴桥	Ⅴ
8	上沛河溧阳保留区	源头—三岔河	7	工业用水、农业用水	上沛镇、上刑镇、三岔口	劣Ⅴ
9	丹金溧漕河溧阳渔业、农业用水区	别桥—南河	14.4	工业用水、农业用水	凤凰东桥	Ⅴ
10	上沛河溧阳工业、农业用水区	三岔口—南河	4.4	工业用水、农业用水		Ⅴ
11	西溪河溧阳渔业、农业用水区	中干河—南河	7.3	渔业用水、农业用水		劣Ⅴ
12	北河溧阳工业、农业用水区	东塘桥—绸缪桥	15.4	工业用水、农业用水	施家桥	劣Ⅴ

续表

序号	水功能区名称	起始—终止位置	长度(km)面积(km^2)	功能排序	水质控制断面	现状水质
13	北河溧阳别桥过渡区	绸缪桥—入湖口	12.1	工业用水、农业用水	北河桥	劣Ⅴ
14	中河溧阳农业、渔业用水区	上沛河—溧宜界	29.2	工业用水、农业用水、渔业用水	公路桥、道人渡、金家村、南渡中河桥、中河大桥	Ⅴ
15	南河溧阳工业、农业用水区	河口—团结桥	28.3	农业用水、工业用水	河口、水文站、濑江桥、团结桥	劣Ⅴ
16	南河溧城镇景观娱乐、工业用水区	团结桥—溧宜界	6	工业用水、农业用水、景观娱乐	葛诸桥	劣Ⅴ
17	塘马水库溧阳饮用水水源、渔业用水区	塘马水库	1.2	饮用水源、渔业用水	库中心、坝前	Ⅲ～Ⅳ
18	吕庄水库溧阳饮用水水源、渔业用水区	吕庄水库	0.7	饮用水源、渔业用水		Ⅲ～Ⅳ
19	前宋水库溧阳饮用水水源、渔业用水区	前宋水库	1.51	饮用水源、渔业用水	坝前、库中心	Ⅲ～Ⅳ～Ⅴ
20	赵村河溧阳工业、农业用水区	洮湖—南河	10.8	工业用水、农业用水	埭头桥	Ⅴ
21	北环河溧阳景观娱乐、工业用水区	城北—赵村河	10	景观娱乐、工业用水		Ⅴ
22	周城河溧阳工业、农业用水区	前宋水库—朱淤河	13	工业用水、农业用水		Ⅴ
23	朱淤河溧阳工业、农业用水区	大溪水库—南河	9.7	工业用水、农业用水		Ⅴ

续表

序号	水功能区名称	起始—终止位置	长度(km)面积(km²)	功能排序	水质控制断面	现状水质
24	大溪河溧阳工业、农业用水区	朱淤河—南河	7	农业用水、工业用水		Ⅴ
25	溧戴河溧阳工业、农业用水区	戴埠镇—南河	12.8	农业用水、工业用水		Ⅴ
26	平桥河溧阳饮用水水源、渔业用水区	石坝—沙河水库	5.5	饮用水源、渔业用水		Ⅱ
27	后周河溧阳工业、农业用水区	塘马水库—北河	7.4	工业用水、农业用水		劣Ⅴ
28	竹箦河溧阳工业、农业用水区	北河—南河	12.5	工业用水、农业用水	泓口桥	Ⅴ
29	溧阳护城河景观娱乐、工业用水区	南河—南河	3	景观娱乐、工业用水		劣Ⅴ
30	洮湖常州饮用水水源、渔业用水区	北湖头	96.7	饮用水源、渔业用水	黄家墩、北湖头、大培山	Ⅳ

① 资料来源:《溧阳市市域污水工程规划(修编)(2015—2030)》

② 序号1、2、17—19、30为面积单位km²,其余为长度单位km。

三、 水库

溧阳市地表水源地包括湖库塘坝水源和河网水源。根据溧阳市水功能区划饮用水地表水水源地主要分布在溧阳市西部和南部山丘区,主要有沙河水库和大溪水库(江苏省功能区划中亦是水源地且获得江苏省人民政府批复的县级饮用水源),前宋水库、塘马水库、吕庄水库、平桥石坝水库、洮湖(溧阳市水功能区划水源),竹林水库、鸡龙坝水库、团结水库(溧阳市水资源综合规划),共10处,其中2处为保护区,分别是沙河水库及其上游常州保护区、大溪水库及其上游常州保护区;5处为开发利用区中的饮用水源区,分别是前宋水库溧阳饮用水水源/渔业用水区、塘马水库溧阳饮用水水源/渔业用水区、吕庄水库溧阳饮用水水源/渔业用水区、平桥河溧阳饮用水水源/渔业用水区、洮湖常州饮用水水源/渔业用水区；还有5处为小型水库，尚未进行水（环境）功能区划。溧阳市地表水主要饮用水水源地及其水质状况见附图18和表7-4。

表7-4 溧阳市主要地表水饮用水水源地一览表

序号	水源地名称	水功能区名称	现状水质	供应水厂
1	沙河水库	沙河水库及其上游常州保护区	Ⅱ～Ⅲ类	燕山水厂
2	大溪水库	大溪水库及其上游常州保护区	Ⅱ～Ⅲ类	清溪水厂、社渚自来水厂和南渡自来水有限公司
3	塘马水库	塘马水库溧阳饮用水水源、渔业用水区	Ⅲ～Ⅳ类	万顺自来水有限公司
4	吕庄水库	吕庄水库溧阳饮用水水源、渔业用水区	Ⅲ～Ⅳ类	吕氏自来水厂
5	前宋水库	前宋水库溧阳饮用水水源、渔业用水区	Ⅲ～Ⅳ类	社渚自来水厂
6	长荡湖	长荡湖常州饮用水水源、渔业用水区	Ⅳ～Ⅴ类	
7	竹林水库	竹林水库溧阳饮用水水源、渔业用水区	/	竹林自来水厂
8	鸡龙坝水库	鸡龙坝水库溧阳饮用水水源、渔业用水区	/	鸡龙坝自来水厂
9	团结水库	团结水库溧阳饮用水水源、渔业用水区	/	团结自来水厂
10	平桥石坝水库	平桥河库溧阳饮用水水源、渔业用水区	/	平桥自来水厂

资料来源：《溧阳市市域污水工程规划（修编）（2015—2030）》

第四节　水质变化调查与分析

溧阳地处亚热带季风气候，年降水量达1 149.7 mm，雨量充沛。溧阳中部平原洼地，海拔仅数米，易积水且流速缓慢，因此河网密布，湖荡众多，在长期农业耕作中又开掘了密集的人工沟渠、河网。溧阳市与周边其他行政区水系联系复杂，在众多河渠中，丹金溧漕河、中河、芜太运河等河面宽、流量大的数条河流承担着溧阳出入境水量输送任务。为监测出入境断面的水质状况，保障太湖流域水质安全，根据考核要求，溧阳设置了三进三出6个重点水质监测断面，并在区域内部主要河流上设置了8个例行监测断面，以反映区域内地表水质变化。本书根据研究需要，在主要依据环保监测资料的基础上，还综合考虑了水文监测情况，同时增加支流河段的现场监测。

河流断面的水质采样时间为2011年1月至2015年9月，重点断面每月采样一次，其他断面两月采样一次。分析项目为氨氮、高锰酸盐指数、总磷三项。按国家地表水Ⅲ类水标准（GB3838—2002）评价，标准值见表7-5和附图19～21。

表 7-5　重点流域考核指标及标准

考核指标	氨　氮	高锰酸盐指数	总　磷
水质标准(mg/L)	1.0	6.0	0.2

一、出境断面水质分析

(一) 山前桥断面水质调查与分析

山前桥断面是溧阳市和下游宜兴市的区域补偿断面,位于中河的下游。山前桥断面2011年1月至2015年9月水质变化情况见图7-5。

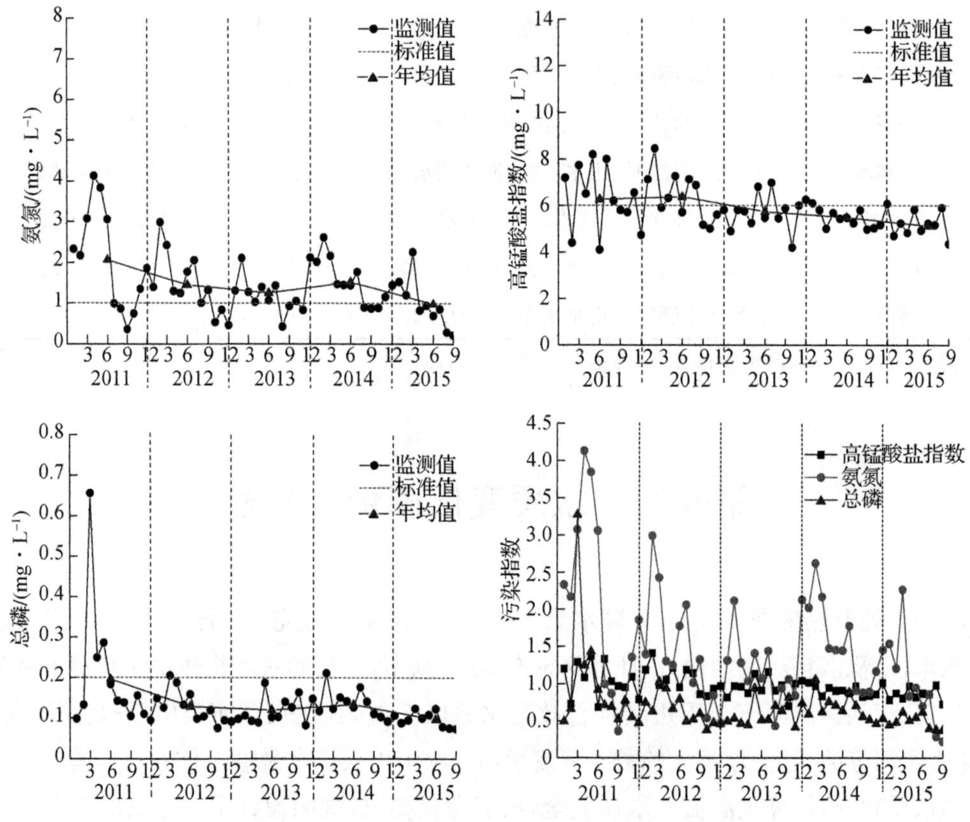

图 7-5　2011 年 1 月—2015 年 9 月山前桥断面水质变化图

1. 年际变化

氨氮:除2014年略有上升外,浓度值呈下降趋势;2011—2015年氨氮的年均值分别为2.064、1.447、1.254、1.520、0.984 mg/L;近五年达标率分别为33.3%、25.0%、25.0%、25.0%、66.7%。达标率较低,氨氮污染较严重。

高锰酸盐指数:浓度逐年下降,2011—2015年高锰酸盐指数的年均值分别为6.3、6.4、5.7、5.5、5.1 mg/L;近五年达标率分别为41.7%、50.0%、75.0%、83.3%、100%,达标率逐

步提升。

总磷:浓度整体呈下降趋势,但 2014 年略有上升;2011—2015 总磷的年均值分别为 0.196、0.129、0.120、0.134、0.097 mg/L;近五年达标率分别为 75.0%、91.7%、100%、91.7%、100%。

2. 年内变化

高锰酸盐指数、氨氮从 12 月至次年 3 月的浓度较高,均处于枯水期内;9 月份浓度较低,处于丰水期内;总磷除了 2011 年 3—5 月超标严重外,基本在考核标准 0.2 mg/L 以下波动。

近五年监测结果表明,山前桥断面的首要污染因子为氨氮,最大超标倍数为 4,出现在 2011 年 3 月。

(二) 塘东桥断面水质调查与分析

塘东桥断面是溧阳市和下游宜兴的区域补偿断面,位于马垫河(邮芳河)的下游。塘东桥断面 2011 年 1 月至 2015 年 9 月水质变化情况见图 7-6。

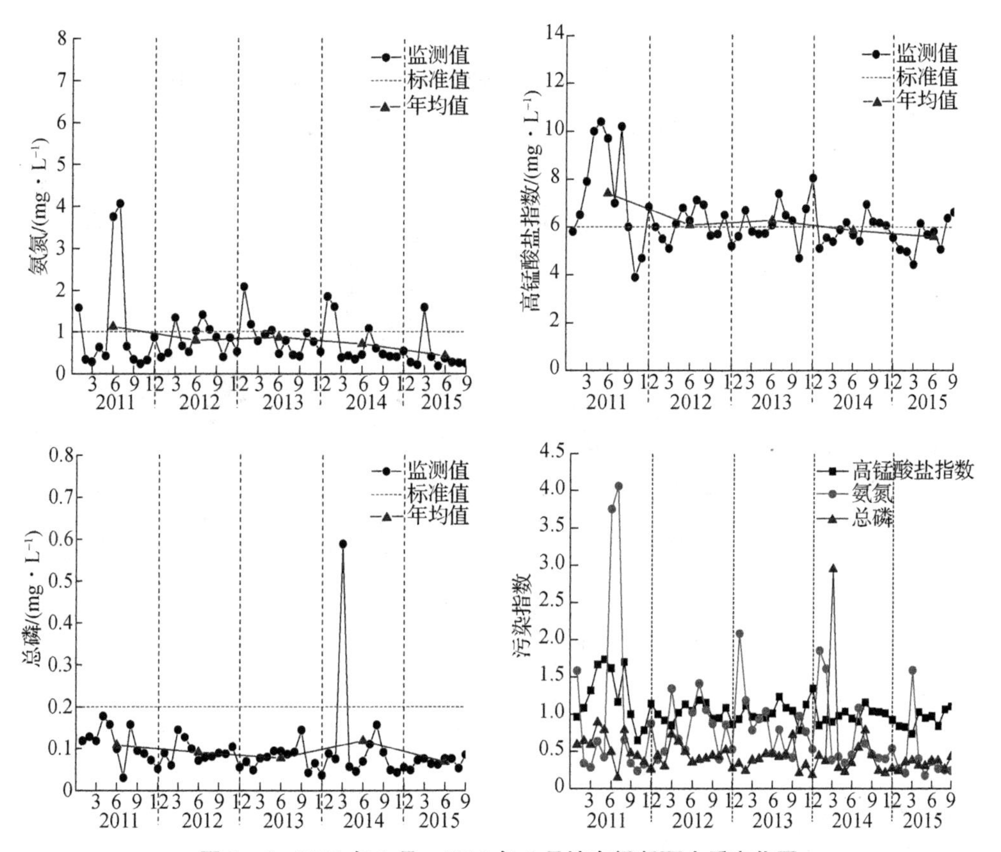

图 7-6　2011 年 1 月—2015 年 9 月塘东桥断面水质变化图

1. 年际变化

氨氮:浓度值整体下降,2013 年略有上升;2011—2015 年氨氮的年均值分别为 1.124、0.796、0.867、0.713、0.419 mg/L;近五年达标率分别为 75.0%、66.7%、75.0%、75.0%、88.9%。

高锰酸盐指数：除 2013 年略有上升外，浓度值整体呈下降趋势；2011—2015 年的年均值分别为 7.4、6.1、6.3、5.8、5.6 mg/L；近五年的达标率分别为33.3%、50.0%、41.7%、58.3%、66.7%。

总磷：基本达到太湖流域水质考核要求，但 2014 年 3 月总磷超标严重；2011—2015 年总磷的年均值分别为 0.108、0.091、0.077、0.119、0.068 mg/L；近五年达标率分别为 100%、100%、100%、91.7%、100%。

2. 年内变化

高锰酸盐指数、氨氮 7—8 月浓度较高，处于丰水期内，需进一步核查污染源排放情况；总磷除了 2014 年 3 月超标严重外，均在考核标准 0.2 mg/L 以下波动。

近五年水质监测结果表明，塘东桥断面的主要水质污染因子为氨氮和高锰酸盐指数，氨氮的最大超标倍数为 4，出现在 2011 年 7 月，高锰酸盐指数的最大超标倍数为 2，出现在 2013 年 1 月。

（三）新村里断面水质调查与分析

新村里断面是溧阳市和下游宜兴市的区域补偿断面，位于丹金溧漕河的下游，代表了丹金溧漕河出境前水质。新村里断面 2011 年 1 月至 2015 年 9 月水质变化情况见图 7－7。

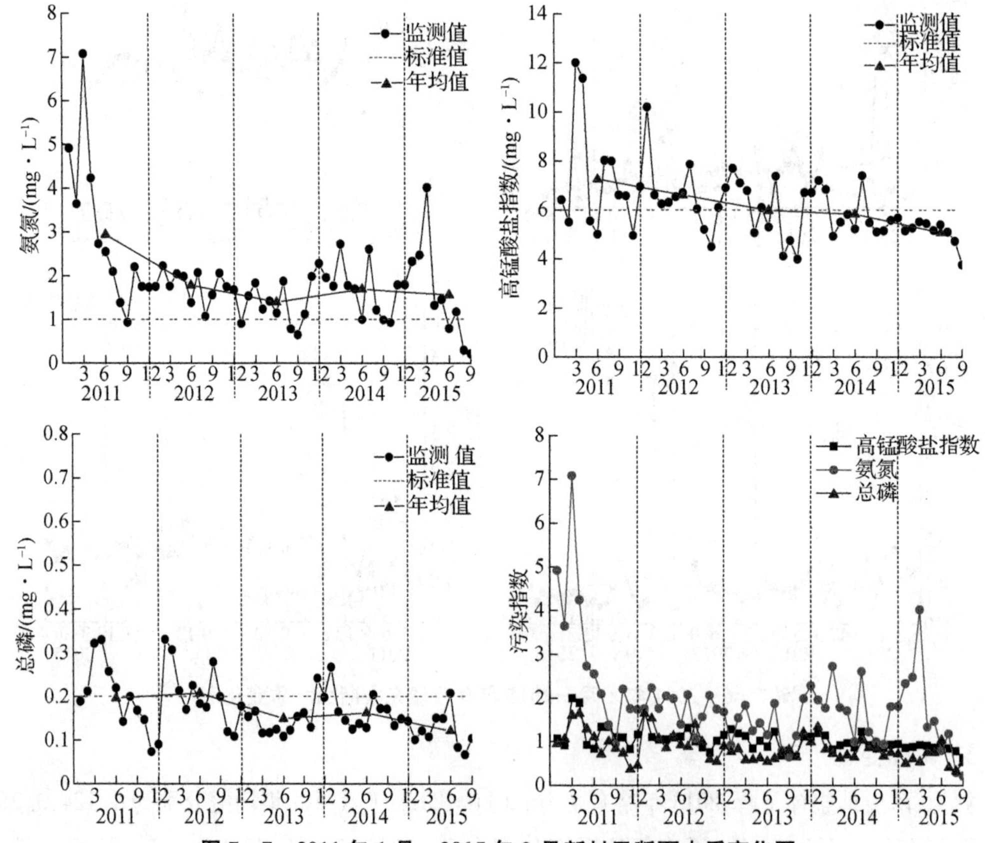

图 7－7　2011 年 1 月—2015 年 9 月新村里断面水质变化图

1. 年际变化

氨氮:2011—2013 年浓度值逐年下降,但 2014—2015 年略有回升;2011—2015 年氨氮年均值分别为 2.938、1.781、1.400、1.691、1.565 mg/L;近五年的达标率分别为 8.3%、0%、25.0%、25.0%、33.3%。

高锰酸盐指数:浓度值逐年下降,2011—2015 年的年均值分别为 7.2、6.6、6.07、5.8、5.1 mg/L;近五年的达标率分别为 33.3%、16.7%、41.7%、75.0%、100%。

总磷:浓度值整体呈下降趋势,略有波动;2011—2015 年总磷的年均值分别为 0.196、0.207、0.150、0.162、0.121 mg/L,达标率分别为58.3%、58.3%、91.7%、83.3%、88.9%。

2. 年内变化

从年内变化看,高锰酸盐指数、氨氮、总磷 2—3 月浓度较高,处于枯水期内;9—10 月浓度较低,处于平水期内。

近五年水质监测结果表明,新村里断面的首要污染因子为氨氮,最大超标倍数为 7 倍,出现在 2011 年 3 月。

(四) 三断面水质比较分析

1. 氨氮

水质监测数据表明,三个出境断面氨氮超标现象较普遍。其中,新村里四年来各季度氨氮普遍超标;塘东桥基本合格,偶有超标;山前桥水质波动较大,少数时段合格,多数时段略有超标,见图 7-8。

2. 高锰酸盐指数

三断面该数值波动均不大,比较稳定,指数均在标准值上下略微变化,且以山前桥指数较低,其他两断面经常超标,见图 7-9。

3. 总磷

总磷指标随时间存在一定波动,一般以冬、春季稍高,略有超标,夏、秋季较少超标。三个断面以塘东桥总磷值较低,16 个季度中只有 2014 年第 1 季度超标。其他两个断面近两年基本不超标,且以山前桥情况更好些,新村里随季节变化总磷在标准值附近波动,见图 7-10。三个断面近五年来的达标情况见图 7-11。

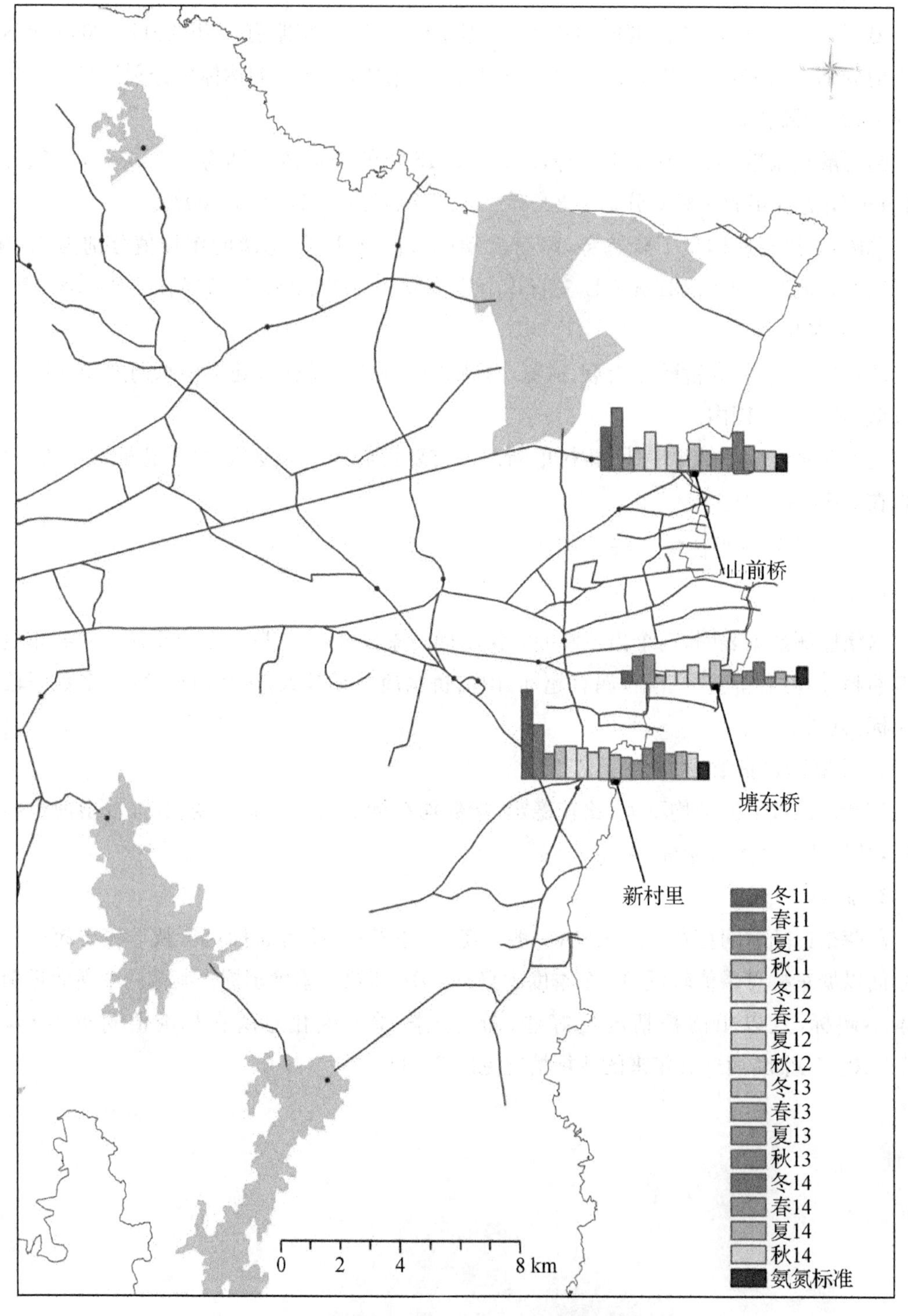

图 7－8　三考核断面 2011—2014 年各季度氨氮变化

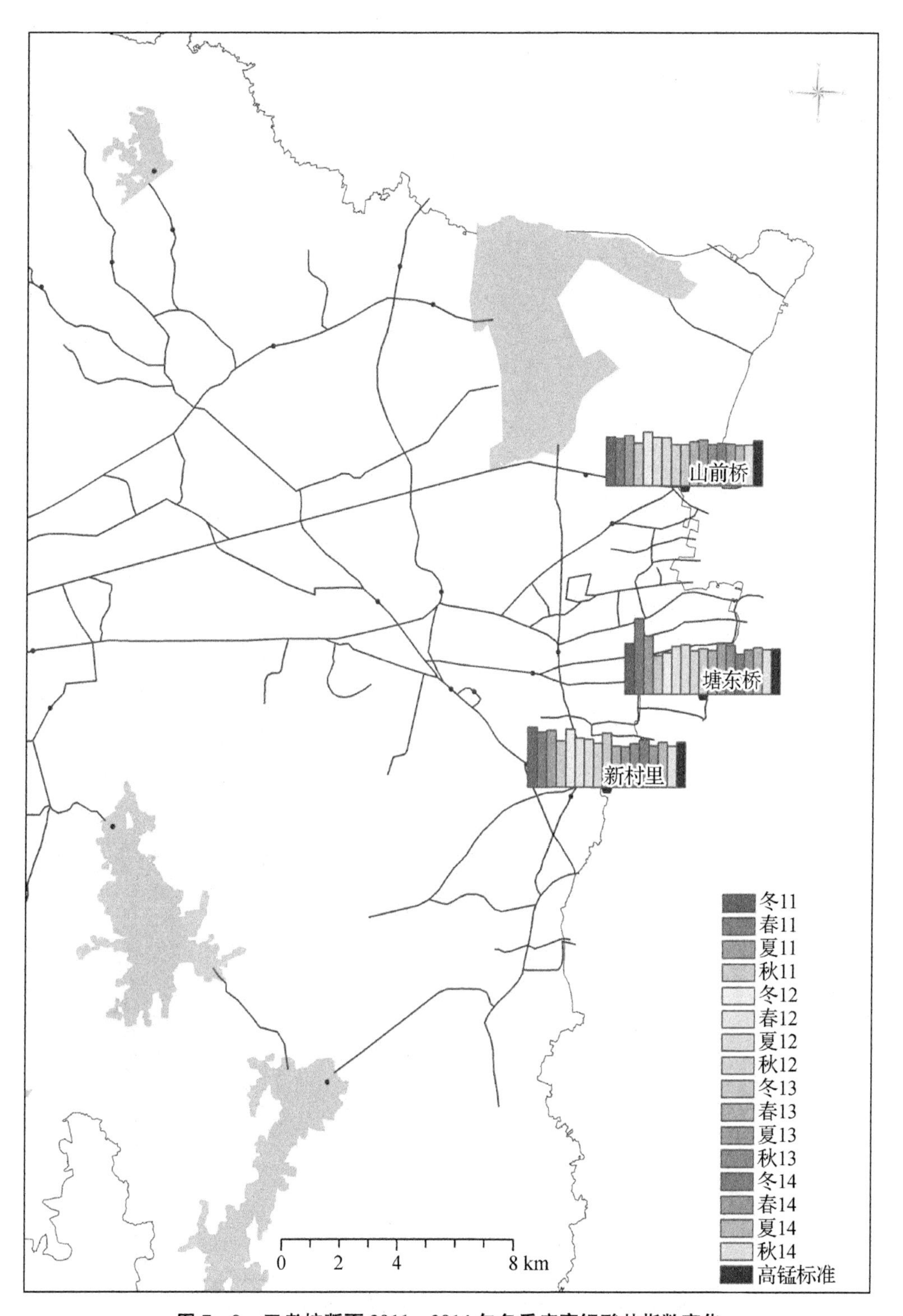

图 7-9 三考核断面 2011—2014 年各季度高锰酸盐指数变化

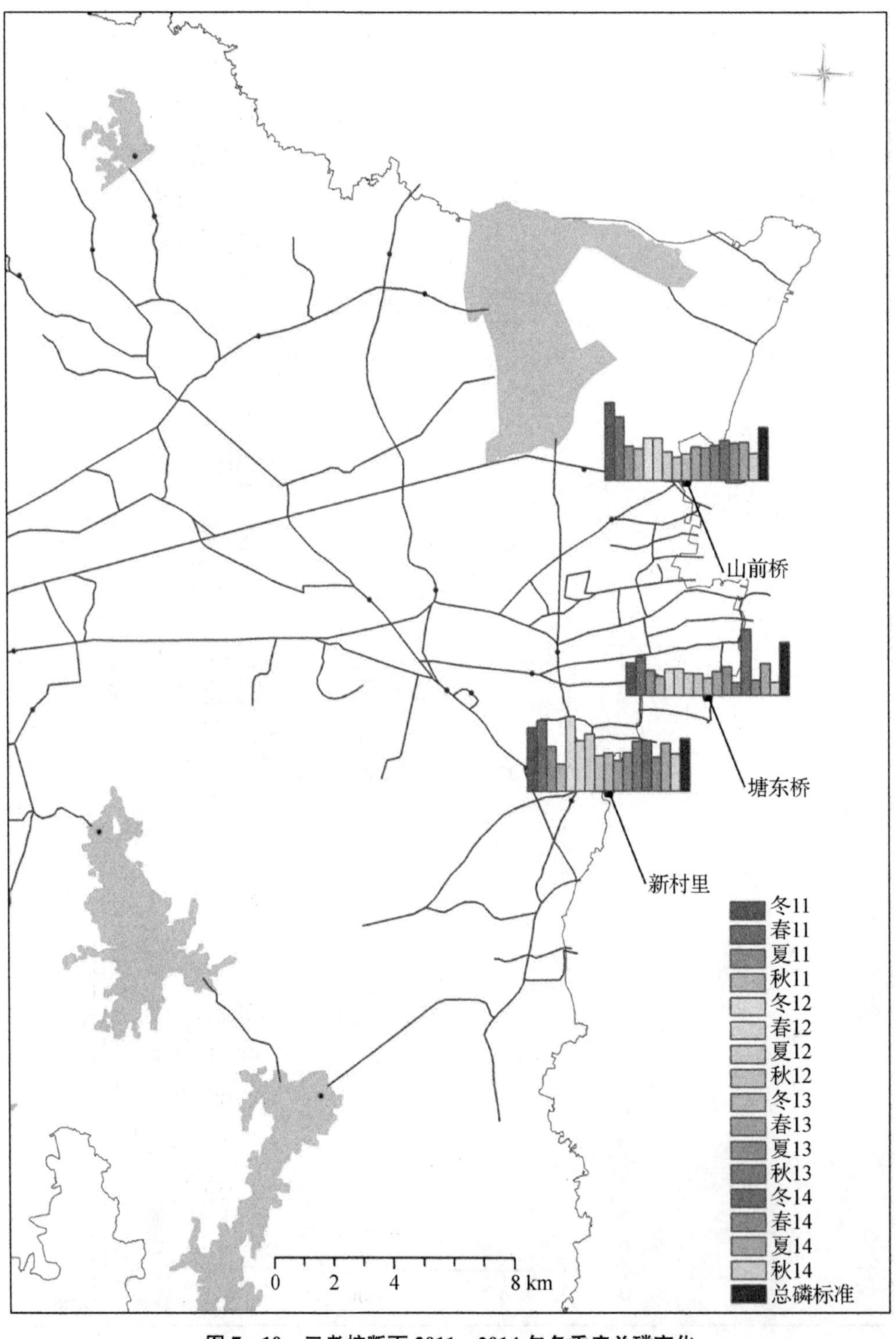

图 7-10 三考核断面 2011—2014 年各季度总磷变化

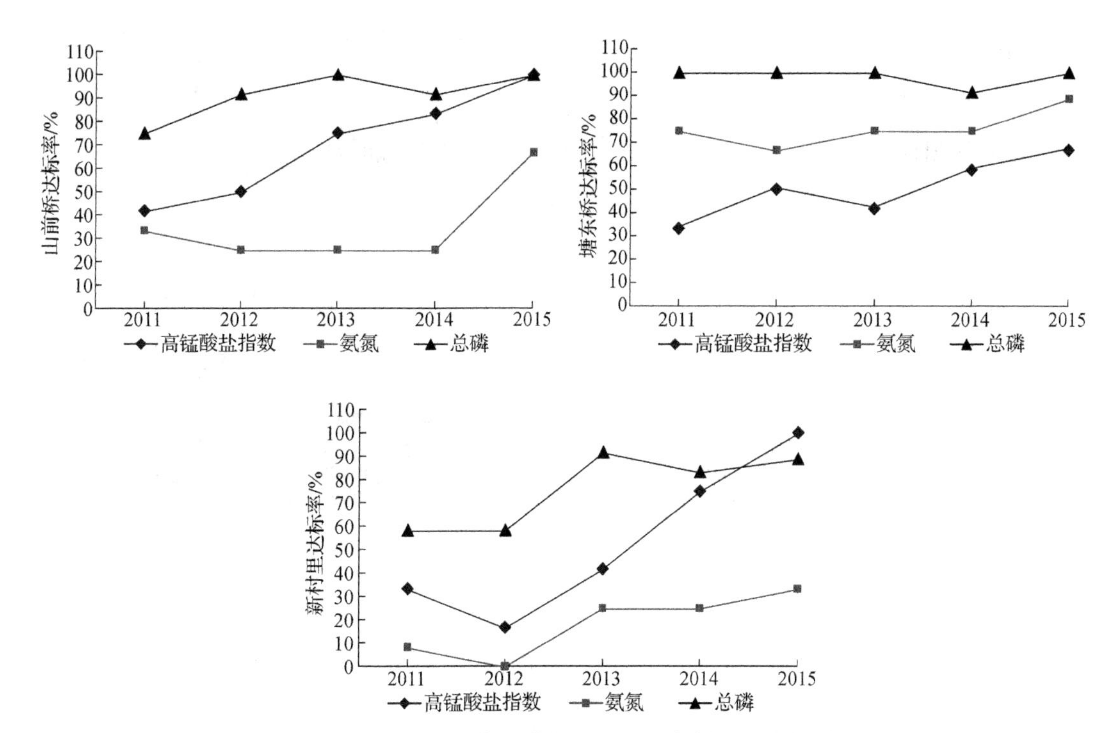

图 7-11　2011—2015 年山前桥、新村里、塘东桥断面达标情况

二、入境断面及其他断面水质分析

(一) 氨氮

观测数据表明，河流入境水质多数时段氨氮超标。在河水不断稀释与自然降解影响下，水流至溧阳市中部(如水产桥、泓口桥、凤凰东桥、濑江桥)，氨氮浓度下降，水质重新趋于达标或在标准值上下略微波动，水质基本良好。在三个出境断面中山前桥与新村里氨氮指标有所上升，塘东桥基本达标，但每年第一季度会超标。对比说明新村里断面的氨氮污染是近距离污染，而山前桥与别桥的氨氮变化特点很相似，二者氨氮波动存在一定共性，见图 7-12。

(二) 高锰酸盐指数

由图 7-13 可见，高锰酸盐指数在全区波动不大，大部分站点指数水平略高于控制目标，这说明引起该指标超标的水污染源以面源污染为主，且季节性差异不明显。由于全溧阳高锰酸盐指数在Ⅲ类水质达标线上下徘徊，人类生活等面源污染可能是造成此指标稍高的主要原因。由于超标不多，将此指标控制在 6.0 mg/L 以下，应该是溧阳水污染治理的一个较易实现的目标。

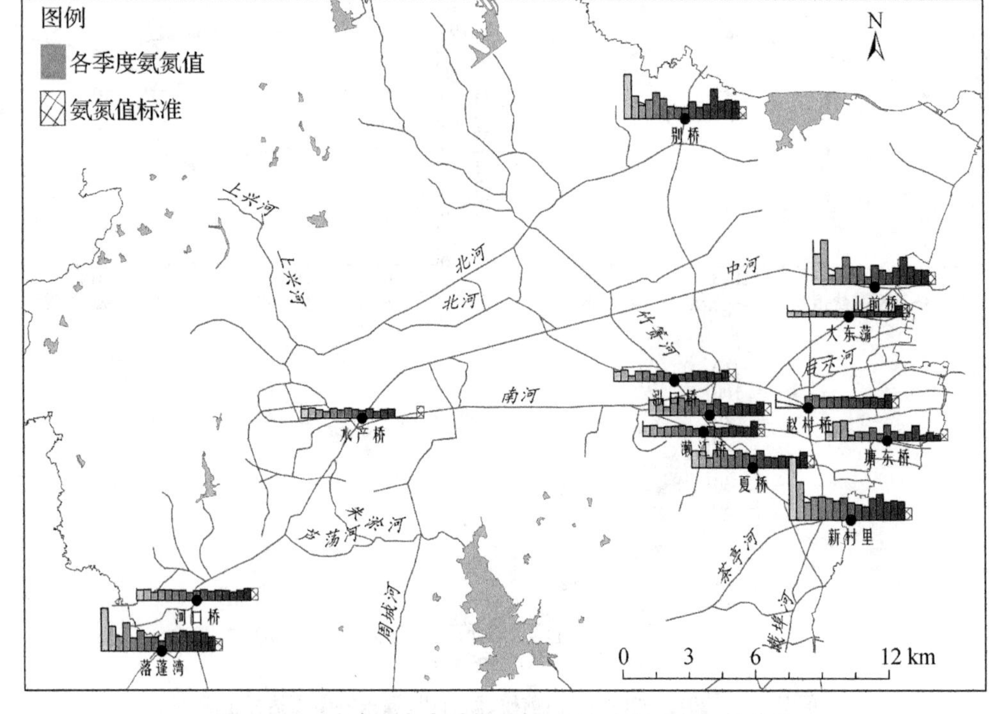

图 7－12　全市所有水质监测点近四年各季度氨氮柱状图

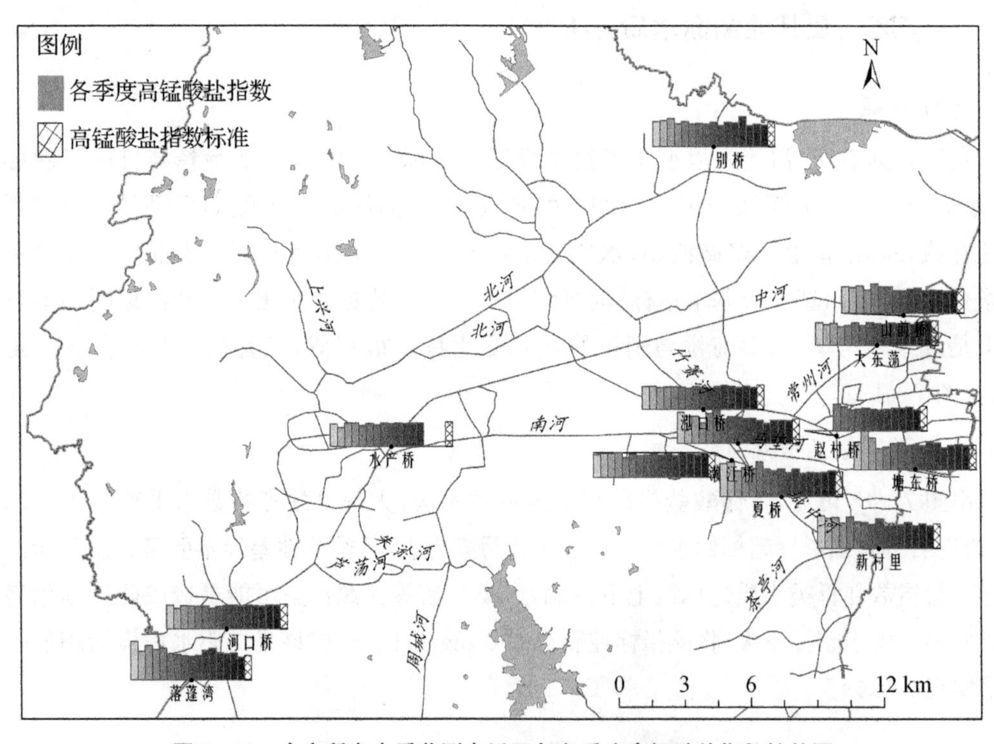

图 7－13　全市所有水质监测点近四年各季度高锰酸盐指数柱状图

（三）总磷

观测数据表明，所有站点总磷浓度随时间存在较明显波动，但大部分在考核目标值(0.2 mg/L)以下。入境水质以别桥总磷稍高，出境断面塘东桥、山前桥水质一般没超过Ⅲ类水标准，新村里水质总磷接近或略高于Ⅲ类标准的季节稍多，但 2014 年 2 月以来基本没有出现超标。降水等季节性因素和农业生产的周期性可能是导致总磷波动的主要原因，见图 7－14。

把三个出境断面三项水质指标与同期大溪水库、沙河水库三项指标比较（水利部门观测），可知三断面氨氮、总磷以及高锰酸盐指数的增高并达到一定污染水平均是人为因素所致。由于断面附近河流规模较小，参考其他水质断面观测值可知，靠近断面的近源污染是造成出境断面氨氮、总磷偏高的主要原因。不同断面的当地汇水区域是主要污染源分布区，见图 7－15～图 7－17。

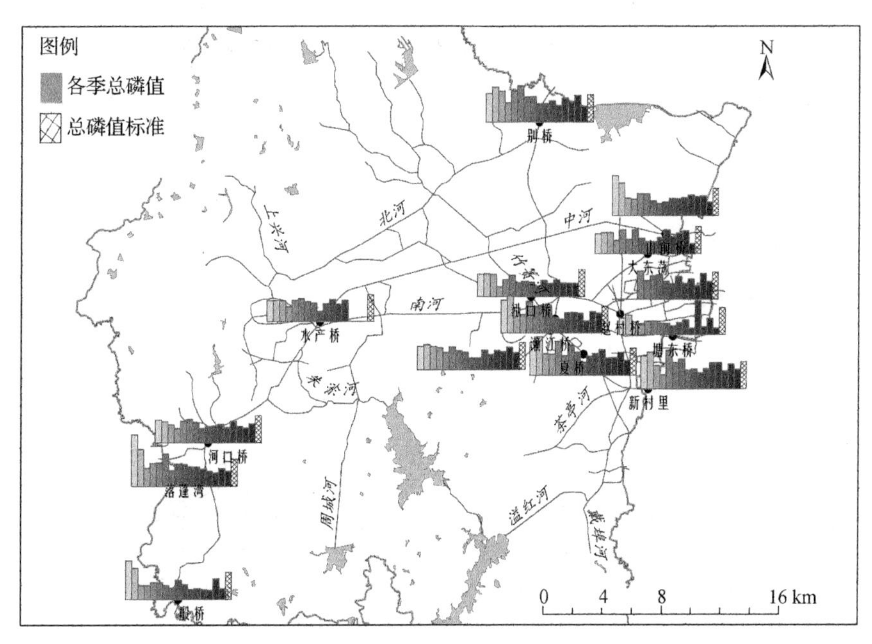

图 7－14　全市所有水质监测点近四年各季度总磷柱状图

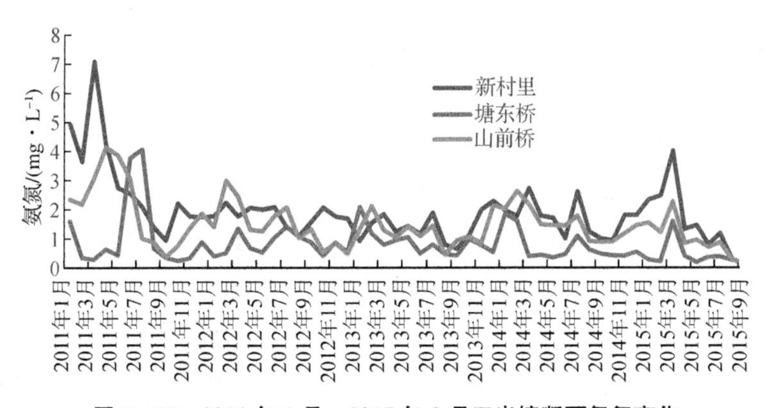

图 7－15　2011 年 1 月—2015 年 9 月三出境断面氨氮变化

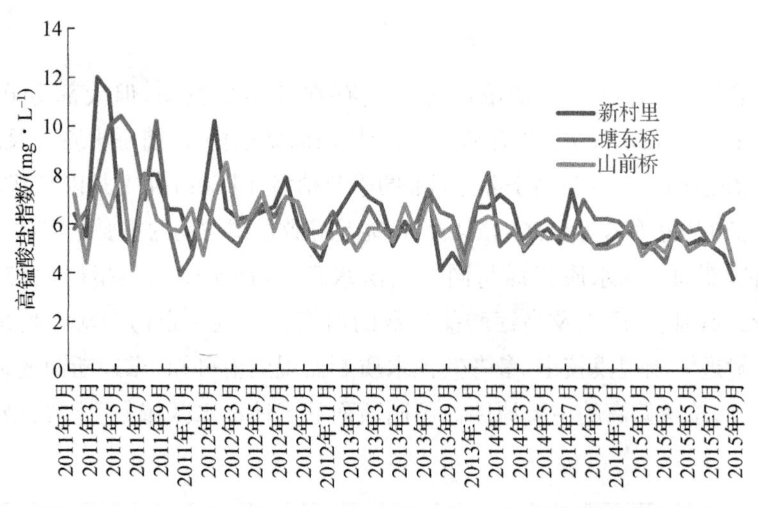

图 7-16　2011 年 1 月—2015 年 9 月三出境断面高猛酸盐指数变化

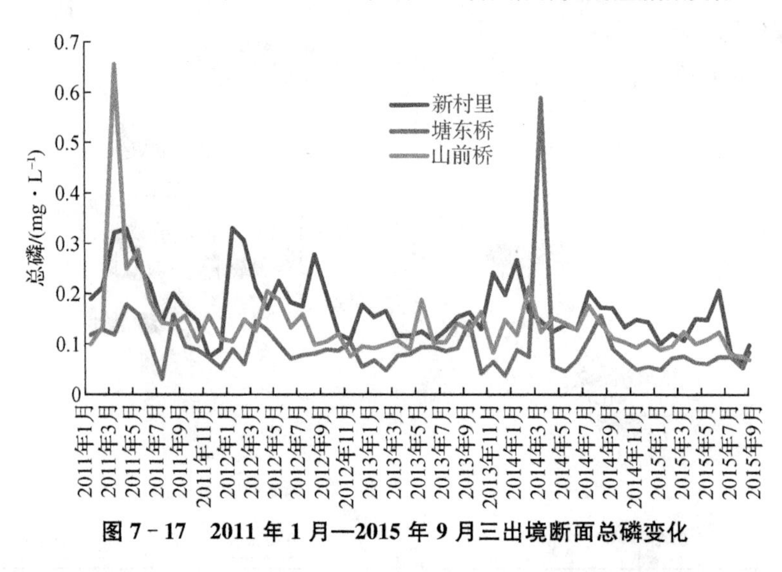

图 7-17　2011 年 1 月—2015 年 9 月三出境断面总磷变化

以上分析表明溧阳市出入境断面水质污染主要是氨氮超标问题，且以殷桥断面污染最为严重，2015 年 2 月和 2014 年 11 月达到 2011 年 1 月以来的两次峰值。出境断面以新村里超标较严重，并于 2015 年 3 月达到 2011 年 4 月以来的一次污染高峰。

三、 流域水质变化分析

由前述溧阳市所有水质监测点四年中各季度三项监测指标柱状图分析可知，氨氮与总磷在河流上、中、下游断面变化较明显，基本变化特点是入境高、中游低，出境高。这说明导致这两项指标超标的污染物是近源污染。而高锰酸盐指数在全区所有河段数值相差不大，随时间变动也较小，说明导致该指标上升的污染源主要为分布广泛的面源污染。

由于本区水质氨氮超标最突出，且出境断面山前桥与新村里两断面氨氮超标最为频繁，本书以此为主要分析对象，探讨它们水质污染的主要原因。

（一）溧阳水系小流域划分

断面水质近源污染意味着污染源与监测断面比较靠近，这一附近区域的范围，应位于断面附近上游一定区域，这一区域可用流域分水岭或分水线来划分。利用溧阳数字高程模型(DEM)和GIS小流域分析模块可将溧阳水系划分出一系列小流域，划分结果见附图22。

要分析出境断面水质污染原因，首先应从与出境断面相关的小流域范围着手，寻找可能的污染源。

由GIS获得的山前桥小流域(S)，塘东桥小流域(T，T＋X)以及新村里小流域(X，T＋X)。T＋X区域的地表水可分别流向T区和X区，所以此范围是塘东桥断面与新村里断面的公共上游集水区。具体三个小流域范围见图7－18。

因为全市地表水系是互相联通的，都属于太湖流域，断面的来水有可能来自断面上游全市任何一个地点，也可能来自三个入境断面以外行政区。考虑到污染物沿程稀释、降解与沉淀作用，出境断面水中主要污染物特别是与氨氮、总磷指标相关的污染物来自最靠近断面的小流域，小流域范围的地表水质是本区下游监测断面水质的主要影响区。自然状态下，小流域范围内的地表水必定从本区断面口排出，而其他流域的地表水有可能或者完全不可能从本断面流出。因此，通过对小流域范围地表特征和污染源的分析便可推断得出该小流域出境断面水质控制和改善措施制定的重点关注区。

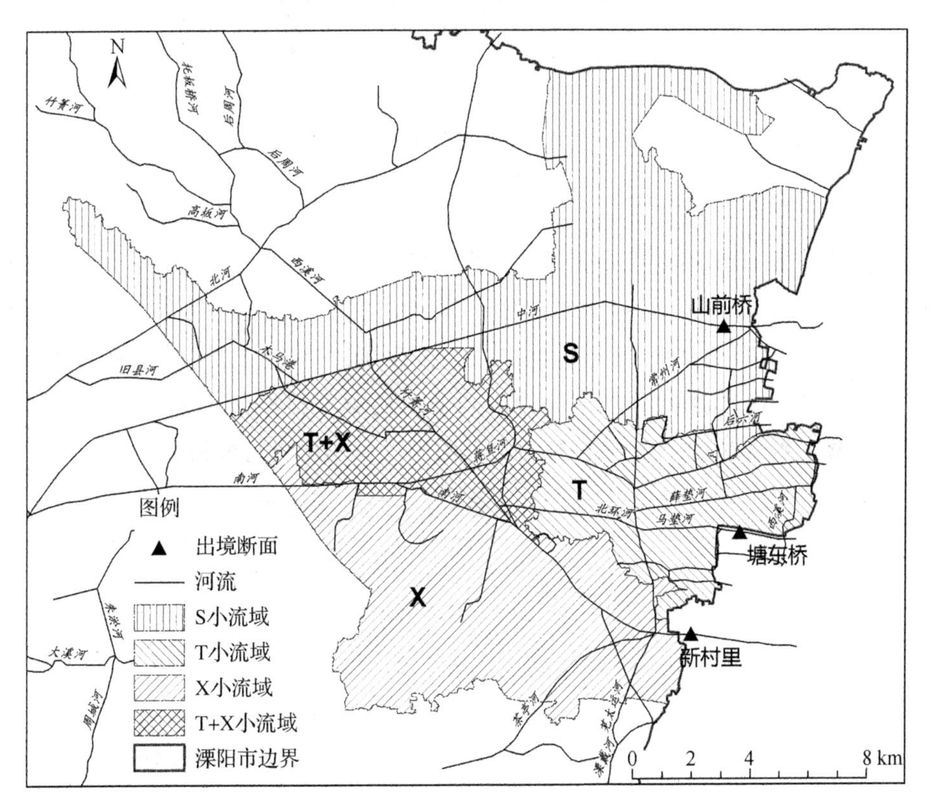

图7－18　出境断面小流域范围图

遥感影像包含了丰富的地表信息，通过影像与小流域范围的叠加，可以反映三个小流域区内土地利用的基本情况。图 7－19 表明，最南部的新村里流域河流主要从溧阳市区穿城而过，地表水还受农业与工业影响；塘东桥小流域包含部分溧阳市区，地表水还受农业种植、渔业以及工业影响；北部的山前桥小流域主要土地利用类型为种植业、水产养殖以及村镇用地。

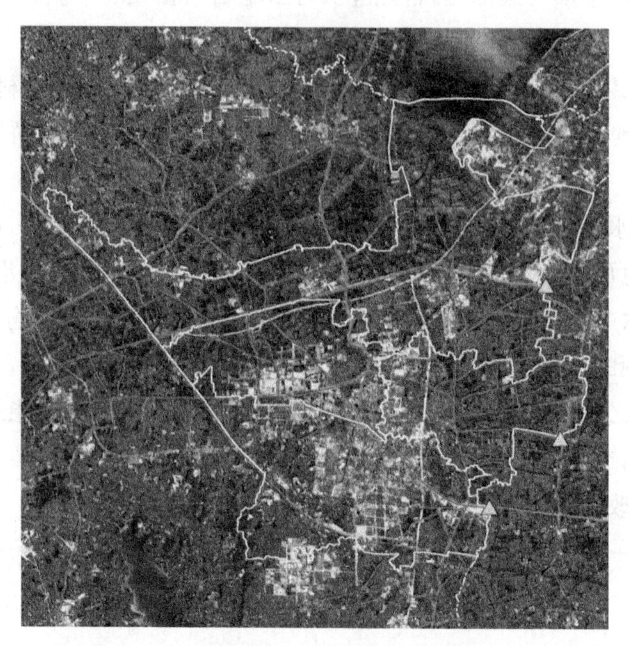

图 7－19　出境断面小流域与遥感影像叠加图

（二）山前桥流域水质变化分析

由于新村里等三个出境断面是每月采一次水样，而其他测点是单月采样，双月不采。所以以下对小流域内 2011—2014 年间的单月采样数据进行对比分析（下同）。山前桥小流域共包括 6 个水质监测断面，分布在竹箦河、中河、古渎河、常州河上，同时参照丹金溧漕河上的别桥断面补充分析。监测结果见表 7－6。以下采用 2011—2014 年例行监测数据及 2015 年 6—9 月加密实测数据，对山前桥流域水质的时空变化情况进行分析。

表 7－6　山前桥流域水质断面及监测结果

编号	断面名称	河流名称	监测时间		监测指标(mg/L)		
					高锰酸盐指数	氨氮	总磷
1	余桥	竹箦河	2015	6 月	5.9	0.649	0.111
				7 月	5.3	1.108	0.082
				8 月	5.4	0.176	0.071
				9 月	4.7	0.468	0.110

续表

编号	断面名称	河流名称	监测时间		监测指标(mg/L)		
					高锰酸盐指数	氨氮	总磷
2	溇溪桥	古溇河	2015	6月	5.3	0.632	0.102
				7月	5.2	0.533	0.066
				8月	5.7	0.304	0.051
				9月	3.4	0.351	0.088
3	三益桥	中河	2015	6月	4.7	0.515	0.090
				7月	4.7	0.550	0.114
				8月	4.6	0.645	0.044
				9月	4.2	0.620	0.074
4	埭头	中河	2012	最大值	9.5	2.110	0.333
				平均值	6.0	1.077	0.159
			2013	最大值	10.3	2.670	0.233
				平均值	5.9	1.017	0.157
			2014	最大值	8.2	2.950	0.481
				平均值	6.5	1.267	0.179
			2015	6月	4.9	0.340	0.060
				7月	5.5	0.579	0.569
				8月	/	/	/
				9月	/	/	/
5	大东荡	常州河	2011	最大值	5.8	0.485	0.189
				平均值	5.1	0.448	0.138
			2012	最大值	6.0	0.484	0.192
				平均值	5.2	0.439	0.142
			2013	最大值	5.9	0.786	0.187
				平均值	5.3	0.474	0.117
			2014	最大值	6.5	1.330	0.191
				平均值	5.5	0.568	0.130
			2015	6月	5.7	0.908	0.105
				7月	5.1	1.440	0.069
				8月	/	/	/
				9月	2.6	0.257	0.119

续表

编号	断面名称	河流名称	监测时间	监测指标(mg/L)			
				高锰酸盐指数		氨氮	总磷
6	山前桥	中河	2011	最大值	8.2	4.130	0.655
				平均值	6.3	2.064	0.196
			2012	最大值	8.5	2.985	0.205
				平均值	6.4	1.447	0.129
			2013	最大值	7.0	2.125	0.188
				平均值	5.7	1.254	0.120
			2014	最大值	6.1	2.620	0.212
				平均值	5.5	1.520	0.134
			2015	6月	5.2	0.699	0.124
				7月	5.2	0.859	0.079
				8月	5.9	0.288	0.076
				9月	4.4	0.221	0.074

根据山前桥流域各监测断面水质监测数据，得出以下判断：

山前桥断面氨氮时常超标，小流域内只有一个观测点大东荡断面，该断面几乎无超标现象，所以污染水不可能来自常州河，而只能来自中河或山前桥断面附近地面汇流(图 7－20)。参考埭头等其他断面数据(图 7－21)，进一步说明山前桥氨氮来自中河与丹金溧漕河河段及区域。

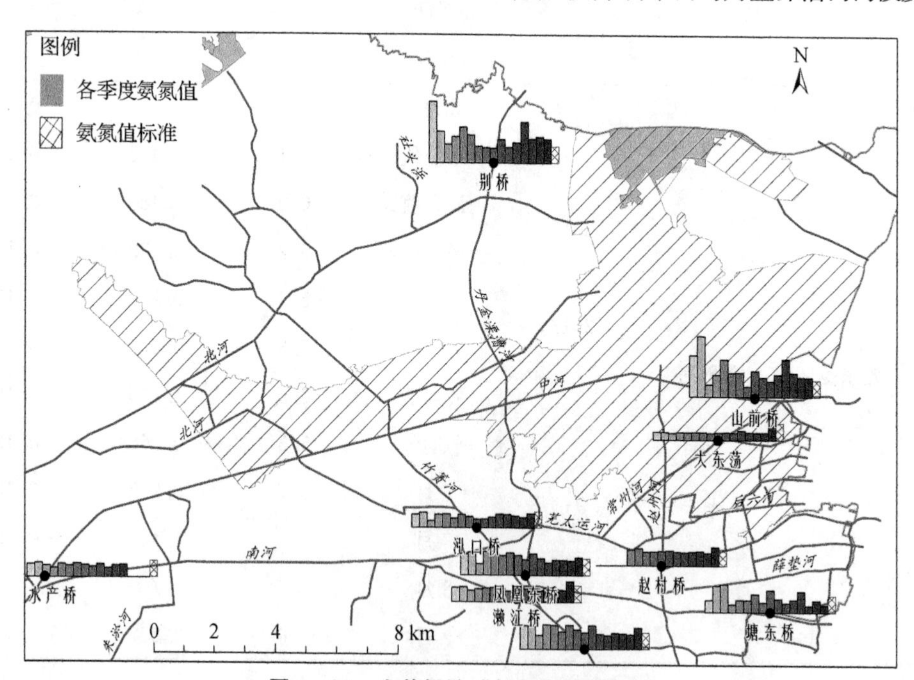

图 7－20　山前桥流域氨氮变化柱状图

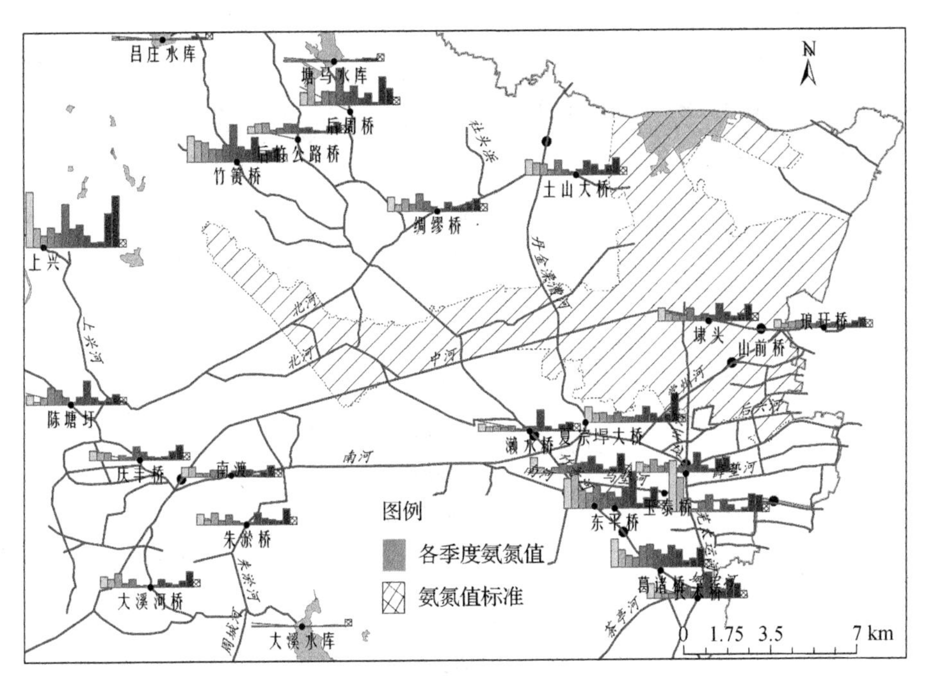

图 7-21　山前桥流域其他补充断面 2012 年 1 月—2015 年 3 月各季度氨氮柱状图

(三) 塘东桥流域水质变化分析

塘东桥流域共有水质监测断面 7 个，分布在丹金溧漕河、竹箦河、南河、赵村河、芜太运河、北环河、马垫河上，监测数据见表 7-7。以下采用 2011—2014 年例行监测数据及 2015 年 6—9 月实测数据对塘东桥流域水质的时空变化情况进行分析。

表 7-7　塘东桥流域水质断面及监测结果

编号	断面名称	河流名称	监测时间		监测指标(mg/L)		
					高锰酸盐指数	氨氮	总磷
1	泓口桥	竹箦河	2011	最大值	5.6	0.925	0.178
				平均值	5.5	0.703	0.150
			2012	最大值	5.8	0.924	0.192
				平均值	5.4	0.734	0.124
			2013	最大值	6.0	0.945	0.175
				平均值	5.5	0.644	0.100
			2014	最大值	6.0	1.030	0.141
				平均值	5.5	0.773	0.104
			2015	6 月	5.7	0.494	0.088
				7 月	5.4	0.509	0.060
				8 月	5.7	0.298	0.039
				9 月	4.8	0.421	0.124

续表

编号	断面名称	河流名称	监测时间	监测指标(mg/L)			
				高锰酸盐指数		氨氮	总磷
2	凤凰东桥	丹金溧漕河	2011	最大值	7.8	1.420	0.276
				平均值	6.7	1.115	0.211
			2012	最大值	8.3	1.450	0.290
				平均值	7.0	1.289	0.209
			2013	最大值	7.2	1.400	0.195
				平均值	6.1	1.015	0.129
			2014	最大值	6.2	1.310	0.192
				平均值	5.4	0.952	0.135
			2015	6月	4.9	1.332	0.158
				7月	5.6	0.830	0.062
				8月	6.2	0.257	0.053
				9月	4.7	2.920	0.077
3	濑江桥	南河	2011	最大值	6.0	0.897	0.185
				平均值	5.8	0.797	0.173
			2012	最大值	5.8	0.982	0.186
				平均值	5.3	0.793	0.141
			2013	最大值	6.0	0.867	0.164
				平均值	5.6	0.699	0.106
			2014	最大值	6.1	1.520	0.180
				平均值	5.8	0.895	0.141
			2015	6月	4.9	2.456	0.186
				7月	5.7	3.340	0.242
				8月	5.5	1.191	0.103
				9月	5.3	0.456	0.079
4	赵村桥	赵村河	2012	最大值	7.5	1.100	0.215
				平均值	5.7	0.922	0.174
			2013	最大值	6.0	0.982	0.193
				平均值	5.3	0.861	0.133
			2014	最大值	6.0	1.330	0.195
				平均值	5.5	0.911	0.143
			2015	6月	4.6	1.047	0.111
				7月	5.2	0.568	0.073
				8月	5.1	0.246	0.046
				9月	2.8	0.444	0.077

续表

编号	断面名称	河流名称	监测时间		监测指标(mg/L)		
					高锰酸盐指数	氨氮	总磷
5	昆仑桥	芜太运河	2015	6 月	5.7	0.885	0.111
				7 月	4.9	0.690	0.074
				8 月	6.0	0.304	0.068
				9 月	5.1	0.549	0.113
6	玉泰桥	北环河	2015	6 月	5.5	1.116	0.125
				7 月	5.2	0.439	0.115
				8 月	5.8	0.269	0.119
				9 月	5.6	0.433	0.097
7	塘东桥	马垫河	2011	最大值	10.4	4.060	0.178
				平均值	7.4	1.124	0.108
			2012	最大值	7.1	1.410	0.145
				平均值	6.1	0.796	0.091
			2013	最大值	8.1	2.080	0.145
				平均值	6.3	0.867	0.077
			2014	最大值	7.0	1.850	0.589
				平均值	5.8	0.713	0.119
			2015	6 月	5.8	0.364	0.075
				7 月	5.1	0.269	0.076
				8 月	6.4	0.252	0.053
				9 月	6.6	0.243	0.086

根据塘东桥流域各监测断面水质监测数据,得出以下判断:

塘东桥断面每隔数月就会有一次氨氮超标事件发生,多发生于 1 月、3 月、7 月,流域内泓口桥、赵村桥基本不超标,所以塘东桥断面的水质氨氮污染仍然是这两个监测点以下河段两岸的污染源造成的。塘东桥小流域 2012 年 1 月至 2015 年 3 月各季度补充断面氨氮数据图,表明该断面氨氮变化与上游断面观测值基本无关,水流联系很弱,污染源主要在断面附近。见图 7-22,图 7-23。

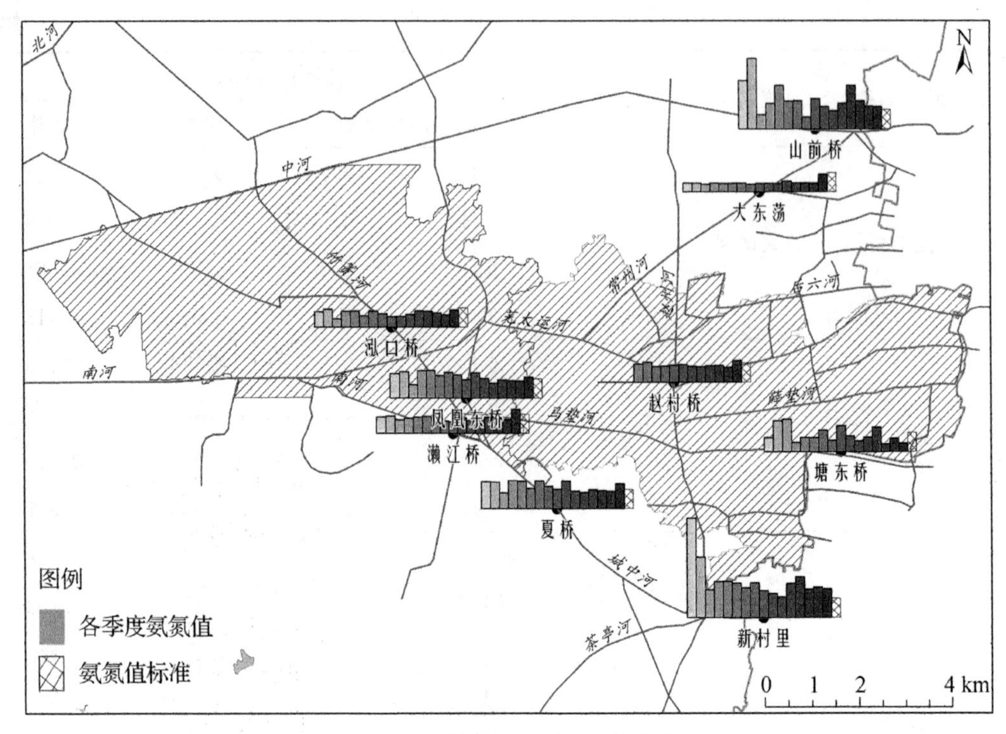

图 7－22　塘东桥流域氨氮柱状图

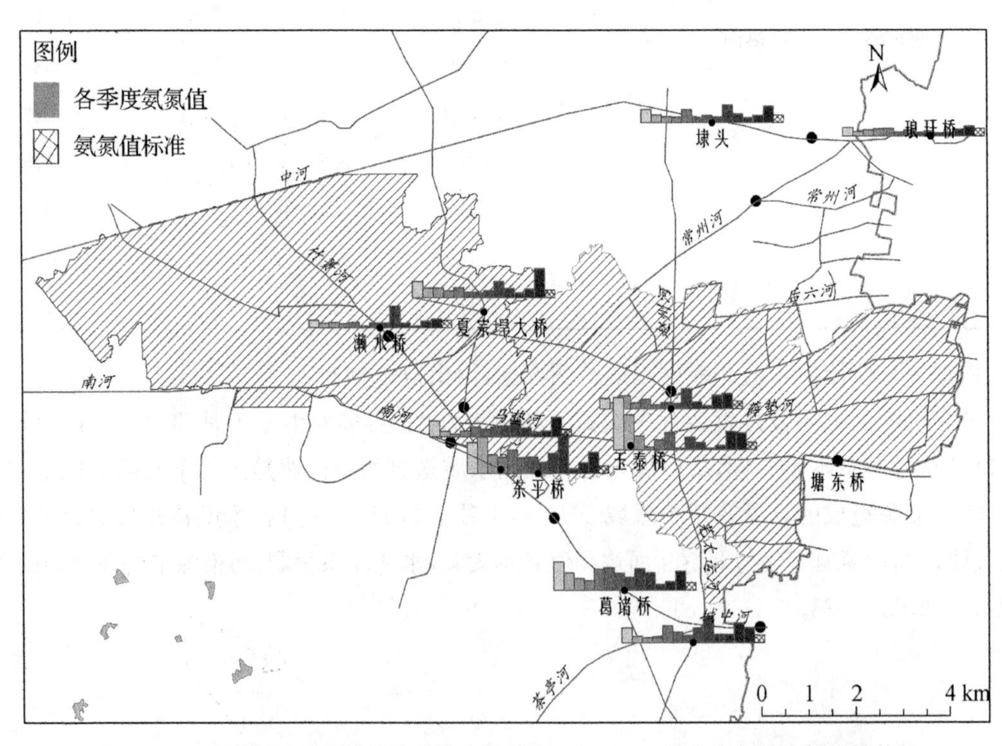

图 7－23　塘东桥流域其他补充断面 2012 年 1 月—2015 年 3 月各季度氨氮柱状图

（四）新村里流域水质变化分析

新村里流域共有水质监测断面 9 个，主要分布在丹金溧漕河、竹箦河、南河、赵村河、芜太运河、北环河、溧戴河上，监测结果见表 7－8。以下主要依据 2011—2014 年例行监测数据及 2015 年 6—9 月实测数据，对新村里流域的水质时空变化情况进行分析。

表 7－8　新村里流域的水质断面及监测结果

编号	断面名称	河流名称	监测时间		监测指标(mg/L)		
					高锰酸盐指数	氨氮	总磷
1	泓口桥	竹箦河	2011	最大值	5.6	0.925	0.178
				平均值	5.5	0.703	0.150
			2012	最大值	5.8	0.924	0.192
				平均值	5.4	0.734	0.124
			2013	最大值	6.0	0.945	0.175
				平均值	5.5	0.644	0.100
			2014	最大值	6.0	1.030	0.141
				平均值	5.5	0.773	0.104
			2015	6 月	5.7	0.494	0.088
				7 月	5.4	0.509	0.060
				8 月	5.7	0.298	0.039
				9 月	4.8	0.421	0.124
2	凤凰东桥	丹金溧漕河	2011	最大值	7.8	1.420	0.276
				平均值	6.7	1.115	0.211
			2012	最大值	8.3	1.450	0.290
				平均值	7.0	1.289	0.209
			2013	最大值	7.2	1.400	0.195
				平均值	6.1	1.015	0.129
			2014	最大值	6.2	1.310	0.192
				平均值	5.4	0.952	0.135
			2015	6 月	4.9	1.332	0.158
				7 月	5.6	0.830	0.062
				8 月	6.2	0.257	0.053
				9 月	4.7	2.920	0.077

续表

编号	断面名称	河流名称	监测时间	监测指标(mg/L)			
				高锰酸盐指数		氨氮	总磷
3	濑江桥	南河	2011	最大值	6.0	0.897	0.185
				平均值	5.8	0.797	0.173
			2012	最大值	5.8	0.982	0.186
				平均值	5.3	0.793	0.141
			2013	最大值	6.0	0.867	0.164
				平均值	5.6	0.699	0.106
			2014	最大值	6.1	1.520	0.180
				平均值	5.8	0.895	0.141
			2015	6月	4.9	2.456	0.186
				7月	5.7	3.340	0.242
				8月	5.5	1.191	0.103
				9月	5.3	0.456	0.079
4	赵村桥	赵村河	2012	最大值	7.5	1.100	0.215
				平均值	5.7	0.922	0.174
			2013	最大值	6.0	0.982	0.193
				平均值	5.3	0.861	0.133
			2014	最大值	6.0	1.330	0.195
				平均值	5.5	0.911	0.143
			2015	6月	4.6	1.047	0.111
				7月	5.2	0.568	0.073
				8月	5.1	0.246	0.046
				9月	2.8	0.444	0.077
5	夏桥	丹金溧漕河	2011	最大值	8.5	1.480	0.284
				平均值	7.3	1.230	0.207
			2012	最大值	8.7	1.500	0.290
				平均值	7.0	1.279	0.196
			2013	最大值	8.1	1.500	0.194
				平均值	6.2	1.048	0.146
			2014	最大值	6.7	1.430	0.185
				平均值	5.9	1.034	0.133
			2015	6月	5.6	0.887	0.098
				7月	5.4	1.765	0.114
				8月	5.6	0.930	0.087
				9月	4.9	0.725	0.106

续表

编号	断面名称	河流名称	监测时间	监测指标(mg/L)			
				高锰酸盐指数		氨氮	总磷
6	昆仑桥	芜太运河	2015	6月	5.7	0.885	0.111
				7月	4.9	0.690	0.074
				8月	6.0	0.304	0.068
				9月	5.1	0.549	0.113
7	玉泰桥	北环河	2015	6月	5.5	1.116	0.125
				7月	5.2	0.439	0.115
				8月	5.8	0.269	0.119
				9月	5.6	0.433	0.097
8	长木桥	溧戴河	2015	6月	6.0	1.031	0.108
				7月	5.5	0.702	0.081
				8月	5.6	0.772	0.043
				9月	5.3	0.409	0.110
9	新村里	丹金溧漕河	2011	最大值	12.0	7.078	0.329
				平均值	7.2	2.938	0.196
			2012	最大值	10.2	2.230	0.330
				平均值	6.6	1.781	0.207
			2013	最大值	7.7	2.280	0.242
				平均值	6.0	1.400	0.150
			2014	最大值	7.4	2.723	0.267
				平均值	5.8	1.691	0.162
			2015	6月	5.4	0.793	0.207
				7月	5.1	1.177	0.083
				8月	4.7	0.298	0.067
				9月	3.8	0.212	0.104

根据新村里流域各监测断面水质监测数据，得出以下分析结论：

新村里小流域内共有5个常规水质监测点，流域内水质污染成因可借助这5个点观测值进行综合评估。新村里小流域主要例行监测点位见图7-24。

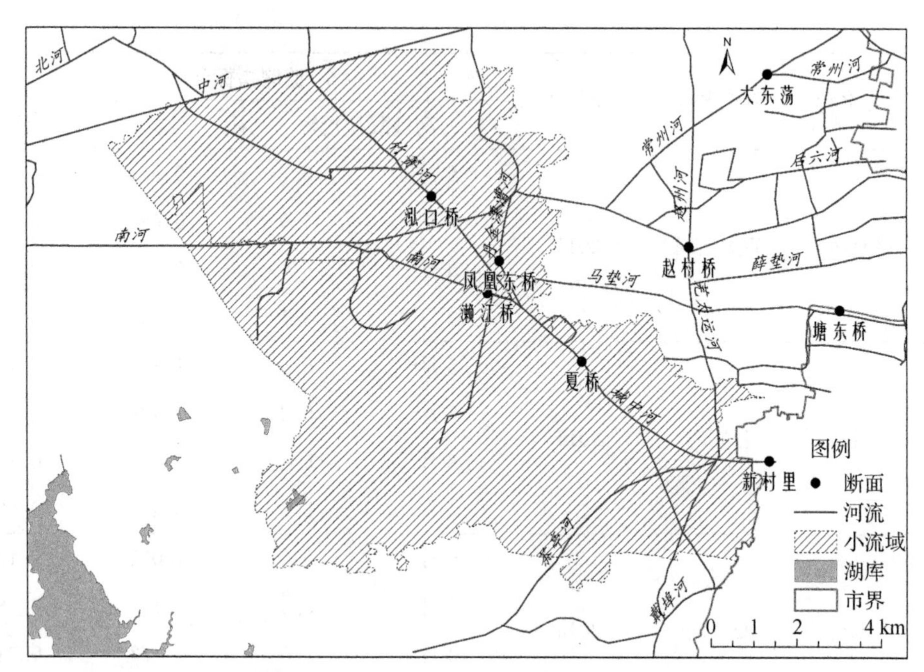

图 7-24　新村里流域水质监测点分布图

由图 7-25 可知，小流域内泓口桥、濑江桥断面氨氮基本不超标。凤凰东桥、夏桥、新村里氨氮有所超标，且向下游超标有加剧趋势。由此判断本流域南河、竹簀河河段水质较好，凤凰东桥、夏桥、新村里一线（丹金溧漕河）河段氨氮有所超标，是造成新村里断面氨氮超标的主要污染河段（图 7-26），且河流沿途不断有污染物加入，导致氨氮向下游不断升高。

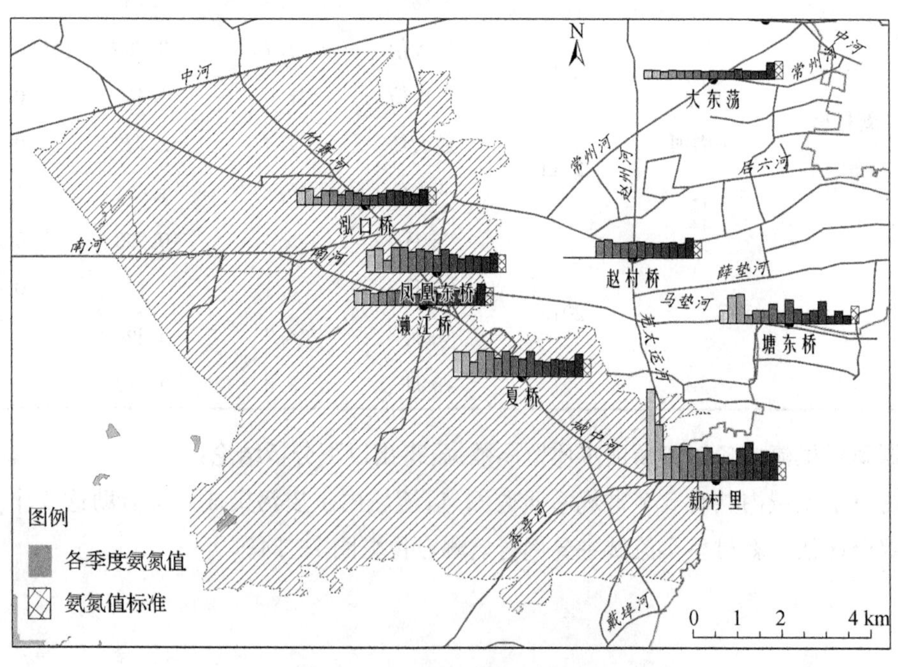

图 7-25　新村里流域氨氮柱状图

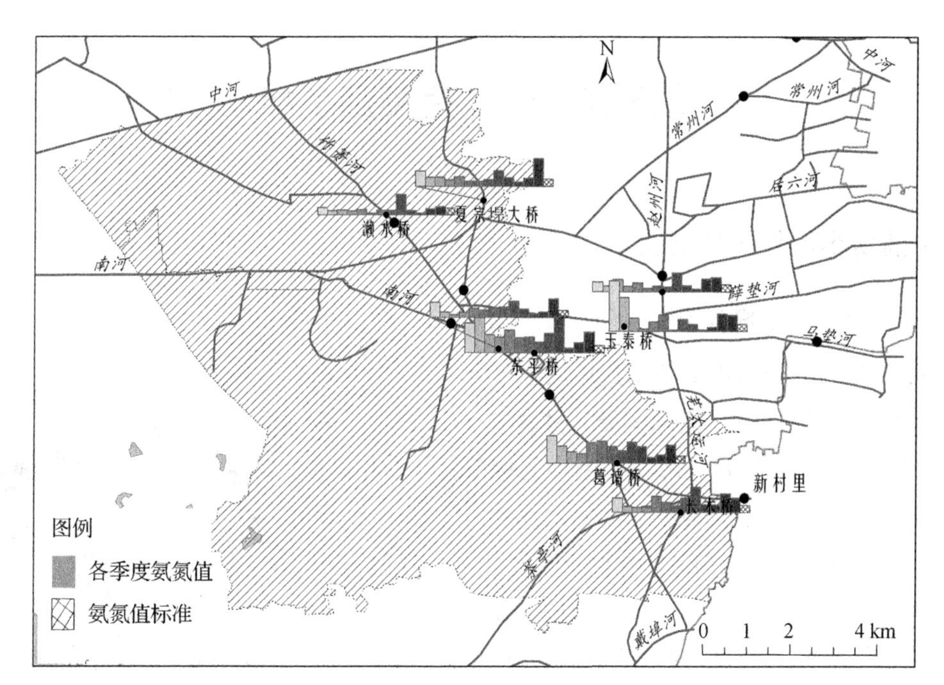

图 7-26　新村里流域其他补充断面 2012 年 1 月—2015 年 3 月各季度氨氮柱状图

图 7-26 还表明，新村里断面氨氮超标与丹金溧漕河、芜太运河(红线)等附近河段关系密切；由遥感和实地考察分析，南部溧戴河也是重要的污染物输入河段，对新村里水质有较大影响。

四、小结

从出境考核断面及其涉及的小流域水质现状总体来看，溧阳市出境考核断面达标形势严峻。

(1) 从出境考核断面水质现状看，新村里断面水质达标形势最为严峻，山前桥断面次之，塘东桥断面水质达标情况较好。

(2) 从小流域水质现状看，凤凰东桥断面、夏桥断面和赵村桥断面为影响出境考核断面水质达标的污染重点控制区。

(3) 从水质考核指标看，除塘东桥断面的高锰酸盐指数问题比较突出外，其余断面氨氮超标问题均为最严重，高锰酸盐指数次之，总磷达标情况较好。

(4) 从超标问题出现的时间段看，除塘东桥断面污染物超标现象出现在丰水期外，其余断面均在枯水期内超标问题突出。

由上述分析可以看出，本方案应重点关注枯水期的水质问题，突出氨氮及高锰酸盐指数的污染问题，强化污染重点控制区的污染物削减和控制，针对出境考核断面及其涉及的流域污染特征提出相应有效的工程方案和措施，切实保证溧阳市出境断面达到太湖流域断面的考核目标。

第五节　流域污染源解析

一、山前桥小流域污染源分析

（一）土地利用情况及污染源分析

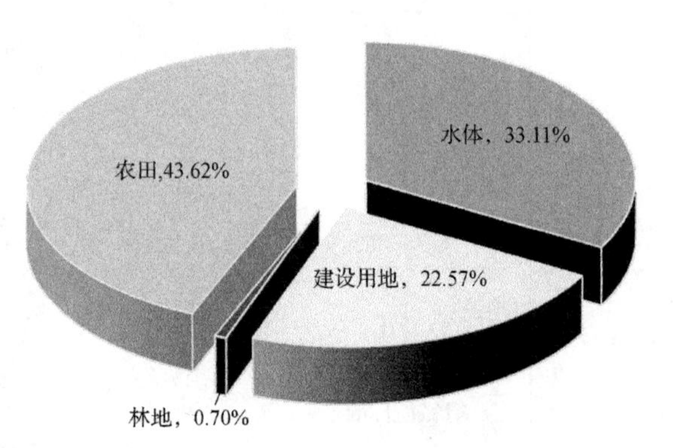

图 7－27　山前桥流域土地利用结构图

通过遥感影像分析，山前桥小流域内主要土地利用类型为农业用地（稻田、鱼塘）、村镇建设用地、水体等（图 7－27）。山前桥断面与中河、丹金溧漕河连通。首先，别桥镇生活污水接管率低、北山工业园、水稻种植等产生的氨氮超标水可向南输送，分流至山前桥断面；其次，北部上黄镇区生活污水、建材企业废水、水产养殖废水通过上黄河等注入中河，也可能影响该断面水质；最后，中河（丹金溧漕河以西）段污染物主要受到盛康污水处理厂、绸缪新材料工业园、古渎集镇生活污水排放影响。另外丹金溧漕河、中河船舶污染也是不容忽视的因素。

据遥感影像和实地调查得知，本流域有 3 个工业园区、3 个污水厂（盛康、前马、埭头），主要工业企业有江苏三益科技有限公司等 8 家，其中达标后排入河道的有常州海大生物饲料有限公司 1 家，其余 7 家均接入污水处理厂（图 7－28 和表 7－9）。

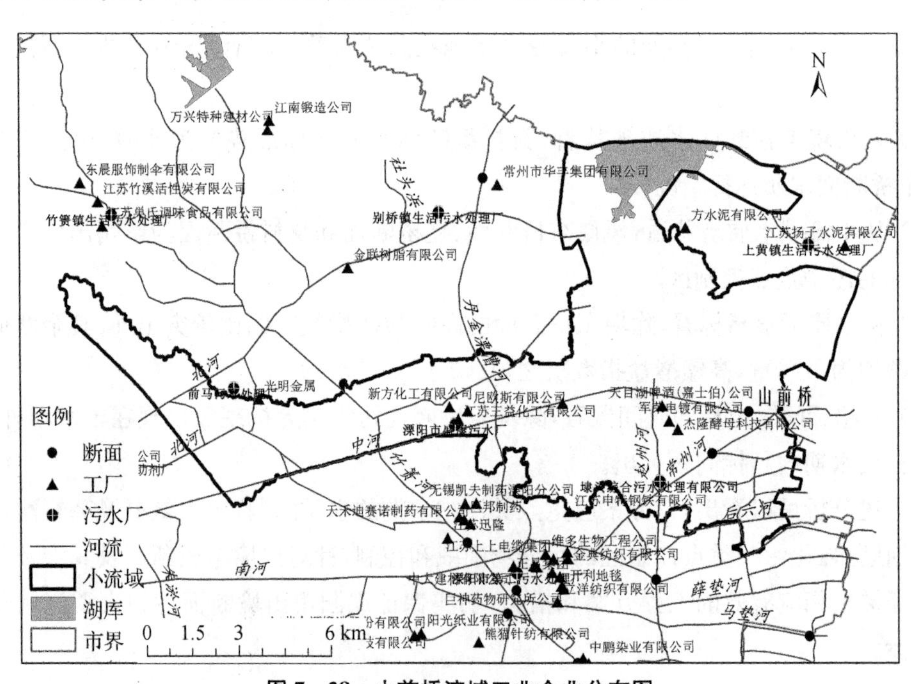

图 7－28　山前桥流域工业企业分布图

表 7-9　山前桥流域工业污染源清单

序号	企业名称	COD(t)	氨氮(t)	所属镇区	排放去向
1	常州海大生物饲料有限公司	0.66	0.07	溧城镇	中河
2	江苏申特钢铁有限公司	/	/	溧城镇	第二污水处理厂
3	溧阳市军荣电镀有限公司	/	/	埭头镇	埭头综合污水厂
4	溧阳杰隆酵母科技有限公司	/	/	埭头镇	埭头综合污水厂
5	天目湖啤酒(嘉士伯)公司	/	/	埭头镇	埭头综合污水厂
6	溧阳市尼欧斯有限公司	/	/	别桥镇	盛康污水厂
7	溧阳市新方化工有限公司	/	/	别桥镇	盛康污水厂
8	江苏三益科技有限公司	/	/	别桥镇	盛康污水厂

本区农田面积较大(52.14 km^2)且多为水稻田，稻田排水也是河水氨氮超标的原因(图 7-29)。另外，本流域有规模化水产养殖场 13 家、畜禽养殖场 2 家，见表 7-10、表 7-11 和图 7-30。

图 7-29　山前桥流域农田分布图

表 7-10　山前桥流域畜禽养殖场统计

序号	名称	所在流域	年出栏数(头)
1	余家坝养羊场	山前桥	1 000
2	邹家养猪场	山前桥	2 000

表 7－11 山前桥流域水产养殖场统计

序号	名称	所在区域	面积(km²)
1	百味淡河蟹养殖基地	溧城镇杨庄滩	1
2	杨庄千亩河蟹养殖基地	溧城镇杨庄	1.067
3	黄家荡现代渔业示范基地	埭头镇黄家荡	1.533
4	圆宝墩河蟹基地	埭头镇湖头村	0.333
5	前化滩河蟹养殖基地	上黄镇周山村	1.633
6	坡圩高效渔业基地	上黄镇坡圩村	1
7	湖边现代渔业示范基地	别桥镇湖边村	2
8	湖西现代渔业基地	别桥养殖场	1.333
9	马家现代渔业基地	别桥镇马家村	1.333
10	良种场千亩河蟹出口基地	水产良种场	1.333
11	千亩无公害河蟹基地	竹箦镇濑阳村	0.2
12	前马塘特种水产基地	竹箦镇前马荡	1.067
13	省级水产苗种示范基地	竹箦镇前马荡	0.333
合计			14.167

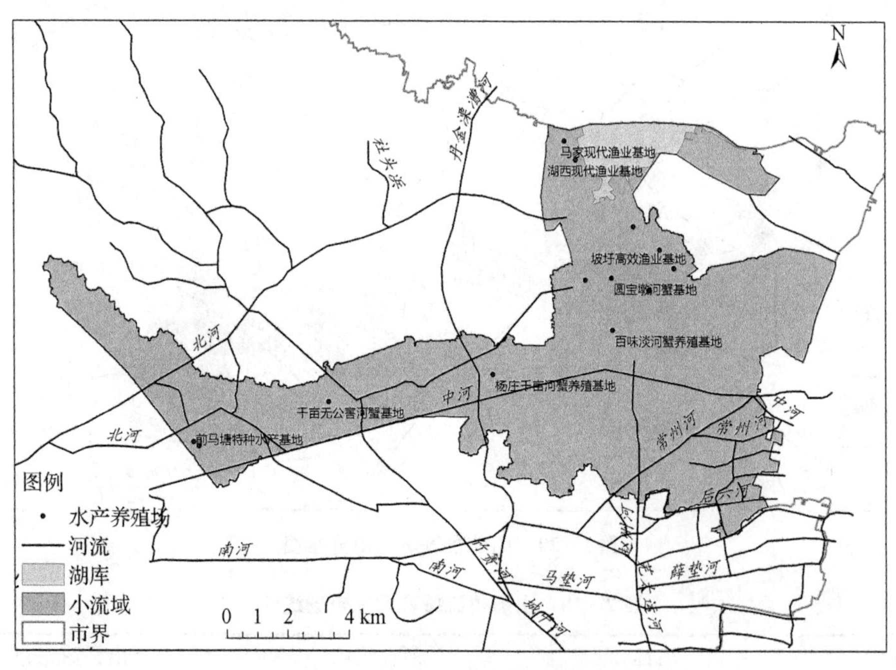

图 7－30 山前桥流域养殖场分布图

小流域范围村镇较多(图 7－31),人口密集,污水处理难以顾全也是水中氨氮量较高的原因。因此本区是三个出境断面小流域情况最为复杂,污染河段长,治理难度较大的一个区

域。从与大东荡断面监测结果比较来看，中河以南的埭头镇区和埭头工业园对山前桥断面的污染影响不大。主要污染源应来自丹金溧漕河及该河与中河交汇点以上河段，即该小流域的别桥、竹箦、上黄镇部分。

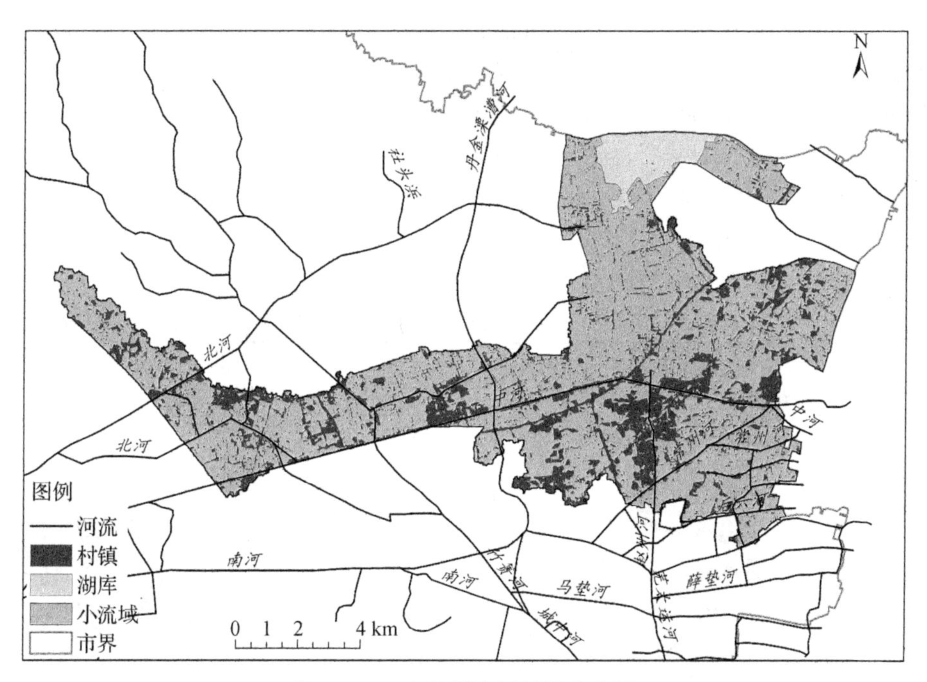

图 7－31　山前桥流域村镇分布图

（二）山前桥流域污染负荷估算

为了进一步研究小流域水质污染原因，本研究对三个小流域中的工业点源、污水处理厂、生活污染源、农业面源、渔业养殖等污水排放情况进行调研统计、核算出各污染源的排放现状及其对小流域污染负荷。

工业污染源排放现状按照 3 个小流域所涉及的范围，根据环境统计数据、实地调研数据进行统计分析。生活污染源根据小流域中的人口数量计算得出。农业种植业、养殖业、渔业分别根据环统数据、统计年鉴、相关部门资料统计得出，种植业面积、养殖业面积，根据《太湖流域主要入湖河流水环境综合整治规划编制技术规范》推荐的污染物排放系数测算出面源数据。

山前桥小流域各污染物年入河量分别为 COD 1 817.86 t、NH_3－N 223.98 t、TN 519.79 t、TP 60.54 t。各污染源年产生的污染物量及负荷见表 7－12 和图 7－32。

表 7－12　山前桥流域污染源情况一览表

污染源	COD		NH_3-N		TN		TP	
	排放量 (t/a)	占比 (%)	排放量 (t/a)	占比 (%)	排放量 (t/a)	占比 (%)	排放量 (t/a)	占比 (%)
工业点源	0.66	0.04	0.07	0.03	0.00	0.00	0.00	0.00
污水处理厂	306.60	16.87	89.43	39.93	51.61	9.93	3.07	5.06
城镇生活	53.09	2.92	7.37	3.29	11.80	2.27	0.44	0.73
农村生活	752.42	41.39	111.47	49.77	167.20	32.17	5.57	9.21
种植业	78.21	4.30	15.64	6.98	156.42	30.09	15.64	25.84
水产养殖	626.88	34.48	0.00	0.00	132.76	25.54	35.82	59.16
合计	1 817.86	100	223.98	100	519.79	100	60.54	100

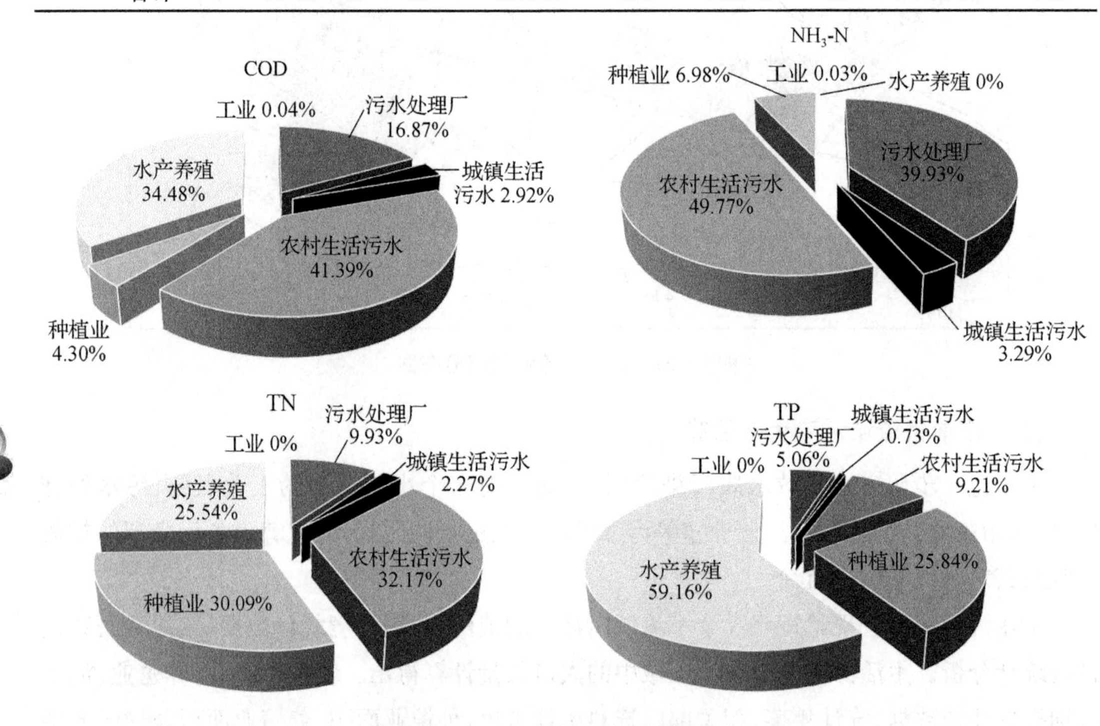

图 7－32　山前桥流域污染负荷比

COD 来源：农村生活负荷最高，约占排放总量的 41.39%；水产养殖的贡献率位居第二，约占 34.48%。各污染源对山前桥小流域 COD 的负荷顺序为：农村生活>水产养殖>污水处理厂>种植业>城镇生活>工业。

NH_3-N 来源：农村生活排放量最大，约占 49.77%；其次为污水处理厂，约占 39.93%。各污染源对山前桥小流域 NH_3-N 的污染负荷为：农村生活>污水处理厂>种植业>城镇生活>工业。

TN 来源：农村生活排放量最大，约占 32.17%；其次为种植业，约占 30.09%。各污染源对山前桥小流域 TN 的污染负荷为：农村生活>种植业>水产养殖>污水处理厂>城镇生活。

TP来源：水产养殖排放量最大，约占59.16%；其次为种植业，约占25.84%。各污染源对山前桥小流域TP的污染负荷为：水产养殖>种植业>农村生活>污水处理厂>城镇生活。

山前桥流域存在的问题小结：

山前桥流域主要包括的河道有竹箦河、古渎河、中河、常州河。小流域的主要土地利用类型为农田、鱼塘、工业区和城镇。根据各污染负荷分析可知，影响山前桥小流域水环境质量的主要是面源污染源。该流域内COD主要来自农村生活、水产养殖和污水处理厂；TN主要来自农村生活、水产养殖和种植业；NH_3-N主要来自农村生活、污水处理厂和种植业；TP主要来自于水产养殖、种植业和农村生活。

水产养殖对河流总氮、总磷的负荷较大。鱼塘在降雨量大时会向附近河道排水。鱼塘在清塘换水时，鱼塘中鱼饲料进入河道，导致水体中氨氮、总磷浓度升高。

种植业，特别是水稻种植期间，存在过量施肥情况，梅雨季节降水量大导致农田水倒灌进入河道，增加水中氨氮、总磷含量。

农村污水也是山前桥流域重要的水污染源之一。部分农村污水没有收集处理，对村庄附近河道造成污染。且河道两岸村庄内支流河道，枯水期径流量小，河道内污染物滞留时间较长，待雨季径流量增大时，随水流入主干河道，对主干河道水质产生一定的影响。

工业和城镇也存在一定的排放问题，河道流经区域的工业仍存在接管不到位、城镇生活污水处理率低、雨污分流不彻底等问题，导致污水直接进入河道，引起下游水质恶化。

因此，山前桥流域要加大农村生活污水整治力度，在种植业和养殖业上，要改变传统种植和养殖模式，采用生态种植和循环水养殖，减少污染物的排放。污水处理厂要加强运行情况的监管，进一步提高接管率和负荷率。

二、塘东桥小流域污染源分析

(一) 土地利用情况及污染源分析

由遥感解译土地利用(图7-33)判断，该流域土地利用类型以农田、鱼塘、村镇建设用地为主。

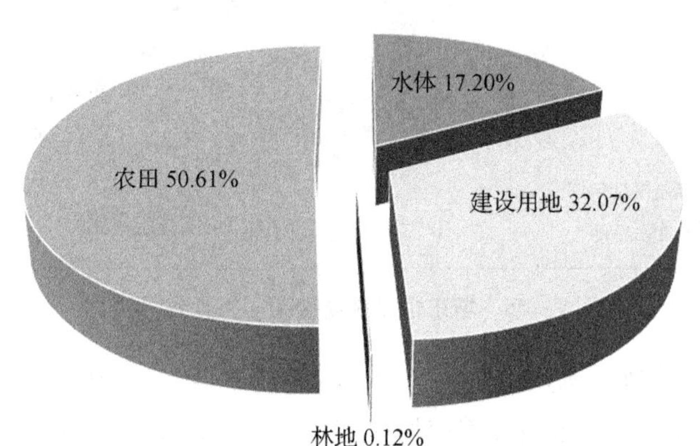

图7-33　塘东桥流域土地利用结构图

遥感分析表明，塘东桥上溯至与赵村河汇合处河段是造成塘东桥断面氨氮超标的主要污染区(图 7-34)。该河段由于水流不畅，河道淤积严重，水草旺盛，主要为两岸鱼塘、水稻田来水，两岸村庄生活污水也会排入河中，造成断面水质超标；雨后河道污水被冲刷后，水质会好转一段时间，但停滞时间超过一月，水质又会变差，这是该断面氨氮周期性波动的原因造成的。由于两岸没有工业和大型居民区，所以在三个出境断面，本断面氨氮污染最轻。疏浚河道、增大流量以及治理两岸村庄生活污水是改善该断面水质的关键。

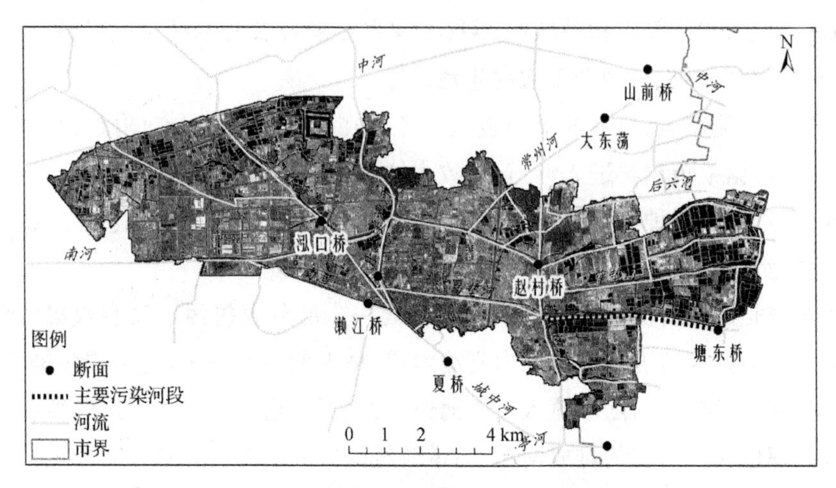

图 7-34　塘东桥主要污染河段遥感判别

图 7-35 表明，塘东桥小流域近两年高锰酸盐指数均在允许值附近波动，应属于面源污染现象，需要全区统一治理，其他小流域情况类似，应全区域控制有机物入河量。

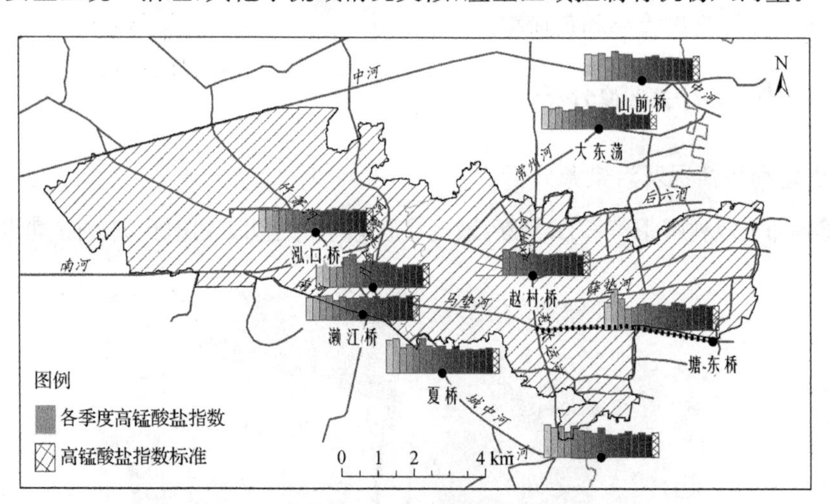

图 7-35　塘东桥流域高锰酸盐指数柱状图

塘东桥流域人口构成为城镇人口 37 978 人，农村人口 57 690 人，总人口为 95 668 人。农田面积为 39.623 km^2。一家畜禽养殖场薛店养猪场，年出栏 4 000 头。本流域其他污染源清单见表 7-13 至表 7-15。

表 7－13　塘东桥流域工业污染源清单

序号	企业名称	COD(t)	氨氮(t)	所属镇区	排放去向	隶属流域
1	江苏巨邦制药有限公司	/	/	溧城镇	盛康污水处理厂	塘东桥 新村里
2	溧阳市中大建材有限公司	0.10	0	溧城镇	达标后排入河道	塘东桥 新村里
3	溧阳市立洋纺织有限公司	/	/	溧城镇	第二污水处理厂	塘东桥
4	溧阳市华盛染整有限公司	/	/	溧城镇	第二污水处理厂	塘东桥
5	江苏省奥谷生物科技有限公司	/	/	溧城镇	盛康污水处理厂	塘东桥
6	溧阳强鑫纺织有限公司	/	/	溧城镇	第二污水处理厂	塘东桥 新村里
7	溧阳金典纺织有限公司	0.01	0	溧城镇	大部分接入 第二污水处理厂	塘东桥
8	江苏天目湖药业有限公司	/	/	溧城镇	盛康污水处理厂	塘东桥 新村里
9	天禾迪赛诺制药有限公司	/	/	溧城镇	盛康污水处理厂	塘东桥 新村里
10	江苏迅隆科技发展有限公司	/	/	溧城镇	第二污水处理厂	塘东桥 新村里
11	江苏上上电缆集团	/	/	溧城镇	第二污水处理厂	塘东桥 新村里
12	江苏保龙机电制造公司	0.01	0	溧城镇	达标后排入河道	塘东桥
13	维多生物工程公司	/	/	溧城镇	第二污水处理厂	塘东桥 新村里
14	无锡凯夫制药溧阳分公司	/	/	溧城镇	盛康污水处理厂	塘东桥 新村里
15	江苏华鹏变压器有限公司	10.25	1.03	溧城镇	达标后排入河道	塘东桥 新村里
16	正昌集团	0.01	/	溧城镇	达标后排入河道	塘东桥
17	巨神药物研究所公司	/	/	溧城镇	第二污水处理厂	塘东桥
18	江苏开利地毯股份有限公司	/	/	溧城镇	第二污水处理厂	塘东桥

表 7－14　塘东桥流域污水处理厂

流域	名称	处理能力(t/d)	COD	NH_3－N	TN	TP
塘东桥 新村里	溧阳市第二 污水处理厂	50 000①	912.5	146	273.75	9.13

① 2015 年该污水处理厂的建成规模已达 98 000 t/d，此报告按基准年数据核算。

表 7-15 塘东桥流域水产养殖基地

序号	名称	所在区域	面积(km^2)
1	八字桥高效渔业基地	溧城镇八字桥	0.533
2	八字桥河蟹生态养殖基地	溧城镇八字桥	0.4
3	北荒圩河蟹养殖基地	埭头镇邹家村	1.133
汇总			2.066

（二）塘东桥小流域污染负荷估算

塘东桥小流域各污染物年入河量分别为 COD 1 063.40 t、NH_3-N 151.53 t、TN 360.05 t、TP 25.02 t。各污染源年产生的污染负荷见表 7-16 和图 7-36。

表 7-16 塘东桥流域污染源情况一览表

污染源	COD		NH_3-N		TN		TP	
	排放量(t/a)	占比(%)	排放量(t/a)	占比(%)	排放量(t/a)	占比(%)	排放量(t/a)	占比(%)
工业	10.38	0.98	1.03	0.68	0.00	0.00	0.00	0.00
污水处理厂	456.25	42.90	73.00	48.18	136.88	38.02	4.56	18.23
城镇生活	47.91	4.51	6.65	4.39	10.65	2.96	0.40	1.60
农村生活	397.97	37.42	58.96	38.91	88.44	24.56	2.95	11.78
种植业	59.43	5.59	11.89	7.84	118.87	33.01	11.89	47.51
水产养殖	91.45	8.60	0.00	0.00	5.23	1.45	5.23	20.88
合计	1 063.40	100.00	151.53	100.00	360.05	100.00	25.02	100.00

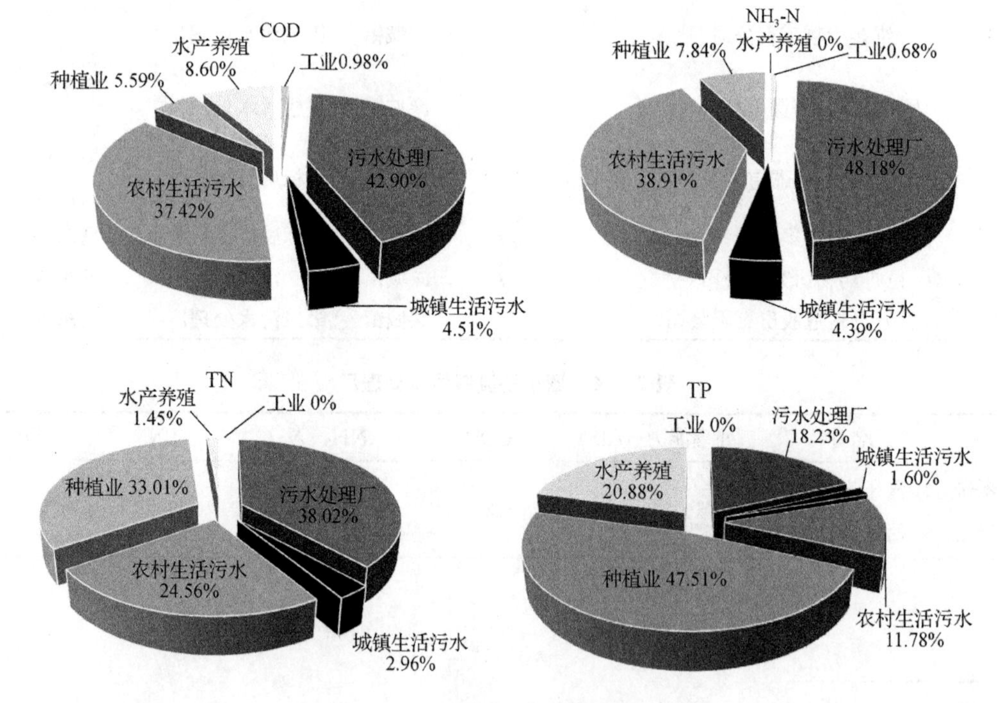

图 7-36 塘东桥流域污染负荷比

COD 来源：污水处理厂排放量最大，约占 42.90%；其次为农村生活污染，约占37.42%。各污染源对塘东桥小流域 COD 的污染负荷依次为：污水处理厂>农村生活>水产养殖>种植业>城镇生活>工业。

NH_3- N 来源：污水处理厂排放量最大，约占 48.18%；其次为农村生活，约占 38.91%。各污染源对塘东桥小流域 NH_3- N 的污染负荷依次为：污水处理厂>农村生活>种植业>城镇生活>工业>水产养殖。

TN 来源：污水处理厂排放量最大，约占 38.02%；其次为种植业，约占 33.01%。各污染源对塘东桥小流域 TN 的污染负荷依次为：污水处理厂>种植业>农村生活>城镇生活>水产养殖>工业。

TP 来源：种植业排放量最大，约占 47.51%；其次为水产养殖，约占 20.88%。各污染源对塘东桥小流域 TP 的污染负荷依次为：种植业>水产养殖>污水处理厂>农村生活>城镇生活>工业。

总之，塘东桥小流域内最大的污染源为污水处理厂和农村生活污染。因此，污水处理厂要在工艺上进行升级改造，增加废水处理深度；加快农村生活污水设施及管网建设，尽早实现全覆盖。

三、新村里小流域污染源分析

（一）土地利用情况及污染源分析

图 7 - 37 表明，新村里流域土地利用类型以农田、城镇建设用地为主。相关污染源遥感分析见表 7 - 17、图 7 - 38 及图 7 - 39。

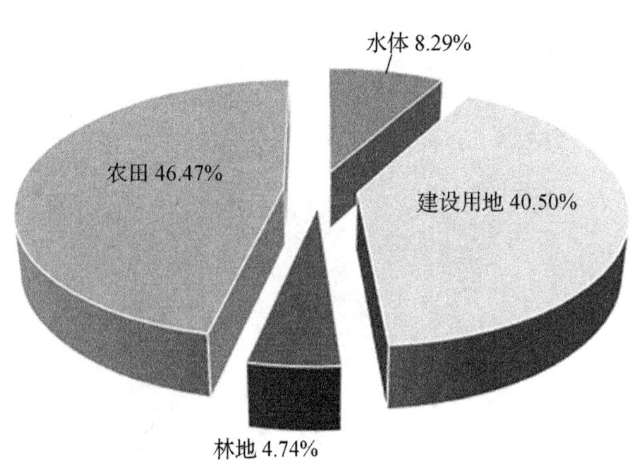

图 7 - 37　新村里流域土地利用结构图

表 7-17　新村里流域氨氮来源主要河段遥感分析

河段	污染源分析
丹金溧漕河段(在宜兴境内称为南溪河)	夏桥以下沿线特别是河南岸村庄、工厂较多,污水有直接排放现象,沿河码头较多,停泊船只上生活污水和货仓污水直接入河。夏桥上游穿溧阳城区有氨氮下输。 夏桥以东至新村里河段主要有 3 家规模较大的企业:中鹏染业有限公司、索尔维稀土新材料有限公司、诚兴化工有限公司
芜太运河(赵村桥以下至南溪河汇流处)	因赵村桥断面氨氮基本不超标,所以主要关注该断面以下河段的污染情况。该河段航运船只较多,沿河有数个煤炭与砂石码头可成为污染源,两岸农田排水可直接进入河流。部分村庄尚未实现全部接管或分散处理
溧戴河段(戴埠镇至南溪河汇流处)	航运船只及码头较多,螺旋桨搅起河底淤泥形成污染(需定期清淤),上游沿河村镇生活污水与农田水排入河造成污染,沿河码头停靠许多船只造成河水污染。 溧戴河上游与河流紧邻的可能氨氮来源有戴埠镇镇区、戴南、戴西、戴北工业园、戴埠污水处理厂

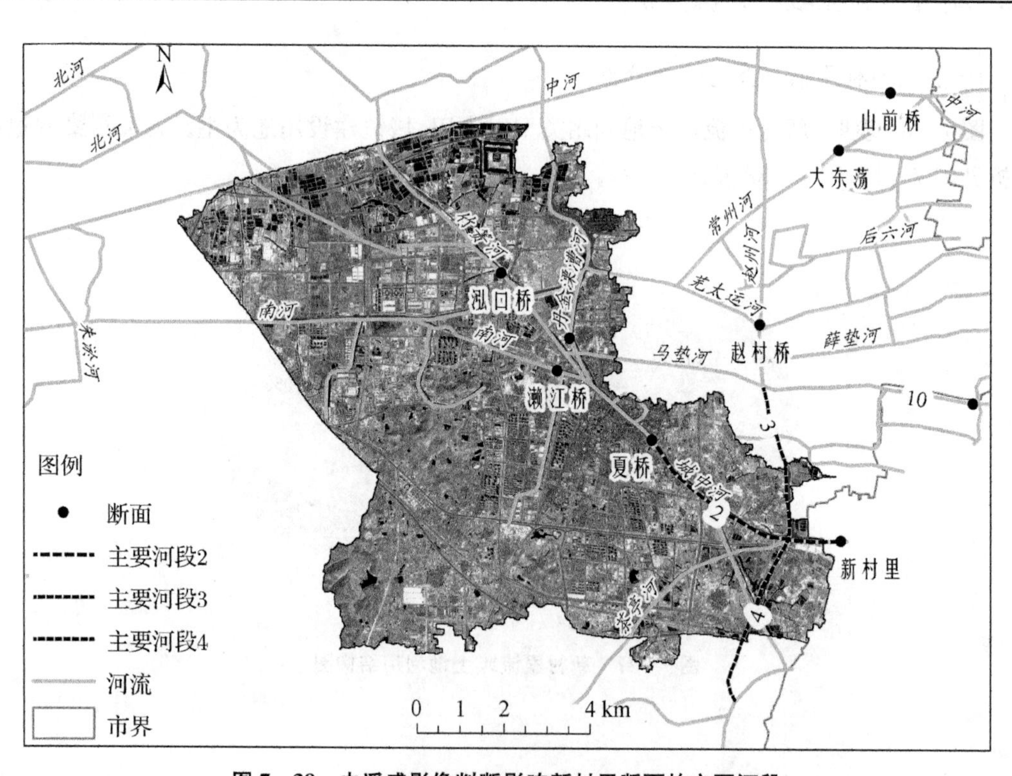

图 7-38　由遥感影像判断影响新村里断面的主要河段

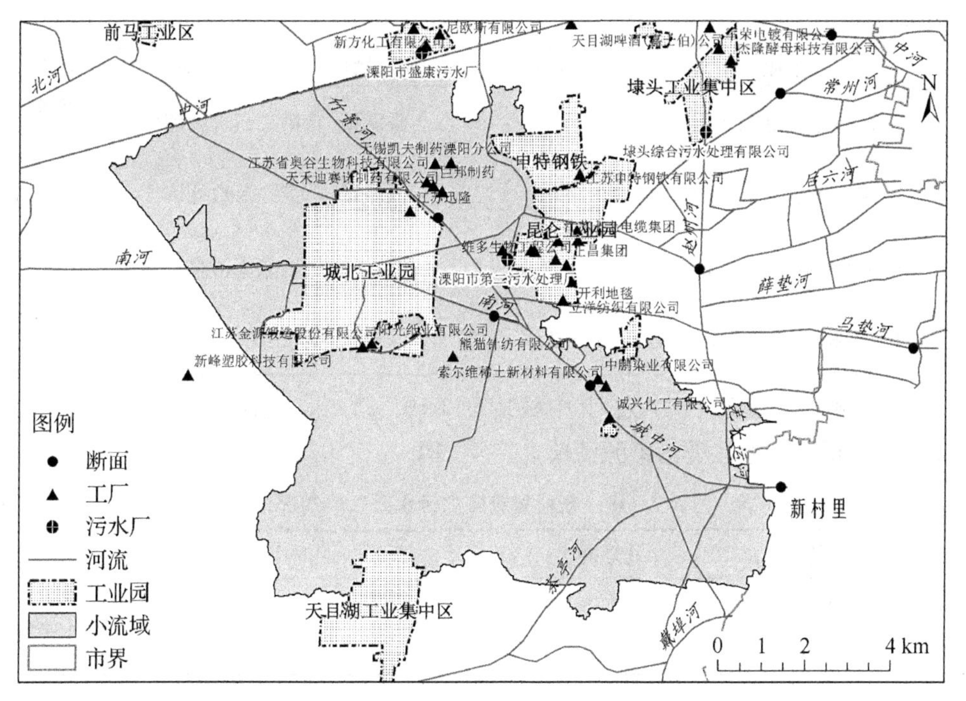

图 7-39 新村里流域工业企业分布图

表 7-18 新村里流域工业污染源清单

序号	企业	COD(t)	氨氮(t)	所属镇区	排放去向	隶属流域
1	溧阳市中鹏染业有限公司	/	/	溧城镇	第二污水处理厂	新村里
2	溧阳市熊猫针纺有限公司	/	/	溧城镇	第二污水处理厂	新村里
3	溧阳市阳光纸业有限公司	0.2	0	溧城镇	南河	新村里
4	溧阳市诚兴化工有限公司	0.4	0	溧城镇	丹金溧漕河	新村里
5	溧阳市华盛染整有限公司	/	/	溧城镇	第二污水处理厂	新村里
6	江苏金源锻造股份有限公司	0.9	0	溧城镇	南河	新村里
7	溧阳索尔维稀土新材料有限公司	198.72	20.87	溧城镇	丹金溧漕河	新村里
8	江苏巨邦制药有限公司	/	/	溧城镇	盛康污水厂	塘东桥 新村里
9	溧阳市中大建材有限公司	0.10	0	溧城镇	南河	塘东桥 新村里
10	溧阳强鑫纺织有限公司	/	/	溧城镇	第二污水处理厂	塘东桥 新村里
11	江苏天目湖药业有限公司	/	/	溧城镇	盛康污水厂	塘东桥 新村里
12	天禾迪赛诺制药有限公司	/	/	溧城镇	盛康污水厂	塘东桥 新村里
13	江苏迅隆科技有限公司	/	/	溧城镇	第二污水处理厂	塘东桥 新村里

续表

序号	企业	COD(t)	氨氮(t)	所属镇区	排放去向	隶属流域
14	江苏上上电缆集团	/	/	溧城镇	第二污水处理厂	塘东桥 新村里
15	维多生物工程公司	/	/	溧城镇	第二污水处理厂	塘东桥 新村里
16	无锡凯夫制药溧阳分公司	/	/	溧城镇	盛康污水厂	塘东桥 新村里
17	江苏华鹏变压器有限公司	10.25	1.03	溧城镇	芜太运河	塘东桥 新村里

新村里流域总人口 270 517 人，其中城镇人口 193 179 人，农村人口 77 338 人。农田面积为 49.035 km^2。其他各类污染源清单见表 7 - 19。

表 7 - 19　新村里流域内污水处理厂情况

流域	名称	处理能力(t/d)	COD	NH_3 - N	TN	TP
塘东桥 新村里	溧阳市第二 污水处理厂	50 000①	912.5	146	273.75	9.13

新村里小流域总磷沿丹金溧漕河偶有略微超标(图 7 - 40)，丹金溧漕河上游来水及靠近新村里断面河段村镇居民生活污水与农田排水是总磷较高的原因；沿溧戴河及芜太运河两侧的农业面源污染、城镇污水入河也是重要原因。2013 年以来造成新村里断面总磷超标的主要河段仍为夏桥以下河段。

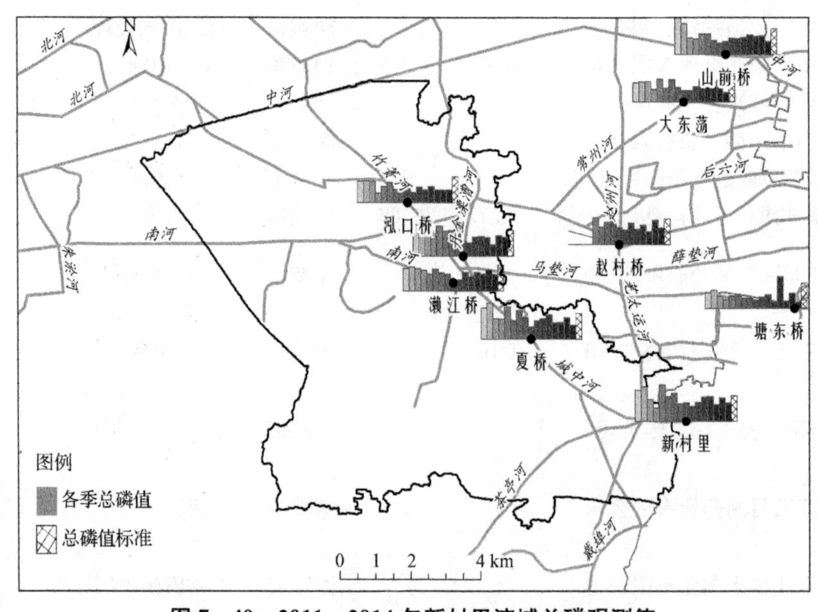

图 7 - 40　2011—2014 年新村里流域总磷观测值

① 2015 年该污水处理厂的建成规模已达 98 000 t/d，此报告按基准年数据核算。

(二) 新村里流域污染负荷估算

新村里小流域各污染物年入河量分别为 COD 1 517.57 t、NH_3-N 222.49 t、TN 456.69 t、TP 25.26 t。各污染源年产生的污染负荷见表 7-20 和图 7-41。

表 7-20　新村里流域污染源情况一览表

污染源	COD		NH_3-N		TN		TP	
	排放量(t/a)	占比(%)	排放量(t/a)	占比(%)	排放量(t/a)	占比(%)	排放量(t/a)	占比(%)
工业点源	210.57	13.88	21.90	9.84	0.00	0.00	0.00	0.00
污水处理厂	456.25	30.06	73.00	32.81	136.88	29.97	4.56	18.07
城镇生活	243.68	16.06	33.84	15.21	54.15	11.86	2.03	8.04
农村生活	533.52	35.16	79.04	35.52	118.56	25.96	3.95	15.65
种植业	73.55	4.85	14.71	6.61	147.11	32.21	14.71	58.25
合计	1 517.57	100.00	222.49	100.00	456.69	100.00	25.26	100.0

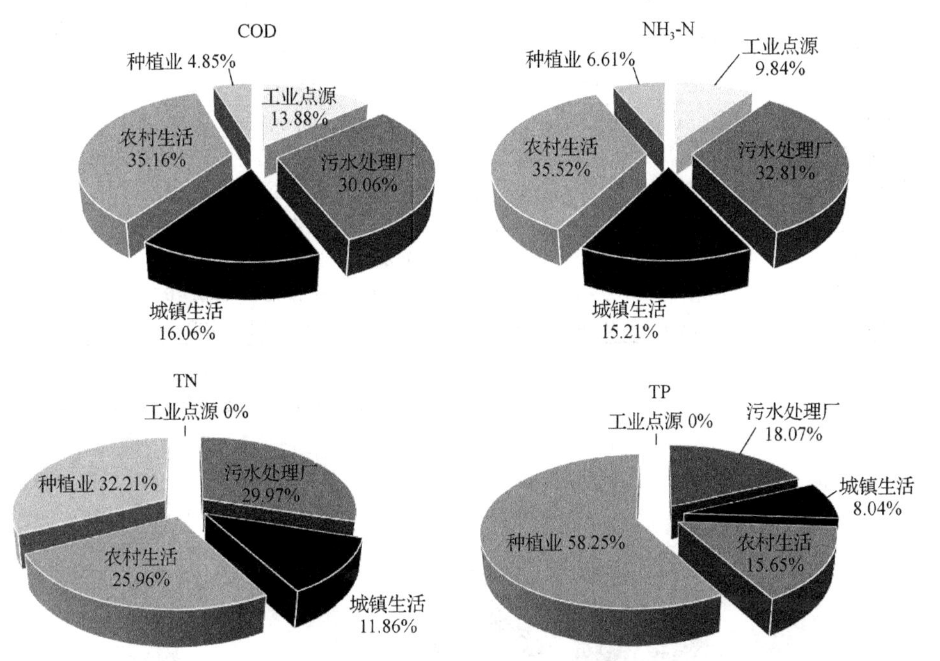

图 7-41　新村里流域污染负荷比

COD 来源:农村生活排放量最大,约占 35.16%;其次是污水处理厂,约占 30.06%。各污染源对新村里小流域 COD 的污染负荷为:农村生活>污水处理厂>城镇生活>工业>种植业。

NH_3-N 来源:农村生活年排放量最大,约占 35.52%;其次为污水处理厂,约占 32.81%。各污染源对新村里小流域 NH_3-N 的污染负荷为:农村生活>污水处理厂>城镇生活>工业>种植业。

TN 来源:种植业年排放量最大,约占 32.21%;其次为污水处理厂,约占 29.97%。各污染源对新村里小流域 TN 的污染负荷为:种植业>污水处理厂>农村生活>城镇生活>水产养殖。

TP来源：种植业年排放量最大，约占58.25%；其次为污水处理厂，约占18.07%。各污染源对新村里小流域TP的污染负荷为：种植业>污水处理厂>农村生活>城镇生活>水产养殖。

因此，新村里小流域内最大的污染源为农村生活污染和污水处理厂，应尽快推进农村环境综合整治工作力度，沿河村庄优先收集处理，杜绝污染物直排河道造成的污染；同时，改造提升污水处理厂的处理工艺，进一步降低污染物的总量，减轻河道负荷。

四、三流域污染源汇总

（一）污染负荷汇总

三个小流域各污染物排放量分别为COD 4 371.83 t、NH_3-N 592.61 t、TN 1 185.61 t、TP 105.42 t。各污染源污染负荷见表7-21及图7-42。

表7-21 三个小流域内污染源情况一览表

污染源	COD		NH_3-N		TN		TP	
	排放量(t/a)	占比(%)	排放量(t/a)	占比(%)	排放量(t/a)	占比(%)	排放量(t/a)	占比(%)
工业	221.61	5.07	23.00	3.88	0.00	0.00	0.00	0.00
污水处理厂	1219.10	27.89	235.43	39.73	325.36	27.44	12.19	11.56
城镇生活	344.68	7.88	47.87	8.08	76.60	6.46	2.87	2.72
农村生活	1 683.91	38.52	249.47	42.10	374.20	31.56	12.47	11.83
种植业	184.20	4.21	36.84	6.22	368.41	31.07	36.84	34.95
水产养殖	718.33	16.43	0.00	0.00	41.05	3.46	41.05	38.93
合计	4 371.83	100.00	592.61	100.00	1 185.61	100.00	105.42	100.00

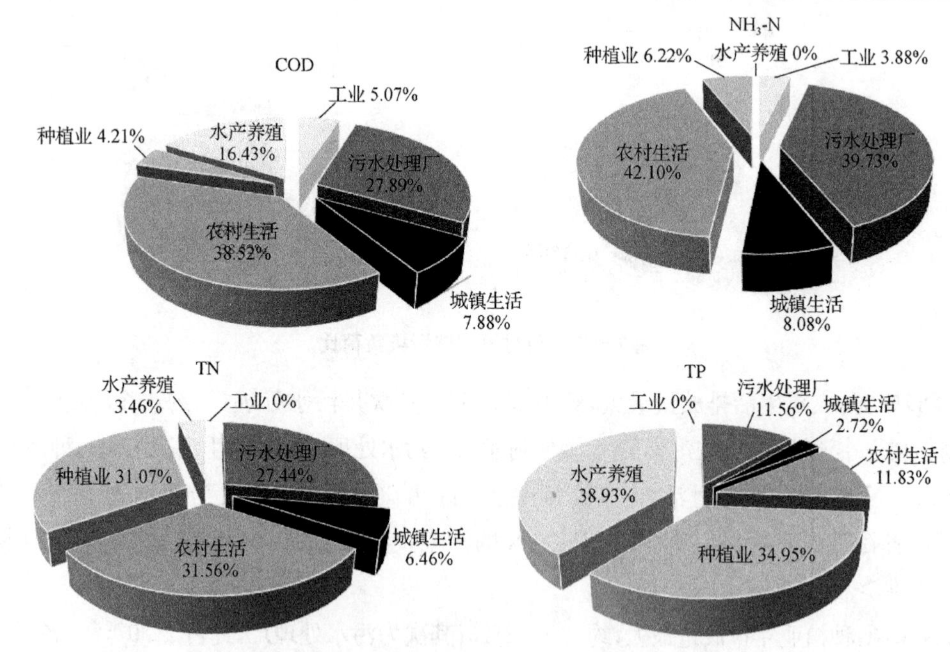

图7-42 三小流域污染负荷比

COD 来源:农村生活污染排放量最大,约占 38.52%;其次是污水处理厂,约占27.89%。各污染源对 COD 的污染负荷依次为:农村生活>污水处理厂>水产养殖>城镇生活>工业>种植业。

NH_3-N 来源:农村生活排放量最大,约占 42.10%;其次为污水处理厂,约占 39.73%。各污染源对 NH_3-N 的污染负荷依次为:农村生活>污水处理厂>城镇生活>种植业>工业>水产养殖。

TN 来源:农村生活排放量最大,约占 31.56%;其次为种植业,约占 31.07%。各污染源对 TN 的污染负荷依次为:农村生活>种植业>污水处理厂>城镇生活>水产养殖>工业。

TP 来源:水产养殖排放量最大,约占 38.93%;其次为种植业,约占 34.95%。各污染源对 TP 的污染负荷依次为:水产养殖>种植业>农村生活>污水处理厂>城镇生活。

因此,三个小流域内最大的污染源为农业面源和污水处理厂,农业面源污染中又以种植业和农村生活污染为主,水产养殖次之。为有效削减污染物排放,要加强农村生活污水整治的力度,尽早实现农村污水处理设施全覆盖;在种植业和养殖业上,要改变传统种植和养殖方式,采用科学种植和生态养殖技术,减少污染物质的排放。污水处理厂也是重要的污染源之一,污水处理厂要在工艺上进行改进,增加废水处理深度,实现污染物的总量减排。

(二) 主要污染河段

依据所有水质断面观测值以及遥感影像分析,可以初步判定影响三个出境断面水质的污染河段主要为如下四段(图 7-43):丹金溧漕河段(26 km)、中河段(20 km)、芜太运河段(5 km)以及溧戴河段(12 km)。

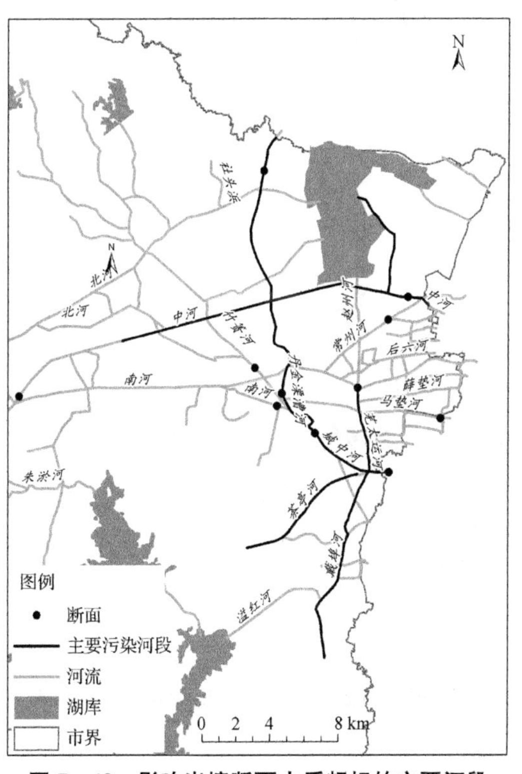

图 7-43　影响出境断面水质超标的主要河段

第六节　重点流域水环境容量与削减目标核定

为了既保证出境断面水质稳定达标，又能合理利用河流自身的纳污能力，需要准确了解污染物的削减量（即污染物的入河量扣除河流自净和稀释容量）。为此，本书以丹金溧漕河、中河为例进行了水环境容量的模拟与计算，主要为新村里、山前桥小流域的主要污染物（氨氮、总磷）削减提供参考（塘东桥小流域与新村里存在公共区域，且所在河流——马垫河较小，不再计算水环境容量，而是按前5年的达标率情况确定削减率）。

一、计算模型

依据本章第二节提供的水环境容量计算模型，对研究河段污染物混合情况进行概化，如图7-44所示。

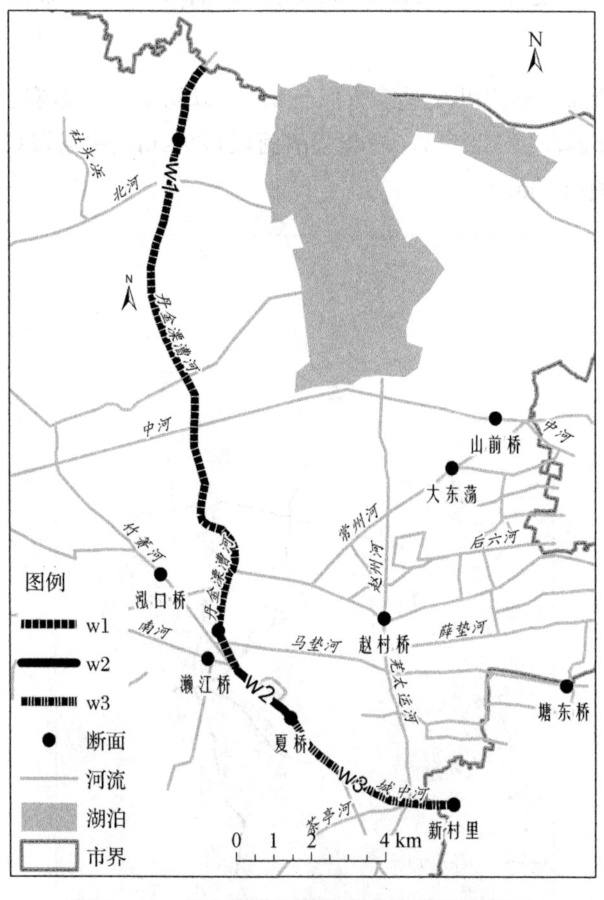

图7-44　丹金溧漕河溧阳段分段情况概化图

溧阳市生态安全研究

二、 条件设定

本研究中运用此模型估算丹金溧漕河(溧阳段)水环境容量,有关假定及参数取值如下:

(1) 丹金溧漕河溧阳段共有别桥、凤凰东桥、夏桥和新村里4个监测断面,可以分成别桥—凤凰东桥(W1)、凤凰东桥—夏桥(W2)、夏桥—新村里(W3)三段进行计算。分段情况见图7-46。

(2) 本模型计算把河道概化成矩形模式,即 V_i=河长×河宽×水深,根据遥感影像量算,上述三段河流长度分别为17 165.27 m、1 870.28 m、5 226.1 m。根据水文调查和有关研究报告,全河平均河宽定为40 m。各断面水深取枯水期实际监测值。

(3) 流量 Q_i 为枯水期实际监测值;C_{si} 为水质达标的目标浓度值,即 NH_3-N为1 mg/L、TP为0.2 mg/L;C_{oi} 为枯水期水质监测值,单位mg/L。

(4) 根据太湖流域相关达标方案,水质降解系数 K_i 均取0.08。

(5) 别桥断面金坛来水设定为水质达标的目标浓度值,即本模型计算的水环境容量仅针对溧阳境内理想的纳污能力。

三、 计算结果及削减目标

根据上述模型和参数设定,在目前的污染负荷下,为保证断面达标,NH_3-N、TP的理论容量分别为58.97 t、19.70 t,计算结果见表7-22。

表7-22 丹金溧漕河(溧阳段)水环境容量理论值 单位:t/a

河段	容量	
	NH_3-N	TP
W1	44.11	8.82
W2	5.46	7.37
W3	9.4	3.51
合计	58.97	19.70

根据本项目污染源调查和估算结果,新村里小流域各类污染源年入河情况见表7-23。

表7-23 新村里小流域污染物产生量估算结果 单位:t/a

入河量	NH_3-N	TP
工业	21.90	0.00
污水处理厂	73.00	4.56
城镇生活	33.84	2.03
农村生活	79.04	3.95
种植业	14.71	14.71
合计	222.49	25.25

因此，该小流域需削减的污染物量 $\Delta t=G-W$。结果表明，为保障水质达标，NH_3-N、TP 指标的年削减量分别为 163.52 t、5.56 t，详见表 7-24。

表 7-24 新村里小流域污染物削减目标 单位：t/a

指标	NH_3-N	TP
入河量	222.49	25.26
环境容量	58.97	19.70
削减量	163.52	5.56

中河（水产桥至山前桥段）长度为 17 470 m，平均宽度为 39 m，枯水期水深 2.6 m，流量 2.09 m^3/s。结合前面的污染源估算结果，同理推算出山前桥小流域污染物年削减目标分别为 NH_3-N 156.57 t、TP49.27 t，见表 7-25。

表 7-25 山前桥小流域污染物削减目标 单位：t/a

指标	NH_3-N	TP
入河量	223.98	60.54
环境容量	67.41	11.27
削减量	156.57	49.27

鉴于塘东桥所在马垫河流量较小，不作河道环境容量计算，建议根据前五年的达标情况进行削减。根据前文数据分析，2011—2015 年，塘东桥断面氨氮达标率最低为 66.7%，故该指标的削减率确定为 33.3%；同理确定总磷的削减率为 8.3%。结合污染源调查估算结果，得出该流域的污染物削减量为 NH_3-N 50.46 t/a、TP 2.08 t/a。

全流域污染物削减情况汇总见表 7-26。

表 7-26 三个小流域污染物削减目标汇总 单位：t/a

流域削减量	NH_3-N	TP
新村里	163.52	5.56
山前桥	156.57	49.27
塘东桥	50.46	2.08
合计	370.55	56.91

第七节　断面达标策略与工程

根据近五年溧阳市全流域水质监测及污染源调查结果，利用GIS技术等手段分析，溧阳市重点治理流域范围面积376.36 km^2，涉及溧城等8个乡镇。重点治理河段为丹金溧漕河溧阳段（主要以凤凰东桥至新村里段为主，特别是从夏桥至新村里段氨氮恶化趋势明显）、中河（水产桥至山前桥）、芜太运河（与马垫河交汇处至与丹金溧漕河交汇处）、溧戴河。同时以出境断面划分小流域（山前桥、新村里、塘东桥），针对小流域提出明确的治理策略，具体范围见图7-45。

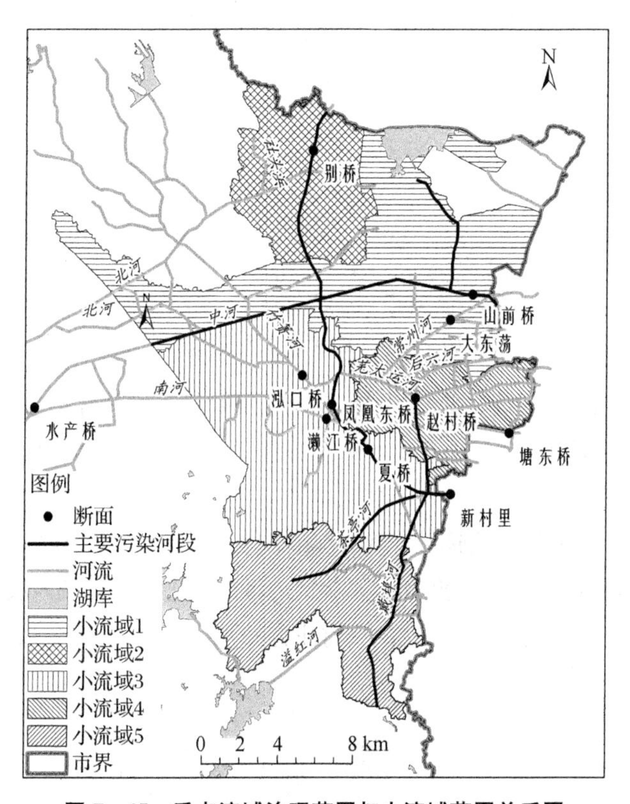

图7-45　重点流域治理范围与小流域范围关系图

一、重点治理区域划分方案

根据污染源分析和水质监测结果，本课题建议溧阳市重点流域水环境治理分近期（2016—2017年）和远期（2018—2020年）两个阶段进行，首先解决一级治理区的整治问题，然后是二级治理区的工程，从而保证2020年前水质稳定达标。具体划分方案见图7-46。

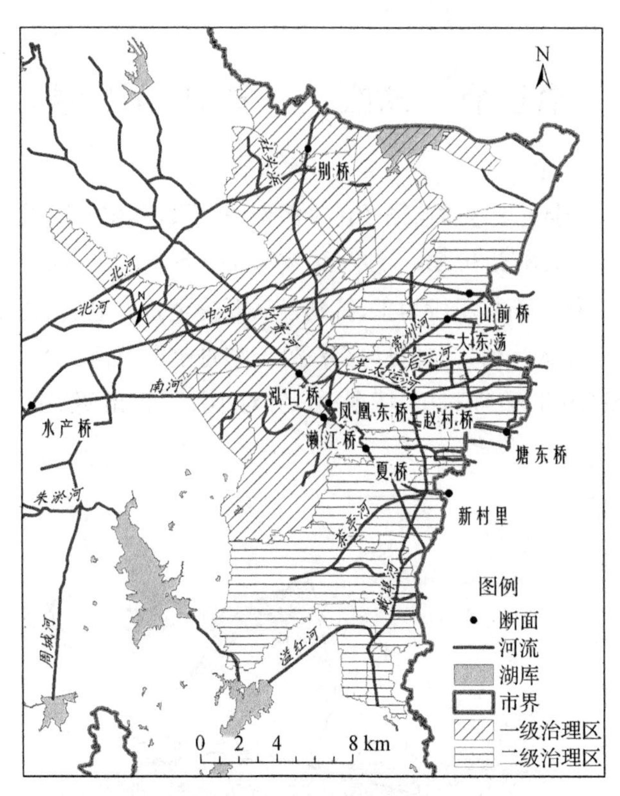

图 7-46 重点治理区域划分

一级治理区主要包括上黄、埭头、溧城、戴埠、天目湖 5 个乡镇，重点治理河段两岸各 0.5 km 有村庄 38 个、镇区 5 个，总面积 190.27 km²。目前主要用地类型为农业用地和城镇建设用地。

二级治理区主要包括上黄、别桥、竹箦、溧城、埭头、南渡 6 个乡镇，重点治理河段两岸各 0.5 km 村庄 35 个、镇区 2 个，总面积 186.05 km²。目前主要用地类型为农业用地和水域。

一级治理区具体土地利用情况和乡镇、村庄分布见图 7-47、表 7-27。

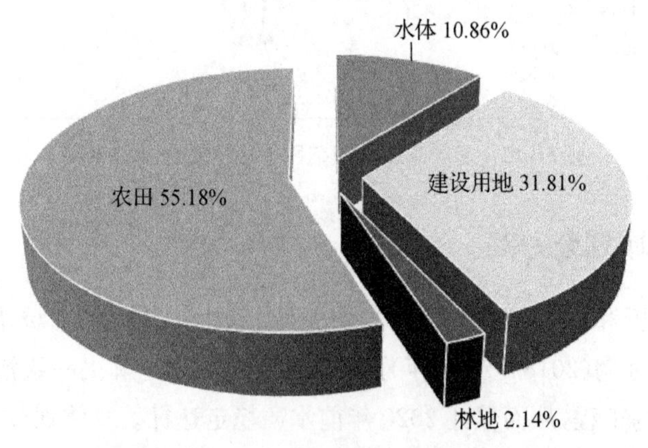

图 7-47 一级治理区目前土地利用结构

表 7－27　一级治理区情况分镇统计

编号	所属乡镇	面积(km^2)	重点治理村庄、镇区
1	上黄镇	14.92	夏林　杨庄　白塔村　东庄渚　夏林村　上黄镇镇区
2	戴埠镇	22.02	戴埠镇区　盈墅　新桥村　杨树垛村　月潭　茶亭村
3	天目湖镇	38.05	桥山下　沈家边　郑笪村　古县　西山庄
4	埭头镇	40.39	南埝村　邹家村　土楼下　胡家村　东荡村　埭头镇区　山前村
5	溧城镇	74.89	南庄村　大林村　长阳村　后黄墟村　罗庄村　新联村　歌岐礼诗村　溧阳市区　马垫村　李百圩　溧阳经济开发区　胥渚村　赵家村　宗村　昆仑桥　毛场里　蒋巷村
合计		190.27	村庄 38 个、镇区 5 个

二级治理区具体土地利用情况和乡镇、村庄分布见图 7－48、表 7－28。

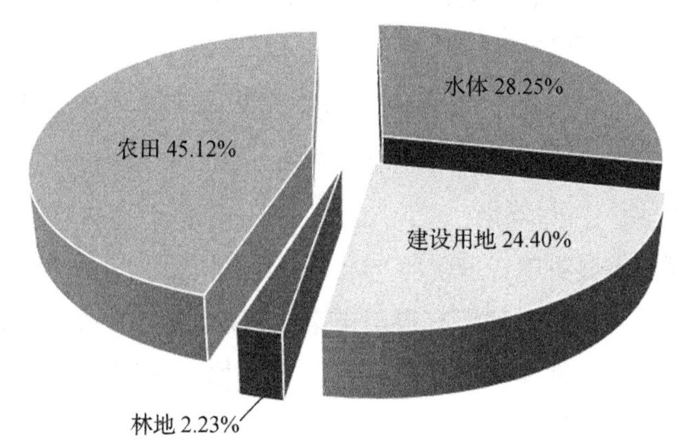

图 7－48　二级治理区目前土地利用结构

表 7－28　二级治理区情况分镇统计

编号	所属乡镇	面积(km^2)	重点治理村庄、镇区
1	南渡镇	1.47	/
2	埭头镇	4.88	罗家村　王家村　湖头村
3	上黄镇	21.84	坡圩村
4	竹箦镇	27.67	竹箦(前马)镇区　宋巷村　下杜家冲　道人渡村　王家坝　濑溪里村
5	溧城镇	63.86	上阁楼村　湾里村　梅二村　曾家圩村　胥泊村　西洒墩村　草溪圩村　石板桥　南村村　狄家园　蒋店村　五潭渡村　赵家村
6	别桥镇	66.37	别桥镇区　浪圩村　昌口村　金家村　古渎　董家舍村　闸口村　湖塘村　下尖圩村　中里村　姚家桥　土山村　战胜村　诸里村
合计		186.09	村庄 35 个、镇区 2 个

二、重点流域治理策略

（一）加强工业点源的治理和监管

重点治理流域涉及的工业园有溧阳市南渡新材料工业集中区、前马工业集中区、别桥北郊工业园、别桥北山工业集中区、埭头工业集中区、江苏省中关村科技产业园、溧阳经济开发区昆仑工业园、天目湖工业集中区、戴埠工业集中区及各乡镇分散的工业企业。

针对各工业集中区加强工业污染源的排查，重点要求做到雨污分流，禁止发生污水通过雨水排放体系排放，污水排放口达到相应污水厂接管标准或直接排放标准。加强排污口规范化整治。

针对园区及分散工业企业中涉及化工、印染、表面处理、钢铁、医药、啤酒等重污染行业，开展行业升级改造，实施循环化改造，提高工业用水重复利用率，结合国家行业新标准，制订相应的提标升级改造计划，严格按照计划实施。同时加强劳动密集型企业（职工人数 50 人以上）生活污水排放的排查及监管情况。

加快工业集中区污水管网建设，尽快实现污水接管集中处理。流域内共有工业污染源 33 家，其中需接管的 8 家，需加强监管的 25 家，主要集中在溧城镇。

（二）提高污水处理厂运行效率

截止 2014 年，溧阳市共有建成运营的污水处理厂 13 家，污水处理能力 7.9 万 t/d[①]，其中重点治理流域内涉及的污水处理厂有溧阳市第二污水处理厂、埭头综合污水处理有限公司、别桥镇生活污水处理厂、戴埠污水处理厂、天目湖污水处理厂、溧阳市盛康污水处理有限公司 6 家。主要整治措施包括：

按照《溧阳市市域污水工程规划（修编）（2015—2030）》，加快溧阳市第二污水处理厂扩建工程及花园污水处理厂新建工程，尽快提高溧阳城区污水收集覆盖率，特别是溧阳城区东南、西面区域及开发区城北工业园污水管网建设，加快天目湖区域污水接入溧阳市第二污水处理厂进度。

对涉及的乡镇污水处理厂近阶段实施脱氮除磷改造，加快溧阳市区域治污一体工程的推进，提高运行管理水平，确保达标排放。

加强对各污水处理厂排放口监管和监控，确保实现达标排放，对其进水和出水水质进行监控。

（三）加强面源污染的防治

面源污染的概念是与点源污染相对的，是指溶解性的或非溶解性的污染物从非特定的地域，在降水和径流作用的冲刷下，通过径流过程汇入受纳水体而引起的污染。重点治理区

① 溧阳市第二污水处理厂按 50 000 t/d 规模计算

域涉及面源排放主要有农业(种植业)、水产养殖业、农村生活面源、城镇生活面源、船舶码头面源。

经调查,重点治理区域共有畜禽养殖场4家,水产养殖基地21家,自然村落2 686个。应结合《常州市水污染防治实施方案(2016—2020年)》、课题水质分析成果、GIS用地分类情况,明确河道、水产养殖、种植业拦截的重点区域及生活污染源治理的名单、明确水产养殖名单,并在小流域内细化推荐的治理措施方案(见附图22)。

1. 种植业面源治理

农业面源污染防治较为成熟的技术可以分为源头控制、过程拦截和末端净化三大类。

源头控制 源头控制技术主要通过优化农业生产工艺达到减少农业源污染物产生与排放的目标,包括清洁种植技术和清洁养殖技术。

在充分考虑作物适生性和农业面源污染发生潜力的基础上,充分发挥比较优势,调整种植结构,优化作物布局;推广氮磷肥料高效施用技术和测土配方施肥技术,根据土壤养分测试结果和作物需肥特性提出施肥配方。

过程拦截 过程拦截技术是指在农业面源污染物产生以后,针对其迁移途径采用物理、化学或生物的方法进行拦截、降解或处理利用,从而降低污染物向水体的排放量,减轻农业面源污染。

设立稻田缓冲带:是指在生物缓冲带的原理基础上,根据我国农田比较集中、耕地面积紧张的实际情况进行改进,既不占用大量土地,还能充分发挥拦截功能的新型缓冲带。施肥期间稻田是水体N、P的污染源,而施肥后稻田又可成为削减水体N、P负荷的"人工湿地"。故可将稻田本身作为一种缓冲拦截带来控制水体区域范围内的农田面源污染。其主要类型有,在农田靠近水体的范围内设置缓冲带或在靠近农田沟渠范围设置缓冲带等,缓冲带内不施用任何肥料。在太湖地区稻季缓冲带拦截N、P径流损失效果明显,总氮净拦截量在20.6~51.8 kg/hm^2 之间,占田面水中总氮的31.7%~51.9%;总磷净拦截量在4.7~5.1 (kg/hm^2)之间,占田面水中总磷的50%以上;缓冲带对渗漏水中N、P的水平迁移具有同样明显的拦截效果,减少了N、P向水体的输入量。

设置生态拦截沟 利用稻田的排水沟渠,建设稻田退水氮磷的生物拦截设施,延长流水停留时间,促进流水携带颗粒物质的沉淀;沟内种植高效富集氮磷植物,吸纳稻田退水中氮磷以及水体中残留农药,改善净化水质,促其循环再利用,防治农业面源污染。每6.67 hm^2 水田修建生态拦截沟200 m。重点加强溧阳城区以东马垫河、芜太运河周边农业污染控制。

2. 水产养殖业治理

目前,溧阳市的养殖模式主要是池塘养殖、流水型养殖设施、循环水养殖设施和网箱养殖设施。与其他养殖方式相比,具有更高的生产效率。推进生态健康养殖,调整渔业产业结构。深入落实《水域滩涂养殖规划》的相关要求,合理调整修编《常州市水域滩涂养殖规划》,对禁养区和限养区严格依法管理,在宜养殖区科学确定养殖地点、养殖品种和养殖模式,大

力推广生态渔业、增殖渔业、循环渔业等。严格控制重点水域的水产养殖面积、深入实施退圩还滩、退圩还湖工程，强化湖泊围网养殖整治的长效管理。

重点针对上黄、埭头片区，对长荡湖制定退圩还湖、退渔还湿计划。继续实施退渔(垦)还湖，逐步缩减围网，减少喂养投料，提倡生态养殖。对于保留或暂时保留的围网，要合理调节养殖密度，科学规划放养品种与放养量；鼓励立体养殖，利用各鱼种间相互依存的生物生存关系，减少药物和饲料的投入。

强化水产养殖污染管控。积极推广人工配合饲料，逐步减少冰鲜杂鱼饲料使用。鼓励采用生态养殖技术和水产养殖病害防治技术，推广低毒、低残留药物的使用，严格养殖投入品管理，依法规范、限制使用抗生素等化学药品，开展专项整治。制订本地区《百亩连片标准化池塘改造方案(2016—2020 年)》，开展池塘标准化改造，建设尾水净化区，推广养殖尾水达标排放技术，有效控制水产养殖业污染。沿河养殖区建立湿地净化区系统净化养殖废水，发展池塘循环水养殖工程，实现养殖尾水的达标，减少污染物排放。

3. 农村生活面源治理

按照统筹规划、集散结合、自主实施、政府帮扶、以奖促治原则，以各辖市区为单元，实施农村清洁、水系沟通、河塘清淤、岸坡整治、生态修复等工程，协同推进村庄环境整治及提升工程和覆盖拉网农村环境综合整治试点工作。各地制定农村环境综合整治规划及分年度计划。加快农村生活污水处理统一规划、统一建设、统一管理，合理选择城镇污水处理厂延伸处理、就地建设小型设施相对集中处理以及分散处理等治理方式，优先推进太湖流域区域农村污水处理。按照河畅、水清、岸绿、景美的目标，大力开展水美乡村建设。到 2020 年，建制村环境综合整治全覆盖，凡是需要疏浚的河塘至少疏浚一次，村镇生活垃圾集中收运率达到85%以上，农村无害化卫生户厕普及率 95%，55%规划布点村庄生活污水得到有效处理。应针对区域内的规划保留的沿河村庄优先农村生活面源治理工程。涉及治理内容分为农村生活污水收集系统建设及污水处理设施建设工程、农村河道环境综合整治工程(特别是沿河源头支流、河浜等建设亲水驳岸、生态护岸等氮磷拦截工程、淤积河道清淤工程，增强自净能力)。

4. 城镇生活面源治理

针对重点治理区域内乡镇，加快镇区雨污分流管网建设，加快污水接管覆盖率，提高城镇生活污水集中处理率；对镇区内河流实施综合整治，如建设亲水驳岸、生态护岸等氮磷拦截工程、淤积河道清淤工程，增强自净能力。

5. 船舶码头面源污染治理

重点治理河段丹金溧漕河、芜太运河、溧戴河、中河均为溧阳市主要的船舶运输河流(图 7-49)，沿河设有建材码头、煤码头、钢厂码头等，应加强码头初期雨水的收集治理，同时加强管理，控制码头装卸过程的“跑冒滴漏”问题，开展水上加油站安全建设与管理，控制其跑冒滴漏现象。

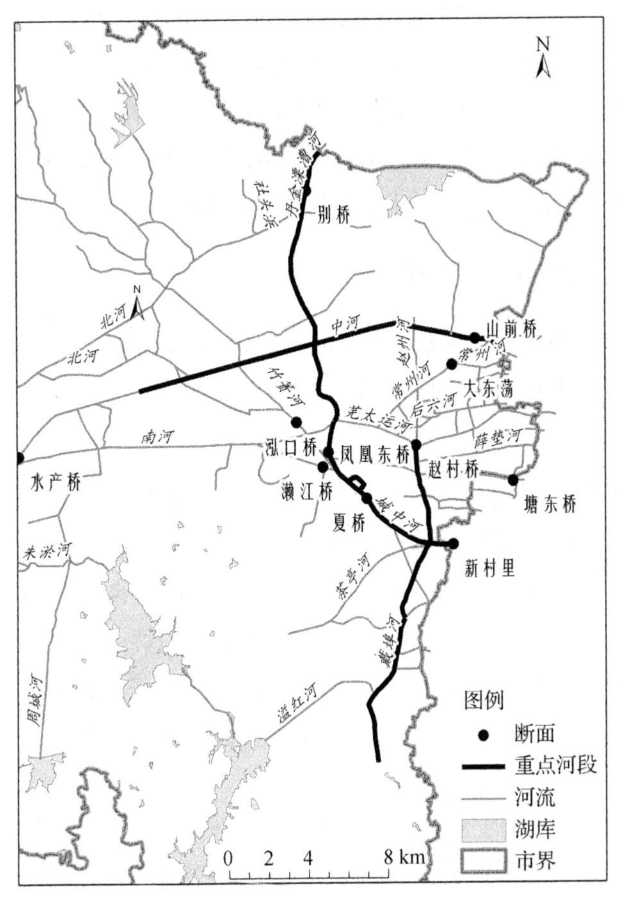

图 7－49　重点治理河段示意图

结合交通运输部关于《珠三角、长三角、环渤海水域船舶排放控制区实施方案》，加强船舶污染控制，对尚未安装油水分离器、生活垃圾和污水处理设备的船舶要限期安装，港口、码头应设置船舶废油、废水和垃圾接收装置，及时送往集中处理场所处置。

（四）强化公众参与和社会监督

1. 依法公开环境信息

依照《常州市水污染防治实施方案（2016—2020 年）》，溧阳市人民政府要定期公布各镇（区）水环境质量状况，对水环境状况差的地区，经整改后仍达不到要求的，约谈其政府相关负责人。建立重点排污企业环境信息强制公开制度，切实保障公众的环境知情权，国控重点排污单位应依法向社会公开其产生的主要污染物名称、排放方式、排放浓度和总量、超标排放情况，以及污染防治设施的建设和运行情况，主动接受监督。

2. 构建全民行动格局

支持环保社会组织、志愿者、社会团体开展水环境保护公益活动，邀请其全程参与重要环保执法行动和重大水污染事件调查。健全举报制度，充分发挥“12369”环保举报热线和网络平台的作用。限期办理群众举报投诉的环境问题，一经查实，可给予举报人奖励。通过公开听证、网络征集等形式，充分听取公众对重大决策和建设项目的意见。公开曝光环境违法典型案件，积极推行环境公益诉讼。倡导文明、节约、绿色的消费方式和生活习惯，开展环保社区、学校、家庭等群众性创建活动，推动节约用水，鼓励购买使用节水产品和环境标志产品。在全社会牢固树立"节水洁水，人人有责"的行为准则，共同改善水环境质量。

三、 小流域达标措施与重点工程

为实现溧阳出境断面水质有明显好转，保障太湖流域水质安全和本区民众用水安全，溧阳本地水环境治理应以重点出境断面近期水质达标为努力目标，需采取如下对策：

(一) 山前桥小流域

山前桥断面位于中河溧阳与宜兴交界部位，中河也是溧阳一条较大河流，航运船只较多，进入宜兴称为北溪河，然后与南溪河汇合一同进入太湖，所以该河也是一条影响太湖水质的重要河流。该断面近半年来(4—9 月)氨氮无超标事件，再往前推半年(3 月至去年 10 月)有 5 个月超标。氨氮污染表现出冬春季强，夏秋季弱的特点，似乎与少雨季和多雨季相关。近一年来高锰酸盐指数没有超标时间，但有三次几乎要突破限值，即高锰酸盐指数逼近考核临界值。总磷近一年没有超标。所以本断面的主要目标与工作是消除氨氮超标，并使高锰酸盐指数有所下降。

据前分析，提升该断面水质牵涉到重点河段有中河从断面起向上游回溯 20 km 长河段，丹金溧漕河与中河交汇处至别桥 15 km 长河段，应采取表 7－29 中所列措施。

表 7－29　山前桥小流域治理内容

措施	治理内容
丹金溧漕河段治理	丹金溧漕河与中河交汇处至别桥 15 km 长河段，治理与新村里断面对该河段的要求一样
中河段治理	主要是河岸两边的村庄、工业企业、农业、渔业养殖污染治理。该断面所在小流域内水产养殖面积大，养殖池塘换水会造成水质突然变差，应加强 13 家规模化养殖基地的管理
污水处理厂监管	小流域内和边缘部位有三个污水处理厂，污水厂脱污出现问题时尾水会影响河水水质，所以应该对污水厂出水水质进行严控
工业企业治理	小流域内工业园区及独立工厂较多，生产与生活废水应提升处理标准，并彻底进行雨污分流

该小流域一级区治理工程包括上黄、埭头、溧城分散工业源雨污分流接管工程、上黄坡圩工业集中区污水管网建设工程、埭头污水处理厂升级改造工程、农业面源整治工程、农村综合整治工程、船舶码头综合整治、城镇面源、华荡河水环境综合整治工程等 8 大类 32 项工程，实施期限为 2016—2017 年，分布在溧城、上黄、埭头镇范围。

二级治理区工程包括全福农牧等分散工业源雨污分流接管工程、前马工业集中区污水管网建设工程、别桥污水处理厂升级改造工程、农业面源整治工程、农村综合整治工程、城镇面源等6大类23项工程，实施期限为2018—2020年，分布在竹箦、别桥镇范围。

具体工程见表7-30。

表7-30 山前桥流域重点工程一览表

流域	分区	乡镇	分类	实施工程	实施时间	责任部门
山前桥	一级治理区	上黄	分散工业源雨污分流、污水接管或达标排放工程	溧阳市维信生物有限公司	2016—2017	环保 水利(水务)
				常州恒联把手有限公司	2016—2017	
				溧阳市腾业新型材料有限公司	2016—2017	
				溧阳市亚邦混凝土有限公司	2016—2017	
				溧阳市上黄轧钢厂	2016—2017	
			工业集中区污水管网建设工程	上黄坡圩工业集中区	2016—2017	水利(水务)
			农业面源综合整治工程	上黄镇周山村前化滩河蟹养殖基地	2016—2017	农林
				上黄镇坡圩村坡圩高效渔业基地	2016—2017	
			农村综合整治工程	山前村等沿河500 m分散式农村生活污水治理	2016—2017	环保
山前桥	一级治理区	上黄	码头、船舶综合整治	华荡河、坡圩河沿线码头、船舶专项整治	2016—2017	交通
				华荡河与中河交汇处码头	2016—2017	
			小河流综合整治工程	华荡河(上黄段)水环境综合整治	2016—2017	水利(水务)
				坡圩河水环境综合整治	2016—2017	
		埭头	分散工业源雨污分流、污水接管或达标排放工程	溧阳市瑞丰新材料有限公司	2016—2017	环保 水利(水务)
				埭头画诗路分散工业源(江苏骏业科技产业园、好利医疗等)	2016—2017	
				四方不锈钢有限公司	2016—2017	
			工业集中区	埭头工业集中区	2016—2017	环保
			城镇面源	埭头镇区	2016—2017	水利(水务)
			污水处理厂	埭头污水处理厂升级改造	2016—2017	环保 水利(水务)
			农业面源整治	埭头镇湖头村圆宝墩河蟹基地	2016—2017	农林
				邹家养猪场	2016—2017	
				余家坝养羊场	2016—2017	
				农田氮磷拦截工程(华荡河、中河山前桥附近211 hm^2)	2016—2017	

续表

流域	分区	乡镇	分类	实施工程	实施时间	责任部门
山前桥	一级治理区	埭头	农村综合整治工程	湖头村等沿河 500 m 分散式农村生活污水治理	2016—2017	环保
			小河流综合整治工程	赵村河埭头镇区、工业集中区段水环境综合整治	2016—2017	水利(水务)
				华荡河(埭头段)水环境综合整治	2016—2017	
		溧城	分散工业源雨污分流、污水接管或达标排放工程	常州海大生物科技有限公司	2016—2017	环保 水利(水务)
				溧阳市久和饲料有限公司	2016—2017	
				江苏申特钢铁有限公司	2016—2017	
			码头、船舶综合整治	常州海大饲料科技有限公司码头	2016—2017	交通
			农村综合整治工程	新联村等沿河 500 m 分散式农村生活污水治理	2016—2017	环保
			农业面源整治	溧城镇杨庄滩百味淡河蟹养殖基地	2016—2017	农林
				溧城镇杨庄杨庄千亩河蟹养殖基地	2016—2017	
	二级治理区	别桥	城镇面源	古渎集镇生活污水接管工程	2018—2020	水利(水务) 环保
				别桥湖边生活污水处理工程	2018—2020	
				别桥集镇生活污水接管工程	2018—2020	
			污水处理厂	溧阳市盛康污水处理有限公司	2018—2020	环保 水利(水务)
				别桥污水处理厂升级改造工程	2018—2020	
			工业集中区	溧阳市北郊工业园(原绸缪工业集中区)污水接管工程	2018—2020	水利(水务) 环保
				别桥北山工业集中区污水接管工程	2018—2020	
			农业面源整治	湖边村湖边现代渔业示范基地	2018—2020	农林
				别桥养殖场湖西现代渔业基地	2018—2020	
				别桥镇马家村马家现代渔业基地	2018—2020	
				水产良种场千亩河蟹出口基地	2018—2020	
			农村综合整治工程	镇东村等沿河 500 m 分散式农村生活污水治理	2018—2020	环保

续表

流域	分区	乡镇	分类	实施工程	实施时间	责任部门
山前桥	二级治理区	竹箦	分散工业源雨污分流、污水接管或达标排放工程	江苏全福农牧有限公司	2018—2020	环保 水利(水务)
			工业集中区	前马工业集中区	2018—2020	环保 水利(水务)
				江苏中关村汽车零部件产业园	2018—2020	
			污水处理厂	前马污水处理厂脱氮除磷工程	2018—2020	环保 水利(水务)
			城镇生活面源	前马集镇	2018—2020	水利(水务)
				余桥集镇	2018—2020	
			农业面源整治	竹箦镇濑阳村千亩无公害河蟹基地	2018—2020	农林
				竹箦镇前马荡前马塘特种水产基地	2018—2020	
				竹箦镇前马荡省级水产苗种示范基地	2018—2020	
				农田氮磷拦截工程(中河前马—余桥段 393 hm^2)	2018—2020	
			农村综合整治工程	道人渡村等沿河 500 m 分散式农村生活污水治理	2018—2020	环保

(二) 塘东桥小流域

在三个出境水质考核断面中,塘东桥所在马垫河(邮芳河)规模最小,非通航河段,污染程度也最轻。近 12 个月以来氨氮只有 1 次超标,总磷没有超标,高锰酸盐指数有 5 次轻微超标。

结合前述分析,本段主要污染物是有机质污染。判断其污染源主要来自河岸两侧的农田(面源)、村庄(点源),以及河道自身的内源污染,应采取的措施见表 7-31。

表 7-31 塘东桥小流域治理内容

措 施	治理内容
邮芳河治理	即塘东桥断面至邮芳河与芜太运河交汇处,全长 3.5 km,河道疏浚,河流两岸 0.5 km 范围村庄生活污水、鱼塘排水、农田排水治理
生态驳岸建设	对上述河段建设生态驳岸,并在两岸构建 20 m 宽植被带,进行生态修复。该河段的治理可成为溧阳众多出境宜兴的小河流水质治理样板
芜太运河整治	河道疏浚后芜太运河的污染物可能进入,所以芜太运河水质治理要同时进行

该小流域主要治理工程包括昆仑工业园等工业集中区污水管网建设工程、城区生活污水接管工程、第二污水处理厂扩建及管网工程、农业面源整治工程、农村综合整治工程、船舶码头综合整治、小河流水环境综合整治工程等 7 大类 12 项工程，实施期限为 2016—2017 年，均分布在溧城镇范围，属于一级治理区。具体工程见表 7 - 32。

表 7 - 32　塘东桥流域重点工程一览表

流域	分区治理	乡镇	分类	工程	实施时间	责任部门
塘东桥	一级治理区	溧城	工业集中区污水管网建设工程	溧阳经济开发区昆仑工业园污水接管工程	2016—2017	水利(水务)、环保
				溧阳经济开发区城北工业园污水接管工程	2016—2017	
			城镇面源	溧阳城区生活污水接管工程	2016—2017	
			污水处理厂	溧阳市第二污水处理厂扩建及管网工程	2016—2017	
			农业面源综合整治工程	溧城镇八字桥八字桥高效渔业基地	2016—2017	农林
				溧城镇八字桥八字桥河蟹生态养殖基地	2016—2017	
				北荒圩河蟹养殖基地	2016—2017	
				农田氮磷拦截工程(芜太运河段 5775 亩)	2016—2017	
			农村综合整治工程	赵村村等沿河 500 m 分散式农村生活污水治理	2016—2017	环保
			码头、船舶综合整治	芜太运河(赵村河)沿线煤码头、建材码头专项整治	2016—2017	交通
				芜太运河(赵村河)船舶专项整治	2016—2017	
			小河流综合整治工程	马垫河(邮芳河)水环境综合整治	2016—2017	水利(水务)

(三) 新村里小流域

该断面位于溧阳最大河流丹金溧漕河上，下游河段在宜兴境内称为南溪河。该河流是溧阳及宜兴的主要航道，行船密集，也是西太湖流域的主要河流，流量较大。所以该河流的水质与太湖水质关系密切。该断面近 12 月来氨氮超标 9 个月，高锰酸盐指数和总磷无超标。判断其氨氮来源主要有城镇生活污水、工业企业、农田以及航道底泥。

提升本断面水质的主要目标为氨氮控制在 1.0 mg/L 以下，据前分析，提升该断面水质牵涉到重点河段有丹金溧漕河(21 km)、芜太运河(5 km)、溧戴河(12 km)，应采取的措施见表 7 - 33。

表 7-33　新村里小流域治理内容

措施	治理内容
入境水达标	丹金溧漕河入境断面—别桥交接水质要求稳定达到Ⅲ类，尤其是氨氮指标
丹金溧漕河溧阳段水质提升	通过截污减污提升至Ⅲ类水及更优水质，河道清淤、河岸边坡绿化与清理、河岸环境保护缓冲带建设，沿河排污管线沟渠治理，沿河码头及停靠船只环境管理等基本措施。河岸两边的面源与点源治理包括农业、养殖场、工业以及村庄居民点
重点河段污染源整治	丹金溧漕河溧阳城市区至新村里断面为出境断面水质重点保护河段(7.2 km)，主要污染源有沿河居住区、工业企业、市场、码头的污水排入河；靠近断面 4 km 河段的居住区、工业企业、农业区的污水排入
芜太运河管控	加强芜太运河 5 km 长河段及两侧 0.5 km 的水质管控，尤其是码头管理、沿河垃圾收集、船舶污染控制
溧戴河治理	加强溧戴河 12 km 长河段及两侧 0.5 km 的水质管控，尤其是航运污染、工业污染和戴埠镇南生活污染治理

该小流域一级区治理工程包括分散工业源雨污分流接管工程、昆仑工业园污水接管工程、花园污水处理厂建设及管网工程、农业面源整治工程、农村综合整治工程、船舶码头综合整治、城镇面源、护城河水环境综合整治工程等 8 大类 60 项工程，实施期限为 2016—2017 年，分布在溧城、戴埠、天目湖镇范围。

二级治理区工程包括城北工业园污水接管工程、第二污水处理厂扩建及管网工程、农村综合整治工程、城镇面源、船舶、码头综合整治等 5 大类 6 项工程，实施期限为 2018—2020 年，分布在溧城镇范围。

具体工程见表 7-34。

表 7-34　新村里流域重点工程一览表

流域	分区治理	乡镇	分类	实施工程	实施时间	责任部门
新村里	一级治理区	溧城	分散工业源(溧戴河段分散工业源污水综合整治工程(雨污分流、达标排放或接管工程)	通达公路养护工程公司	2016—2017	水利(水务)、环保
				溧阳市中洲冶金材料有限公司	2016—2017	
				溧阳市联星混凝土有限公司	2016—2017	
				溧阳市歌歧化工设备有限公司	2016—2017	
				溧阳市华力水泥制品有限公司	2016—2017	
				溧阳市苏豪制衣公司	2016—2017	
				溧阳市盛华纺织有限公司	2016—2017	
				溧阳市双马塑胶纺织有限公司	2016—2017	
				索尔维稀土有限公司	2016—2017	
				诚谊新材料有限公司	2016—2017	
				常州市盛东钢业有限公司	2016—2017	
				溧阳市华威过滤设备有限公司	2016—2017	
				溧阳市金贝特精密机械有限公司	2016—2017	

续表

流域	分区治理	乡镇	分类	实施工程	实施时间	责任部门
新村里	一级治理区	溧城	城镇面源	溧阳城区生活污水接管工程，特别是夏桥下游段	2016—2017	水利(水务)
			污水处理厂	溧阳市花园污水处理厂建设及管网工程	2016—2017	环保
			工业集中区污水管网建设工程	溧阳经济开发区昆仑工业园污水接管工程	2016—2017	水利(水务)、环保
				溧阳经济开发区城北工业园污水接管工程	2016—2017	
			农村综合整治工程	丹金溧漕河、赵村河沿河新联村等500 m分散式农村生活污水治理	2016—2017	环保
			码头、船舶综合整治	丹金溧漕河、赵村河沿线煤码头、建材码头专项整治	2016—2017	交通
				丹金溧漕河、赵村河船舶专项整治	2016—2017	
			农业面源综合整治工程	农田氮磷拦截工程(溧戴河550 hm^2)	2016—2017	农林
			码头、船舶综合整治	芜太运河(赵村河)沿线煤码头、建材码头专项整治	2016—2017	交通
				芜太运河(赵村河)船舶专项整治	2016—2017	
			小河流综合整治工程	护城河水环境综合整治工程	2016—2017	水利(水务)
	二级治理区	溧城	城镇面源	溧阳城区生活污水接管工程	2018—2020	水利(水务)、环保
			工业集中区污水管网建设工程	溧阳经济开发区城北工业园污水接管工程	2018—2020	
			污水处理厂	溧阳市第二污水处理厂配套管网工程	2018—2020	环保、水利(水务)
			码头、船舶综合整治	芜太运河(赵村河)沿线煤码头、建材码头专项整治	2018—2020	交通
				芜太运河(赵村河)船舶专项整治	2018—2020	
			农村综合整治工程	丹金溧漕河、赵村河沿河500 m分散式农村生活污水治理	2018—2020	环保

续表

流域	分区治理	乡镇	分类	实施工程	实施时间	责任部门
新村里	一级治理区	戴埠	分散工业源(溧戴河段分散工业源污水综合整治工程(雨污分流、达标排放或接管工程)	万得福食品有限公司	2016—2017	水利(水务)、环保
				溧阳市戴南水泥粉磨站有限公司	2016—2017	
				溧阳市盛和碳酸钙有限公司	2016—2017	
				宁杭高速天目湖服务区	2016—2017	
				大洋混凝土有限公司	2016—2017	
				溧阳市文清汽车座椅有限公司	2016—2017	
				溧阳市华磊锻造有限公司	2016—2017	
				友恒冶金工程材料有限公司	2016—2017	
				广兴铁艺金属制品有限公司	2016—2017	
				溧阳市立源机械有限公司	2016—2017	
				康瑞德恒纸业	2016—2017	
				华力机械	2016—2017	
				溧阳市合成有机化工厂	2016—2017	
				常州嘉仁禾化学有限公司	2016—2017	
				溧阳市腾业建材有限公司	2016—2017	
				溧阳市天鑫混凝土有限公司	2016—2017	
				溧阳市申宝新材料有限公司	2016—2017	
				溧阳三共精粉有限公司	2016—2017	
				溧阳市明天化工有限公司	2016—2017	
				常州天目铜业有限公司	2016—2017	
			工业集中区污水管网建设工程	溧阳市戴埠镇镇北工业集中区	2016—2017	水利(水务)、环保
				溧阳市戴埠镇镇西工业集中区	2016—2017	
				溧阳市戴埠镇镇南工业集中区	2016—2017	
			农村综合整治工程	新桥村沿河 500 m 分散式农村生活污水治理	2016—2017	环保
			码头、船舶综合整治	溧戴河沿线建材、煤码头专项整治	2016—2017	交通
				船舶污染专项整治	2016—2017	
			城镇污染源	戴埠镇区生活污水接管工程	2016—2017	水利(水务)

续表

流域	分区治理	乡镇	分类	实施工程	实施时间	责任部门
新村里	一级治理区	天目湖	工业集中区污水管网建设工程	天目湖工业集中区污水接管工程	2016—2017	水利(水务)、环保
				田家山工业集中区污水接管工程	2016—2017	
				天目湖工业集中区东侧集中生活居住区生活污水接管工程	2016—2017	
			城镇面源	天目湖镇区生活污水接管工程	2016—2017	水利(水务)、环保
				茶亭集中居住区生活污水接管工程	2016—2017	
			农村综合整治工程	古县村等 500 m 分散式农村生活污水治理	2016—2017	环保
			污水处理厂	溧阳市天目湖污水处理有限公司升级改造工程	2016—2017	环保、水利(水务)
				溧阳市第二污水处理厂接管天目湖污水工程	2016—2017	
			小河流综合整治工程	茶亭河水环境综合整治	2016—2017	水利(水务)

参考文献

[1] 边博,朱伟,李冰,等. 太湖流域西部地区面源污染特征及其控制技术[J]. 水资源保护,2015,31(1):48-55.

[2] 梁流涛. 中国农业面源污染问题研究[M]. 北京:中国社会科学出版社,2013.

[3] 吕一兵,张斌,陈智虎,等. 基于DEM的不同地貌类型区小流域划分及分布特征研究——以贵州省赤水河流域为例[J]. 测绘通报,2017(9):110-115.

[4] 祁俊生. 农业面源污染综合防治技术[M]. 成都:西南交通大学出版社,2009.

[5] 吴唯佳,吴良镛,何兴华,等. 人居科学与乡村治理[J]. 城市规划,2017,41(3):103-108.

[6] 许晨,万荣荣,马倩,等. 太湖西北部湖区入湖河流氮磷水质标准修正方案研究[J]. 长江流域资源与环境,2017,26(8):1180-1188.

[7] 徐光宇,徐明德,王海蓉,等. 基于GIS的农村环境质量综合评价[J]. 干旱区资源与环境,2015,29(7):39-46.

[8] 张博,王书航,姜霞,等. 丹江口库区土地利用格局与水质响应关系[J]. 环境科学研究,2019,29(9):1303-1310.

[9] 王燕飞. 水污染控制技术[M]. 北京:化学工业出版社,2001.

第八章　溧阳市生态安全保障对策与建议

近年来，溧阳市在生态安全保障方面做了很多努力，在植被山体保护、水污染防治、大气污染治理、化工企业关闭、化肥农药减施、养殖业管理等方面多头推进，体现了对生态文明理念的贯彻与执行。为了使这些生态保护举措在社会经济不断发展的同时得以持续和深入，需要有长远科学规划和稳定制度保障，特别是在以下几个方面需要进一步加强。

第一节　合理设定生态保护区

设定生态保护区，制定生态保护要求并进行监督和实施是进行生态保护的基本形式。生态保护区设定如今有几种类型，分别由不同管理部门和政府官员负责落实，例如设定针对全区不同生态区的生态红线保护区，这是对生态系统最直接的分类保护方法；针对优质农业区制定基本农田保护区，这既稳定了粮食产量，也对农业生态系统起到保护作用；设定湿地公园、森林公园等对优质特色生态资源进行重点保护；针对水源供给安全设定水源地保护区，这也是对水生态和水体周边自然环境的有效保护；针对养殖业的污染控制，设定畜禽养殖区和水产养殖区，努力将养殖业对生态系统的影响降到最低，从而实现对养殖场周边及下游地区的生态系统保护；针对城镇化和工业化设定城镇开发边界以及工业园合理布局，从而达到降低人类活动对生态系统影响的目的；以农村居民点环境改善为目的，开展新式农村居民点整治与建设是对农业人口居住区生态环境的保护；生态城市与园林城市建设是对城市生态区的生态建设与保护。

以上这些多头并进的保护区可归纳为直接对生态区的全面保护，以及从人体健康专项生态资源要求考虑，对某一类或某一特定区域的生态保护，其中对生态红线区的划定和保护是进行生态保护最全面的保护。溧阳地区生态红线区的划定目前正在自上而下积极推进中，由于存在上级生态环境部门、自然资源部门的统一规划要求与地方经济发展对生态和空间资源不断需求的矛盾，生态保护与经济发展轻重缓急观念上的博弈还在继续。

生态保护区最佳划定途径是由第三方生态研究部门在倾听上下各方意见后，按照生态保护优先，兼顾社会经济效益的方针确定生态保护范围。所划生态核心区要高标准全面保护，核心区外围随着距离的增加，生态保护应逐渐让位于经济发展，因此需要设立生态保护缓冲带。在缓冲带可以进行生态资源开发利用，但必须设定开发利用限制要求，进行有条件限制性开发，避免对生态核心区生态系统产生干扰。距核心区更远的区域，生态服务功能逐渐减弱，由于生物资源缺乏、生态服务价值较低，这些区域可适当加大经济开发力度，但也不能放松对污染物排放管控和生态人工恢复的努力。需按照生态城镇模式进行城镇和工业园区建设，按照生态农业要求开展一般农业区的生产活动，避免在这些区域出现生态环境恶化现象。以上生态三大区域分别设定生态保护要求，达到生态保护与经济建设协同发展的目的。

生态保护区的确定应在生态核心区与生态缓冲区划分的基础上(附图 11)，设定两类基本生态保护区，并配置以生态跳板、节点和生态廊道，构成全溧阳市统一完整的生态保护系统，在农业生态区设定基本农田生态保护区以及城镇发展边界区，对人类活动强度较高的区域采取保护和行为限制措施。在这些保护区的基础上细化对植被、水体、野生动物、农业、养殖业、工业、城镇化、大气质量、美丽乡村、居民宜居、灾害防治等各专题的保护具体要求与措施，这应该是设定溧阳生态保护区的逻辑路线。

第二节　处理好保护与发展的关系

理论上，地区发展既要对生态环境实行保护，也要在合理利用生态资源的前提下使得地方社会经济持续发展，以满足人类对物质财富日益增长的需求，达到生态与社会经济的平衡发展。但人类的欲望往往是无止境的，若人类能在资源获取与占有上有所节制，在殷实生活的同时保持勤俭与节约，步入人与自然和谐共处的境界也是有可能的。为此，在溧阳需处理好如下几方面的关系。

一、 城镇化与生态安全的关系

城镇化是地区社会经济发展的必然趋势，是人类文明发展的象征。但城镇化形成的人口聚集、能源消耗增加、植被覆盖减少等问题若处理不当，将会对地方生态系统造成影响，并形成生态安全问题。由遥感影像反映，近年来溧阳地区的建成区面积增加较快，建成区主要是由农田转化而来的，植被覆盖度较好的农田被转化成以硬化地面为主的建设用地，势必会导致温室效应加剧、局部大气粉尘增加、空气质量下降以及向周边与下游地区排污量增加等现象，城镇新建和扩张失误将会导致生态系统结构和过程的完整性受到破坏甚至瓦解。

为了使城镇化发展所形成的生态安全影响降到最低，就要以生态城市的理念来进行城镇化建设。在溧阳城镇化需先进行城镇合理化布局和城镇开发边界划定研究，两项研究都须以地方生态安全保障为前提，其基本原则是先考虑本区的生态安全格局，特别是保证平原区生态廊道与跳板不受侵占和干扰，将新建城镇布局在生态价值中等和不重要区。在城镇内部还须留出足够空间进行生态绿地条带和斑块建设，这些绿地要与溧阳全域生态安全网络系统相互呼应。城镇垃圾、污水等污染物的末端治理与污染物产生源头和过程减控相结合，生态环境法规严格执行与生态环境教育宣传相结合。要认识到城镇污染物达标只是溧阳地区生态环境安全保护的最起码要求，恢复城镇内部及周边生态环境大自然的原本水平，使市民生活在田园和森林城市环境才是城镇化建设的最高目标。

二、 工业化与生态安全的关系

工业是溧阳市社会经济发展的支柱产业，近年来工业收入占全市 GDP 的半数以上，吸纳就业人口也占所有就业人口的一半。工业对本区生态安全的影响主要有能源消耗造成温室气体的增加，工业排放的废水、废气、废渣对生态系统的影响，工业场地对农田绿地的占用以及工业化拉动交通运输业对生态环境的影响等。

要针对工业化实现生态安全管控关键也是以保证本区生态安全格局为前提，以生态安全评价，经济效益和生态效益兼顾为原则来布局和发展工业。坚持以低排放、低耗能、严监督的要求进行工业建设与生产，以溧阳是太湖流域重要水源地的生态环境高标准、严要求来考虑本区的工业布局与发展。

三、 道路建设与生态安全的关系

道路建设是地方生活经济水平的重要指标，也是城镇化与工业化的必要条件。目前溧阳已建公路 2 524 km，其中 365 km 彩虹公路(又称溧阳 1 号公路)和乡村公路建设成绩引人注目，受到许多新闻媒体的报道，给当地民众与外地游客带来极大方便，推进了本区城镇化、乡村建设以及旅游业的发展，高速铁路则直通南京和杭州。对于道路建设对生态安全的影响，造成地面硬化、生态阻隔以及尾气污染等问题已在第二章有所论及。

处理好道路建设与生态安全的关系也是以生态格局建设与保护为先，尽量减轻道路对生态系统完整性、安全性的影响。道路建设可通过绕行、架空、下穿等不同方法降低对生态系统健康的危害，使当地植物、动物少受干扰。还需提高机动车与机动船的噪音污染和尾气污染的管控要求，加大监测力度，坚决淘汰环保不达标的机动车船，使本区在交通业发展的同时，控制其对生态环境的影响。

四、 旅游业与生态安全的关系

溧阳旅游业发展迅猛，2017 年来溧阳旅游人数已达 1 757 万人次。相比工业、农业，旅游业有低污染、低能耗特点，因此被称为绿色产业。但由于发展速度快、规模大、新建设施多，本区旅游业又是以生态资源开发利用为主，故而旅游业必然会给本区造成一些生态安全问题。

利用前述遥感和GIS分析得出的生态资源重要性等级区为基础，规范不同区域旅游活动的游客行为方式、景点开发方式以及旅游活动对生态系统的压力上限。积极推广生态环境低影响旅游业发展模式，努力借鉴国外生态旅游区的开发经验。制定严格的环境管控指标对旅游景点、餐饮点、旅游线路等进行生态环境监测，一旦发现违规现象及时进行处理和纠正。比如可以利用无人机进行旅游生态环境监控，以弥补遥感卫星监测的缺陷，无人机摄影可及时发现餐饮点浓烟排放、水体污染、植被破坏；也可通过对游客密度观察，分析生态系统所受到的旅游压力是否超过极限；无人机还可通过携带环境传感器对机动车尾气等无形污染气体浓度以及噪音、气温等进行监测。利用无人机还可发现景区不同时节野生动物群体的活动路径，然后随之调整游览区范围，及时告知导游与游客，达到保护生态的目的。

五、养殖业与生态安全的关系

随着城镇人口和旅游人数的增加，人们对肉、蛋、奶的需求不断增加，出于食品安全、质量以及价格的考虑，食品的本地供应应该是首选，在本地供应不足的情况下才考虑异地远途供应。因此，溧阳本地在郊区、农区以及山地丘陵区建立了一系列畜禽养殖场，另外还有大面积的水产养殖水域。对溧阳养殖业的分布、规模及生态影响已在第二章有所论及。

处理好养殖业与生态安全的关系，主要关注的方面有水污染、畜禽粪便处理、畜禽药物残留污染以及异味扩散等。在养殖场选址时，不能将位置定在生态核心区和居民居住区附近。畜禽粪便与污水要经过生态化处理作为农田有机肥使用，使畜禽场排出物与有机农作物所需营养物质形成良性循环。一定要隔绝畜禽场污水与地表径流及地下水的水文联系，不能造成水质污染。养殖用抗生素和生长激素残留是目前民众比较关注的生态安全问题，管好、用好这些药品需要科学指导和例行监管两方面的努力。

六、经济作物与生态安全的关系

草莓、蓝莓、火龙果、葡萄、水蜜桃等经济收入较高的农产品越来越获得本区农民的青睐，种植面积逐年增加。这些经济作物的种植一方面靠农业技术，另一方面靠生长激素、农药等化学物品，这类化学品一旦施用过量便会造成农产品污染和水土污染，之后通过食物链被人体吸收，对健康造成损害。此类问题在溧阳目前的处理难点为经济作物生产地点很分散、数量多、生长周期差异大、生长地点变化快、作物施用各类化学物品种类与数量差别大，难以进行环境污染监测和施用指导，致使经济作物农用化学品的污染监管成为本区生态安全的一个隐患。

茶叶也是溧阳重要的经济作物，由于茶叶生产比其他经济作物生产过程简单粗放，种植技术要求低，且适宜种植于山坡地，不占用农田，所以茶园在溧阳低山丘陵区和坡地区有较广分布。广泛的茶叶种植不仅会加大农药、除草剂等化学药品的施用量和范围，增加施药残余污染的风险，还会因为在林地中辟出茶园，导致水土流失。而低山丘陵坡地又是溧阳重要水源地和生物多样性保护地，茶叶生产的生态风险较明显。对茶园种植的面积、位置一定要有限制，在重要生态区、坡度较大的地区和靠近水源地的区域，须对茶园进行限制和禁止，对茶园植物和相关区域水土要进行定期采样化验检测，避免残药污染、水土流失以及对林区动植物和土壤微生物安全造成危害。

七、塑料微粒与生态安全的关系

塑料微粒污染是近年国际上比较重视的一种新型污染，塑料微粒主要通过饮水直接进入人体，或在鱼、虾、蟹等水产品中聚集，再通过这些水产品的食用进入人体，导致人体多种难以治愈的疾病。水体中塑料微粒的来源主要是人类抛弃的塑料物品，经风化后形成。塑料微粒由于颗粒细小，难以被自来水厂过滤去除，而水产品所含塑料微粒则根本无法去除。随着工农业生产和人类生活使用塑料制品的数量不断上升，特别是大量农用塑料薄膜、各类塑料渔具以及生活用塑料制品的老化抛弃，形成广泛的污染源。作为太湖重要水源地和有广阔水产养殖水面的溧阳地区，在生产和生活中对塑料制品的限制使用、减少使用亟需提到地区生态安全的议事日程上来。

第三节　生态安全保障核心任务

由以上分析可知，溧阳地区社会经济发展与生态安全保护的关系比较复杂，需分别深入了解影响机制与风险、制定对策和方法、实施管理和监督。生态安全保护工作千头万绪，相比环境保护工作，生态安全保护工作更加关注源头的保护和复兴，更加注重长远的生态效益，而不是头痛医头、脚痛医脚。生态安全是国家安全、地区安全的重要内容，中国政府最近将环保部门改名为生态环境部门，也表明上层对我国环境问题本质的了解，对生态文明理念的完善。深入的生态安全研究是地方紧跟环保工作着眼点向生态领域转移与深化，指导生态环境部门新时代工作的基础工作。

溧阳今后的生态安全工作内容虽多，但其核心任务主要有以下几项，以这几项核心任务为抓手，其他生态安全工作便可一并推进。

一、生态系统保护需整体考虑

地区社会经济发展应坚持生态优先的原则，实现溧阳的生态系统保护与经济发展和谐共进，首先需明确生态保护红线的范围，采取分级保护、分区开发利用的形式。在这个整体框架确定以后，在生态文明理念基础上再接着划定基本农田保护区范围和城镇开发边界范围。这三个基本功能区一旦确定，溧阳地区的生态安全便有了空间保障，再配以管理机构、管理措施和相应法规条例，溧阳生态系统的整体保护便有了坚实基础。

二、 生态保护需以水为重点

溧阳生态保护的宏观目标是太湖流域上游产流区的水质保护，其中包括植被保护、景观保护。中观层次的目标是溧阳全境的生态安全，包括区内的生物安全、生物多样性、人居环境安全、食品安全、景观美丽。微观层次是各生态区的保护，如核心生态区保护、长荡湖湿地生态区保护、瓦屋山森林公园保护等。其中以太湖水源地的生态保护最为重要，生态影响范围最大，涉及人口最多，任务也最为艰巨。所以溧阳生态保护应该以水质、水生态、湿地生态保护工作为重。在生态保护工作多头推进出现冲突或资源紧张时，应将水生态保护置于首要地位。

三、 城镇发展边界需明确

城镇扩展和建设是对生态系统触动最为强烈的人类活动，城镇建设需要彻底改造下垫面植被和土壤性状，需要对地表水文系统进行截断或大规模调整，需要对城镇空间及其近郊的原地生物进行驱离，接着将有大量污染物需要不断排出和处理，但城镇同时又是地区社会经济发展的引擎和热点地区。对于这一影响地区生态安全的庞然大物，必须设定它的扩张规模和扩张行为，划定城镇开发边界是消除或降低城镇化与生态安全矛盾的有效手段。如今划定城镇开发边界工作应在溧阳尽快展开，以生态系统整体保护为前提确定城镇开发边界，地方生态安全保护便有使人放心的基础。

四、 生态安全管理需完善

溧阳生态安全管理应有一套熟悉生态科学的管理与研究队伍，在以往环保管理队伍的基础上，积极吸收生态科学的理论知识和人才。同时加强与自然资源、水利、规划、交通、旅游、农业、工业等部门的工作沟通，地区各行各业的发展以生态保护为定标物，以生态安全为首要考虑，这样溧阳的生态安全管理就能够不断向前，不断取得新的成就，使溧阳成为苏南地区生态创新和现代化建设俱佳的标兵和样板。

后　记

生态安全是区域可持续发展的基础，事关民生福祉和国家安全。近年来，溧阳市积极探索从“绿水青山”通向“金山银山”的“幸福经济”之路，生态保护工作不断创新，生态环境质量保持稳定。与此同时，为实现高质量发展，和苏南众多的县(市)一样，溧阳也面临着各种生态风险，本书即是以问题为导向，以生态环境质量改善为目标，以恢复生态系统服务功能为根本宗旨，为全面提升溧阳生态文明建设水平所进行的专题研究。

《溧阳市生态安全研究》是以苏州科技大学生态环境研究团队为主的科研人员，多年来在溧阳进行生态考察研究的成果，是集体智慧的结晶。除了陈德超、王跃、徐华连，有关研究人员还包括朱颖、梁媛、詹洪新、黄振旭、刘文芹、胡琦、钱少江、把旭峰、沈科、唐阳阳、王清、唐国平、徐小峰、陈昱、胡义涛、莫晓琪等。高伟龙、陈思、唐娇娇、张翔、周益等研究生参与插图编绘和文字校对。书稿撰写过程中，得到常州市溧阳生态环境局的指导、支持和帮助，南京大学环境学院朱晓东教授百忙之中为本书撰写了序言。在此一并表示感谢！此外，本书参阅了国内外同行、专家的大量研究文献，未能一一列出，在此谨致谢意！

本书出版由苏州市科技局软科学研究项目(SR2018011)和溧阳市科技局社会发展项目(LC2014007)资助。

陈德超

2019 年 12 月 30 日

附　图

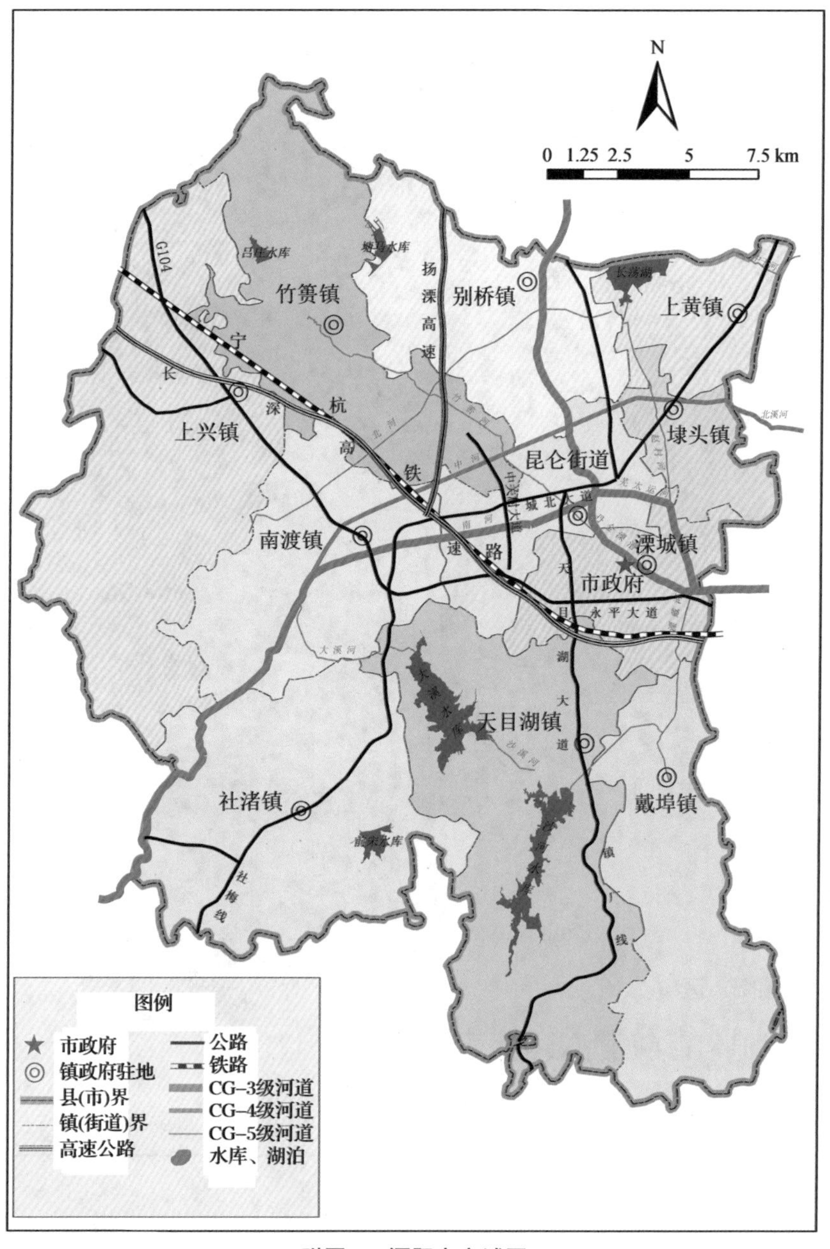

附图 1　溧阳市市域图

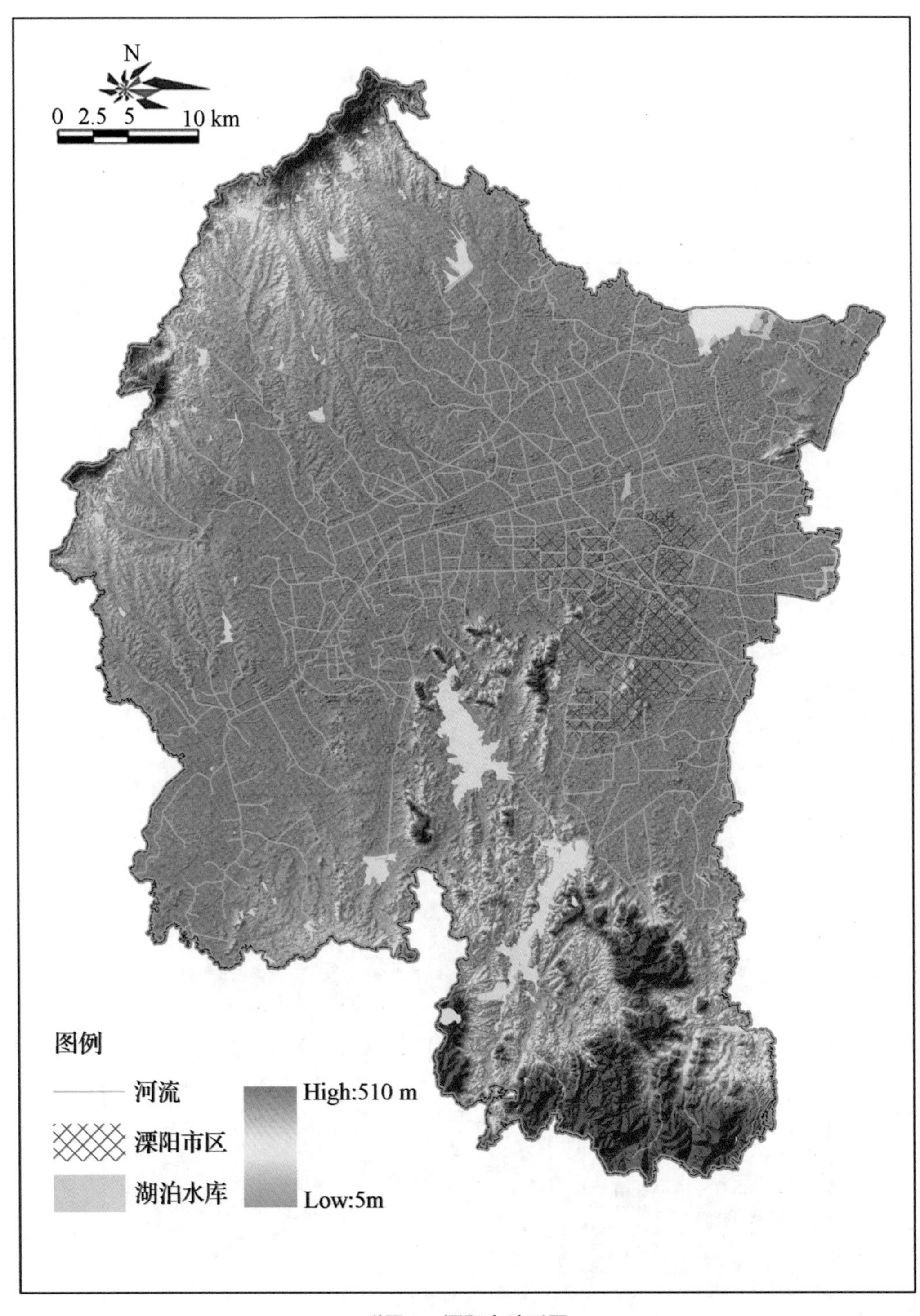

附图 2　溧阳市地形图

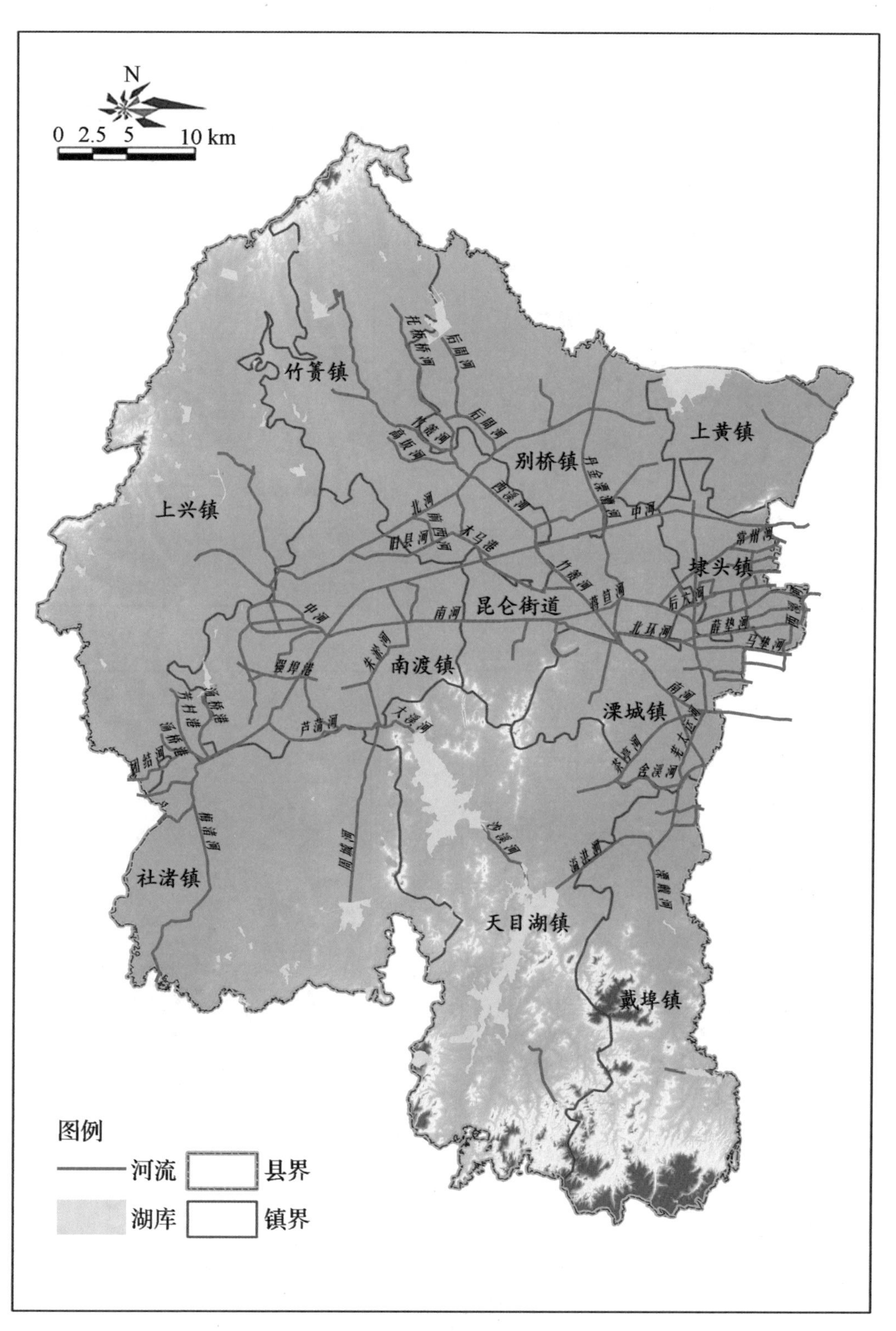

附图 3 溧阳市水系图

附
图

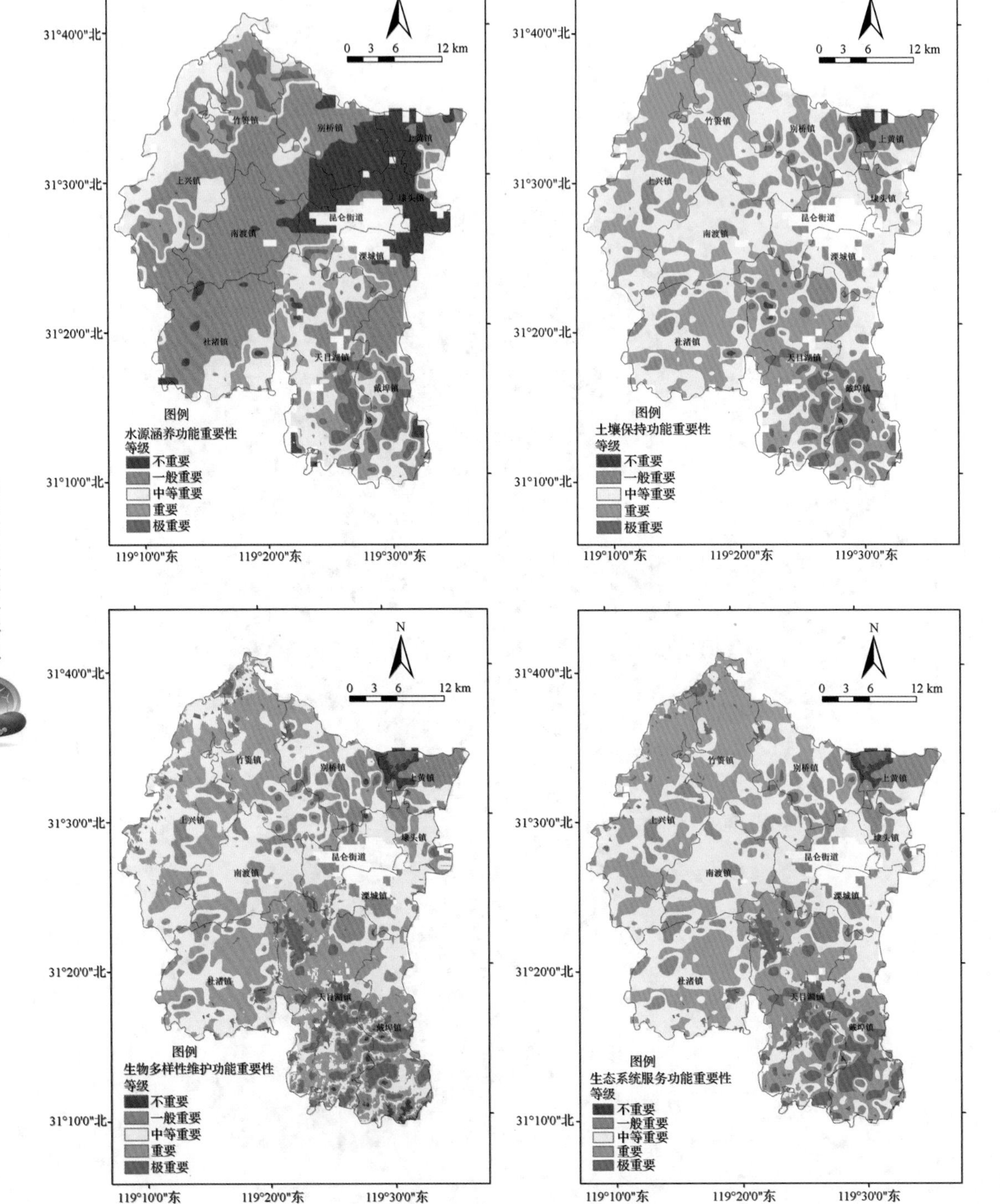

附图 4　溧阳市生态系统服务功能评价结果

31°40'0"北
31°30'0"北
31°20'0"北
31°10'0"北
119°10'0"东 119°20'0"东 119°30'0"东

N
0 3 6 12 km

竹箦镇
别桥镇
上黄镇
上兴镇
埭头镇
昆仑街道
南渡镇
溧城镇
社渚镇
天目湖镇
戴埠镇

图例
DEM
等级
较敏感
中度敏感
高度敏感
极敏感

图例
坡度
等级
不敏感
较敏感
中度敏感
高度敏感
极敏感

图例
地形起伏度
等级
不敏感
较敏感
中度敏感
高度敏感
极敏感

图例
水域缓冲区
等级
不敏感
较敏感
中度敏感
高度敏感

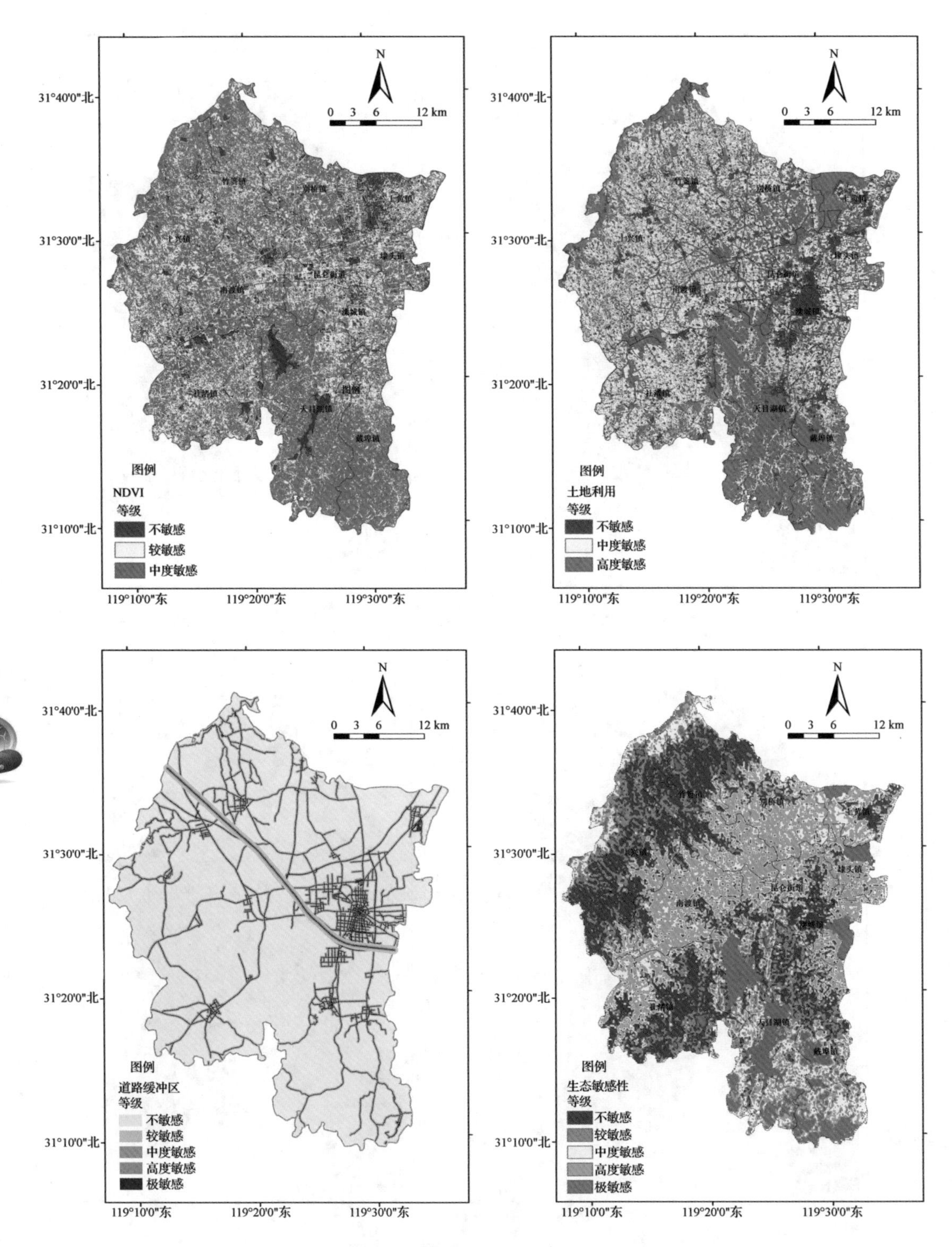

附图 5　溧阳市生态敏感性评价结果

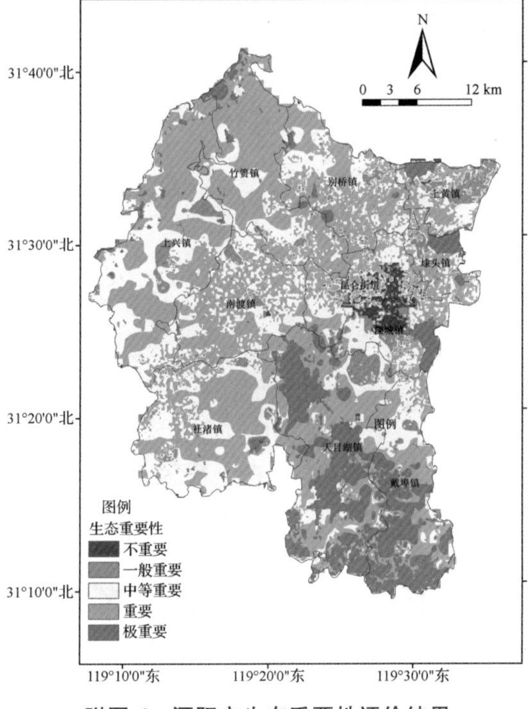

附图 6　溧阳市生态重要性评价结果

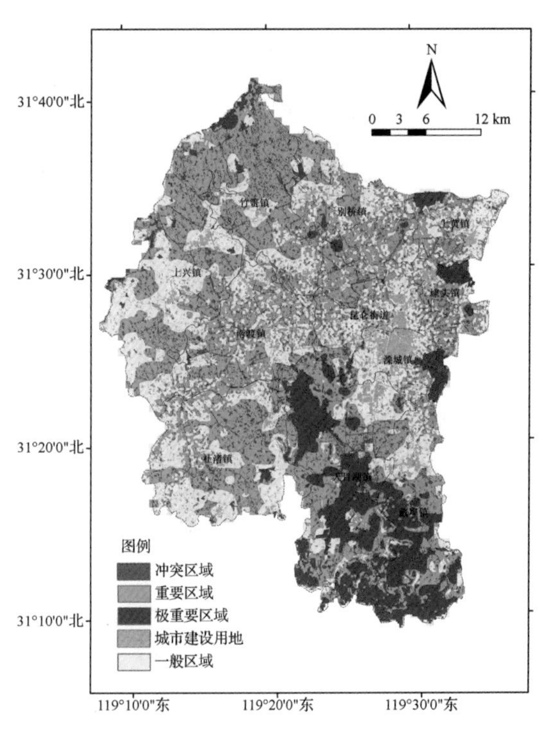

附图 7　溧阳市生态保护重要性格局中土地利用冲突分析结果

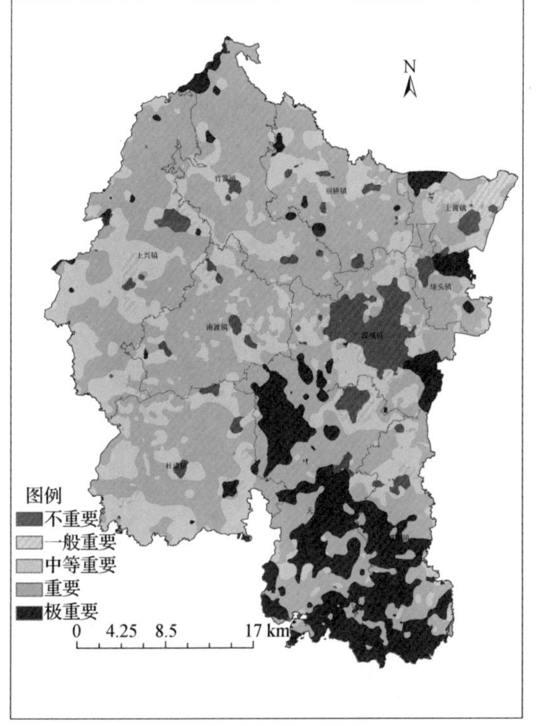

附图 8　溧阳市生态系统重要性概括图

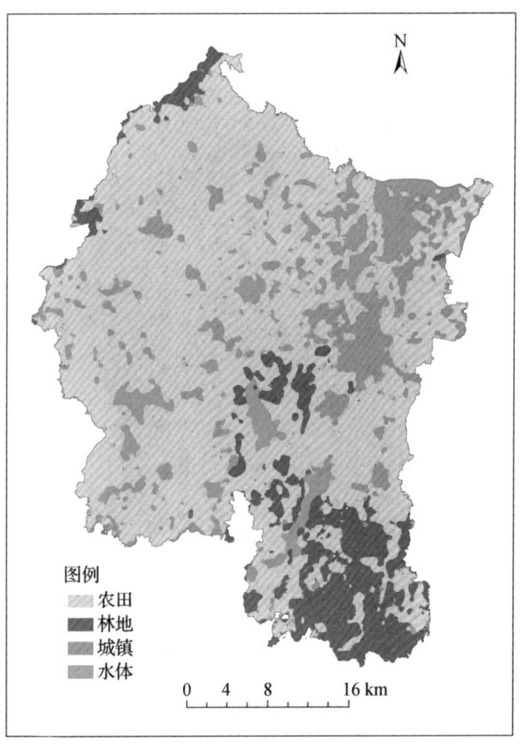

附图 9　溧阳市土地利用遥感分类图

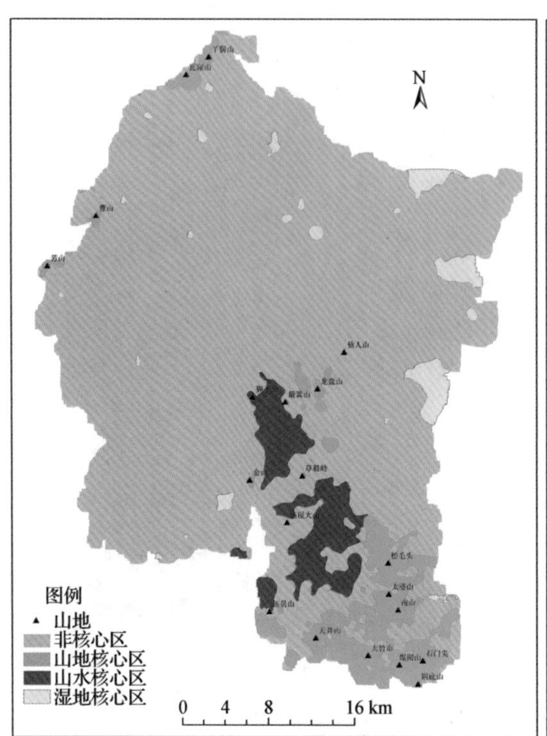

附图 10　溧阳市生态核心区分类图

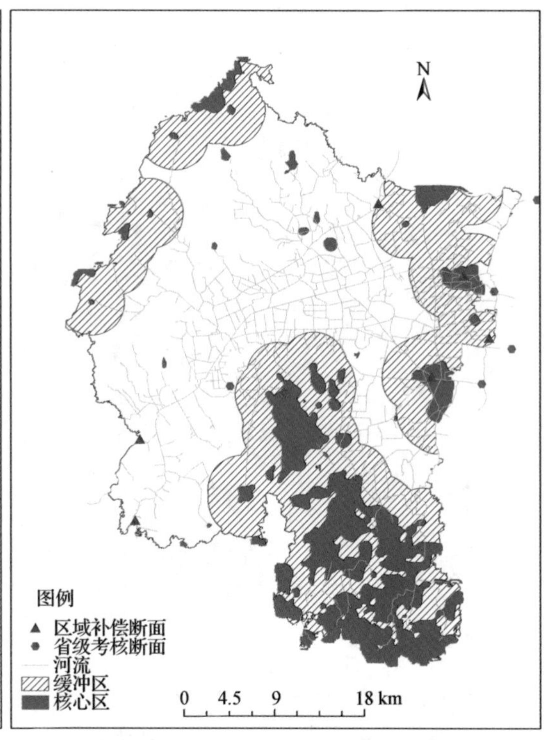

附图 11　生态核心区与生态缓冲区范围图

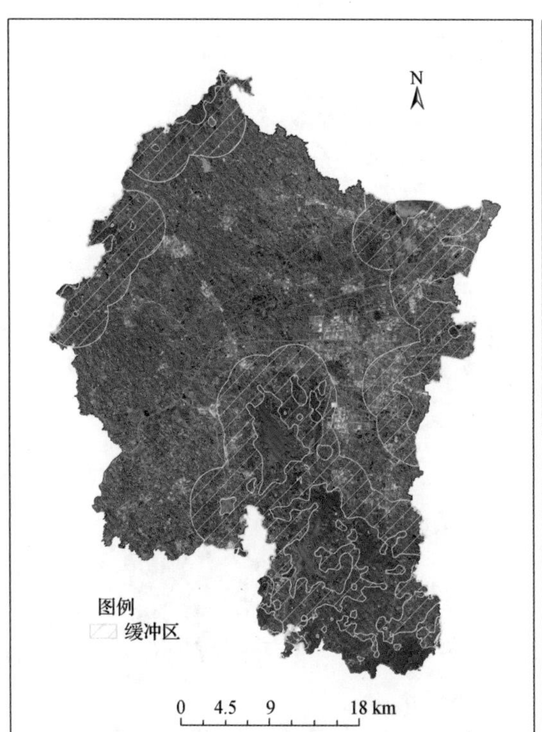

附图 12　生态缓冲区范围及遥感影像图

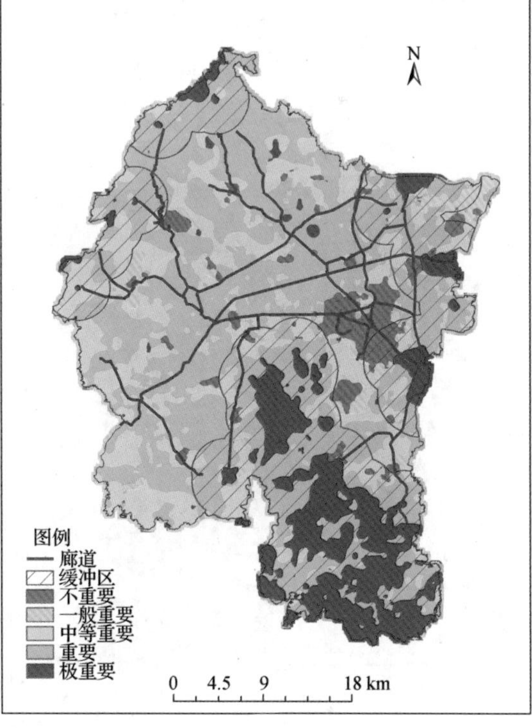

附图 13　生态廊道分布图

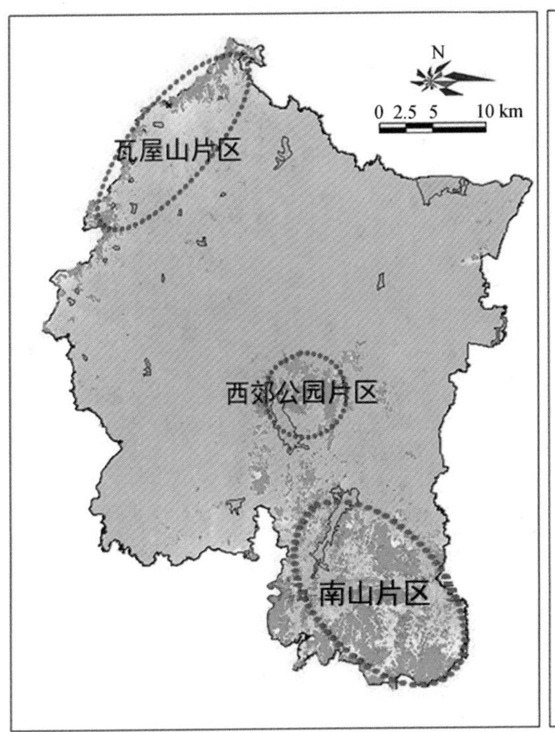

附图 14　溧阳市森林生态系统主要分布区

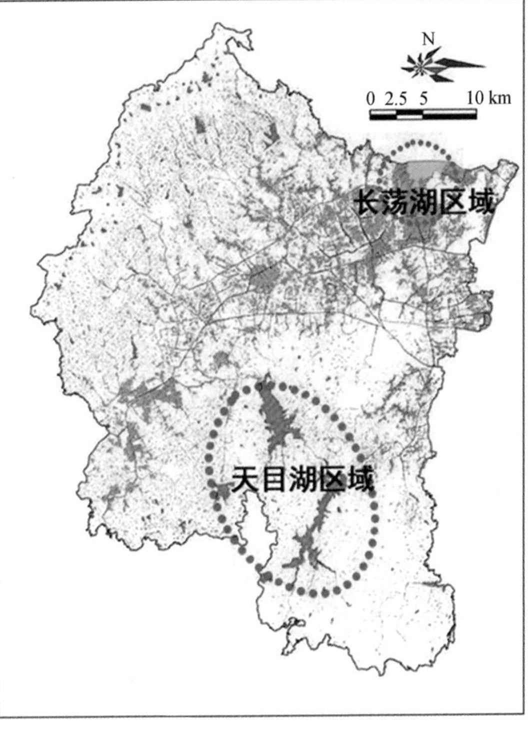

附图 15　溧阳市湿地生态系统主要分布区

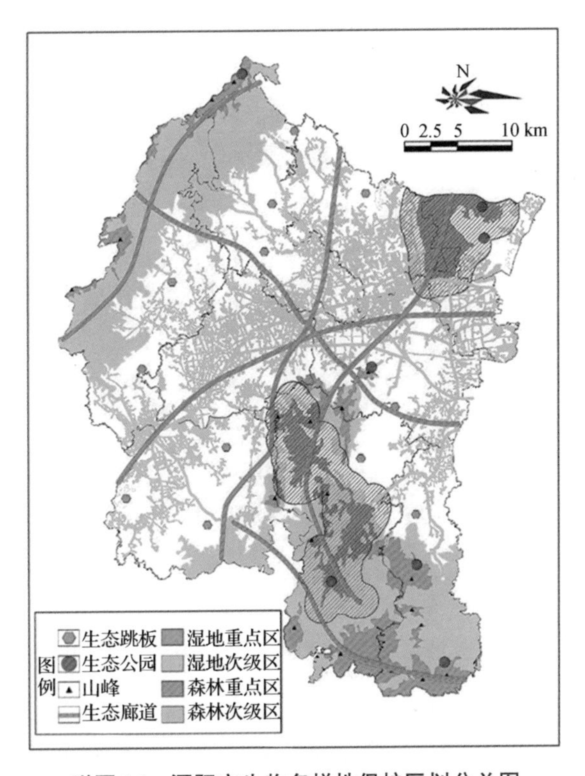

附图 16　溧阳市生物多样性保护区划分总图

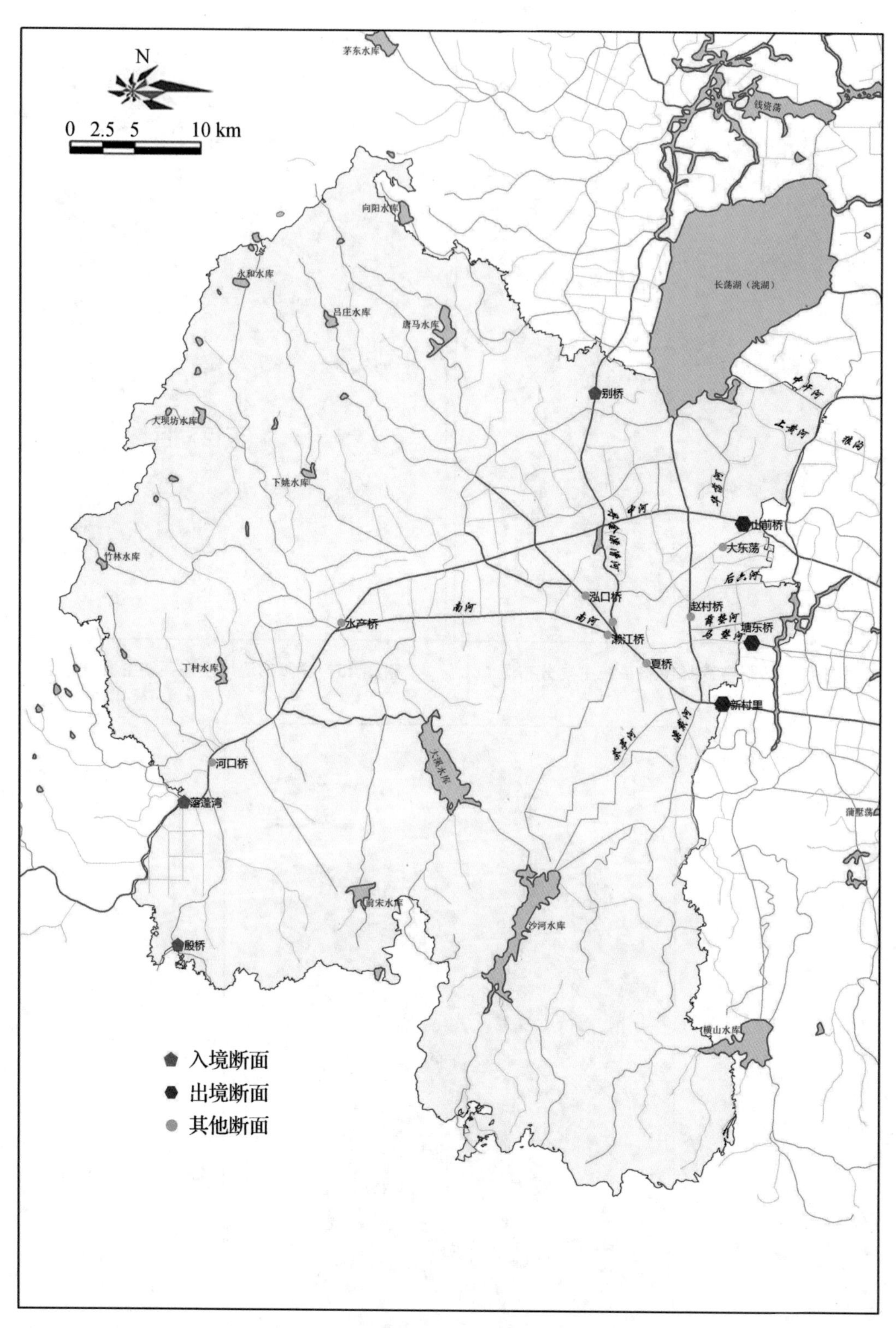

附图 17　溧阳市主要水系及例行监测断面图

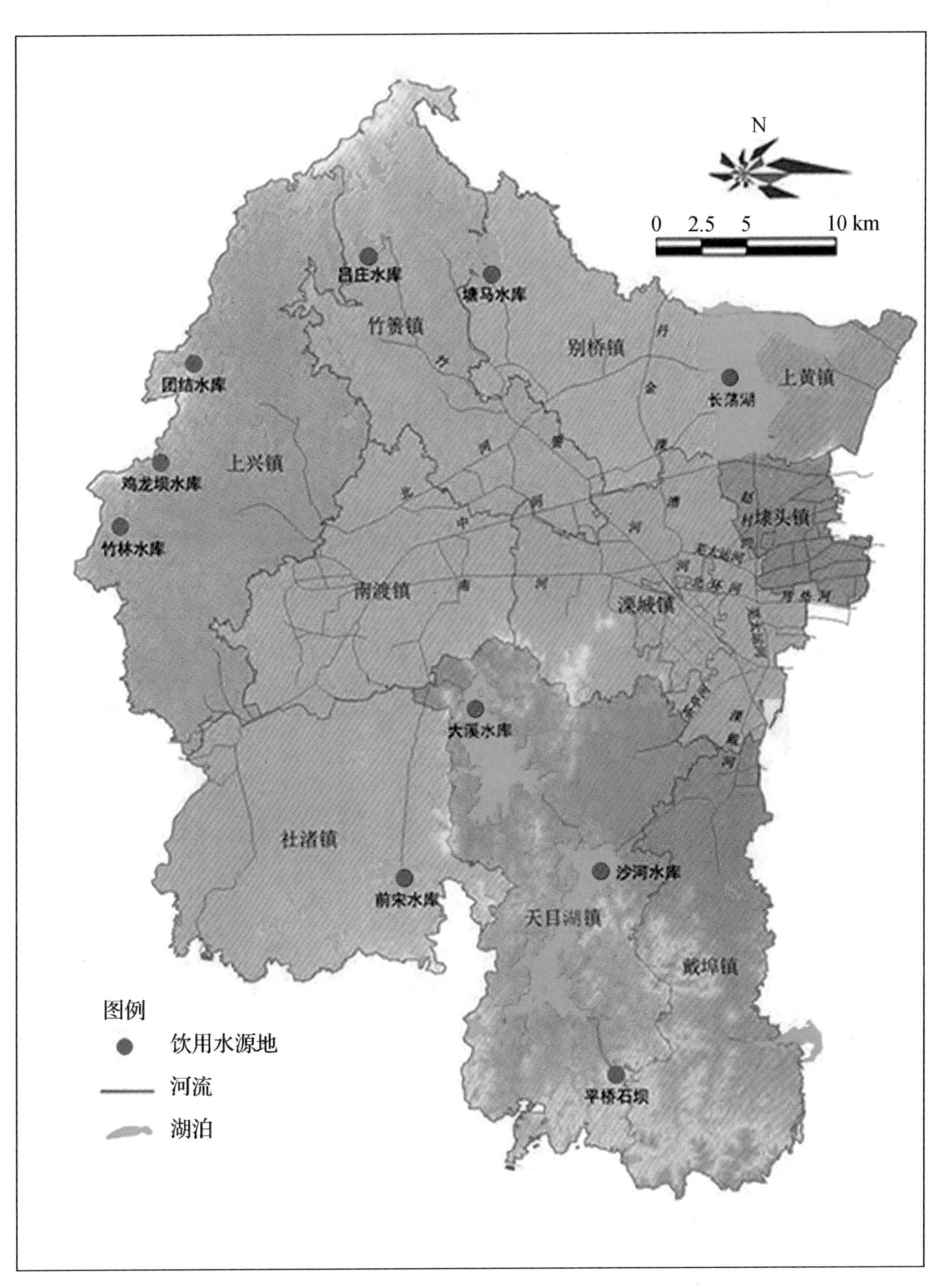

附图 18　溧阳市地表水主要饮用水源地

附图

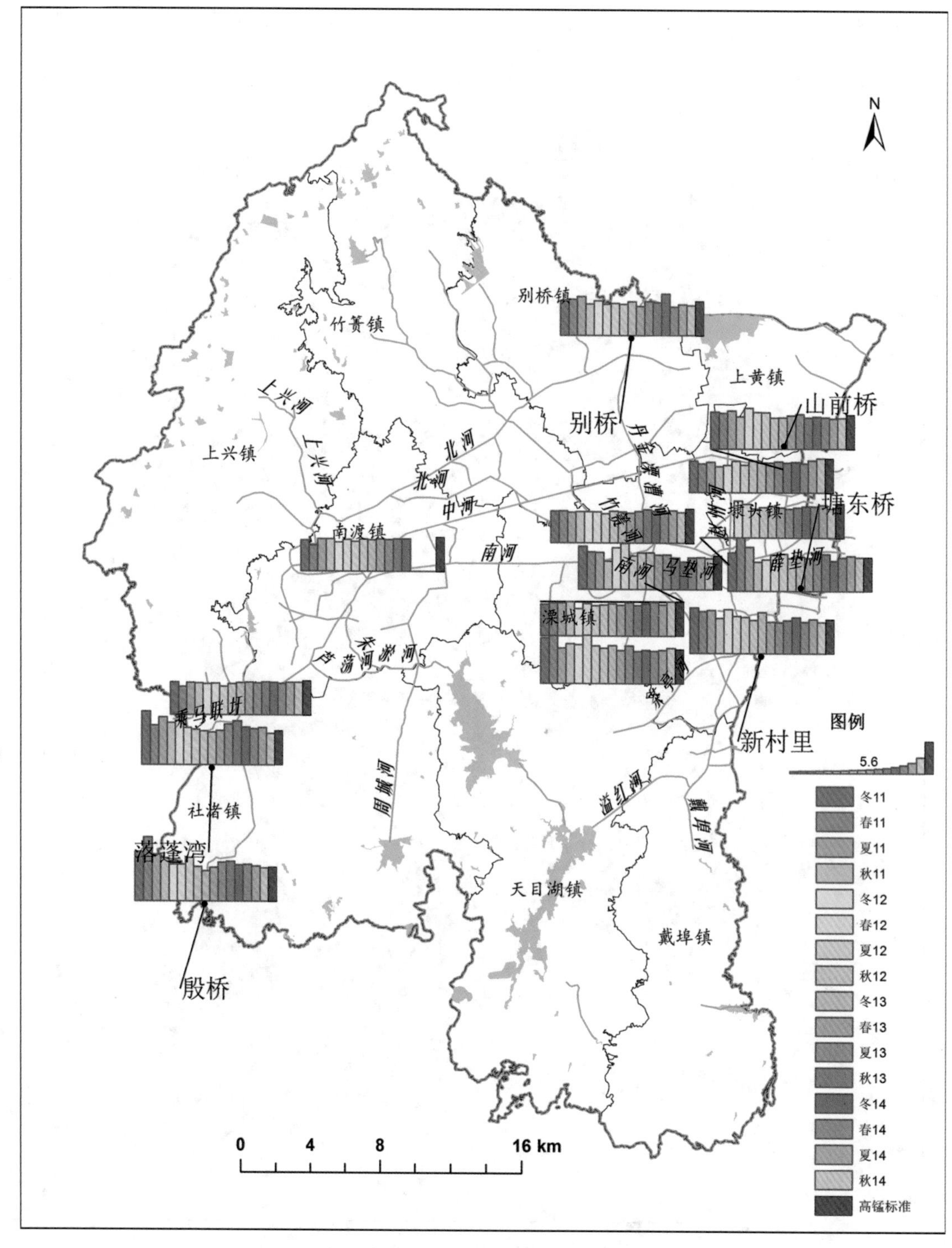

附图 19　溧阳市 2011—2014 年各季度高锰酸盐指数柱状图

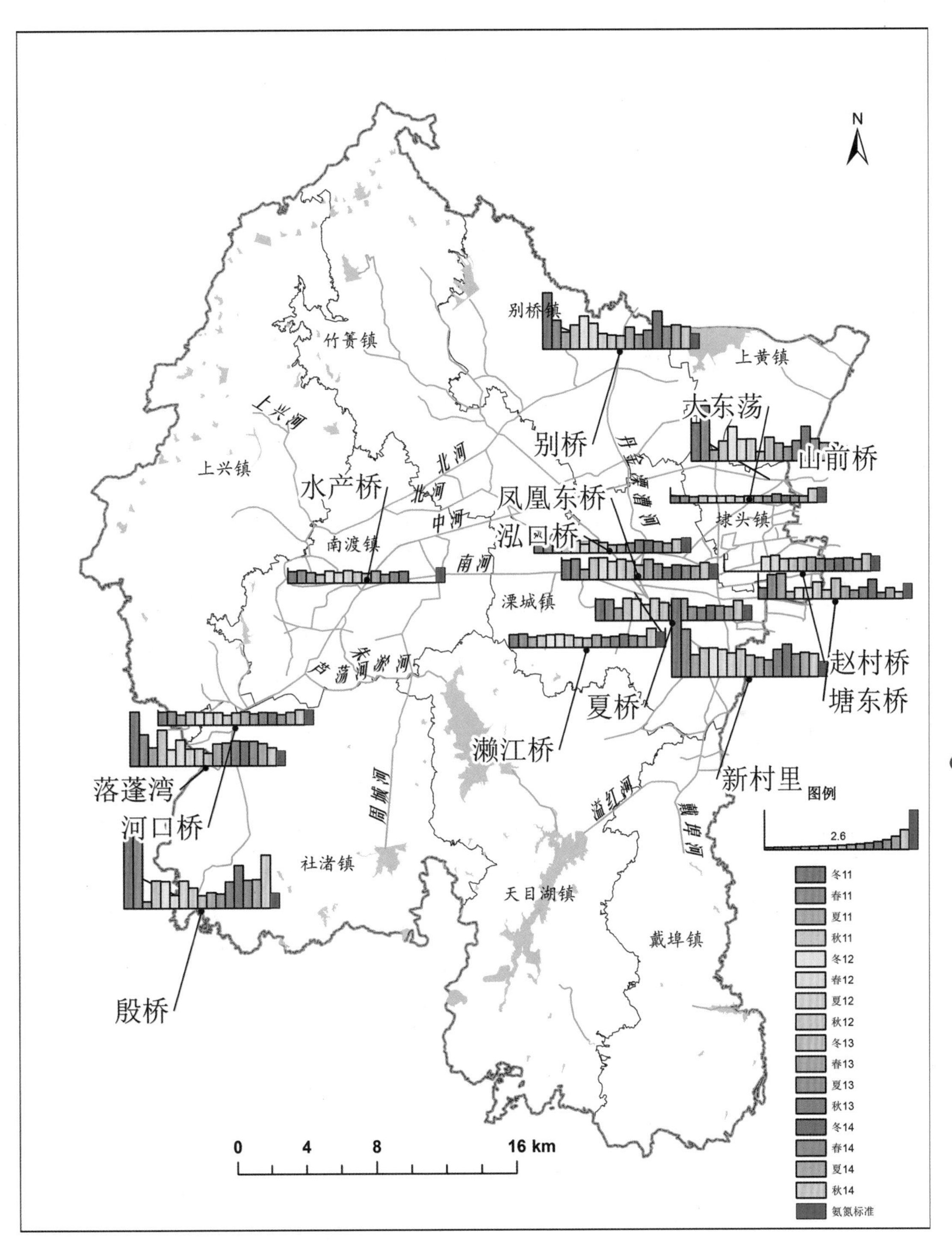

附图 20　溧阳市 2011—2014 年各季度氨氮柱状图

附

图

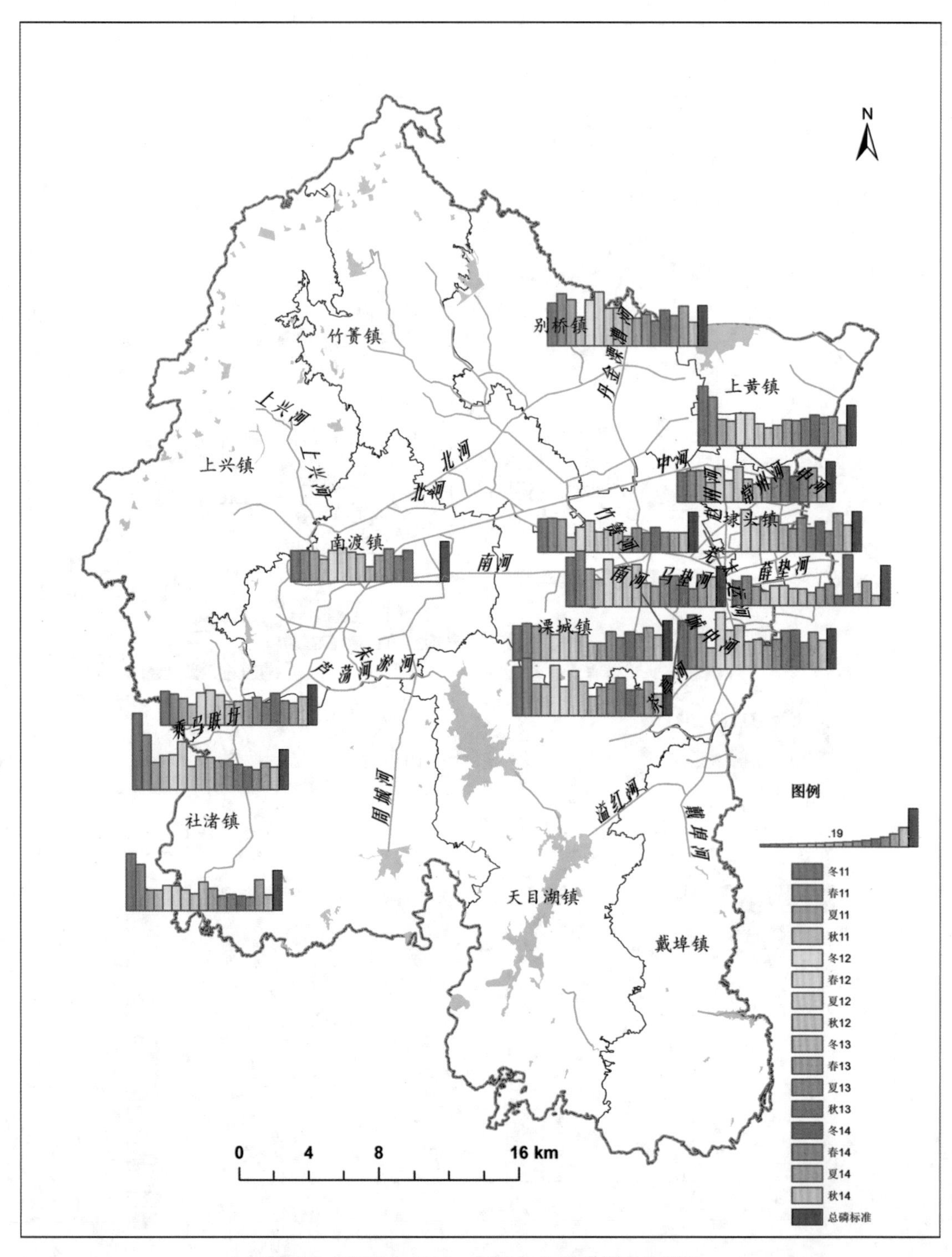

附图 21　溧阳市 2011—2014 年各季度总磷柱状图

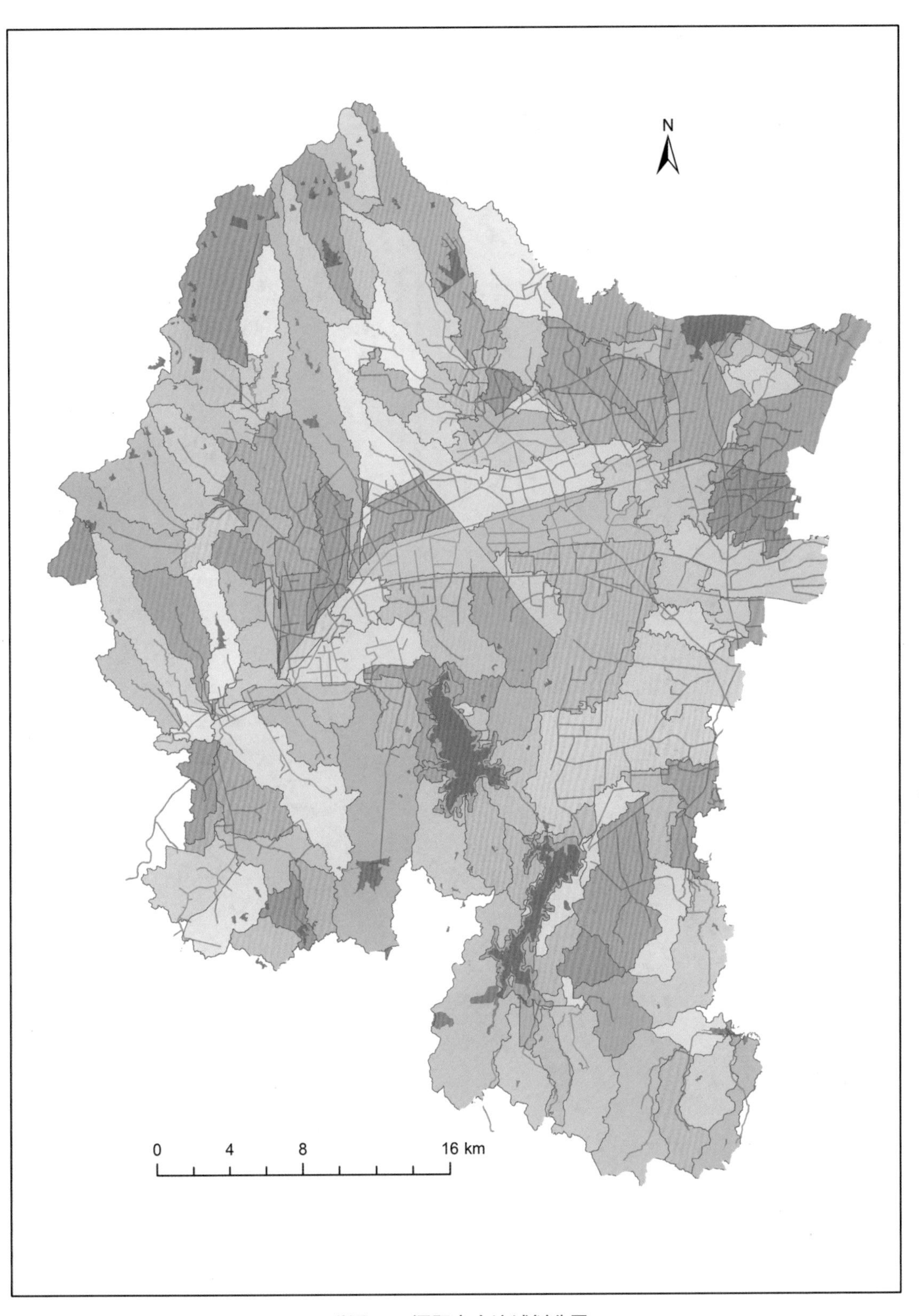

附图 22　溧阳市小流域划分图